# 量子点光催化剂的
## 研制及应用

张　平　著

中国科学技术出版社
·北　京·

**图书在版编目（CIP）数据**

量子点光催化剂的研制及应用 / 张平著. -- 北京 : 中国科学技术出版社，2024.8. --ISBN 978-7-5236-1061-9

Ⅰ. O641.12

中国国家版本馆 CIP 数据核字第 2024R851N5 号

| | |
|---|---|
| **策划编辑** | 王晓义 |
| **责任编辑** | 周　婷 |
| **封面设计** | 郑子玥 |
| **正文设计** | 中文天地 |
| **责任校对** | 张晓莉 |
| **责任印制** | 徐　飞 |

| | |
|---|---|
| **出　　版** | 中国科学技术出版社 |
| **发　　行** | 中国科学技术出版社有限公司 |
| **地　　址** | 北京市海淀区中关村南大街 16 号 |
| **邮　　编** | 100081 |
| **发行电话** | 010-62173865 |
| **传　　真** | 010-62173081 |
| **网　　址** | http: //www.cspbooks.com.cn |

| | |
|---|---|
| **开　　本** | 710mm × 1000mm　1/16 |
| **字　　数** | 245 千字 |
| **印　　张** | 13.75 |
| **版　　次** | 2024 年 8 月第 1 版 |
| **印　　次** | 2024 年 8 月第 1 次印刷 |
| **印　　刷** | 涿州市京南印刷厂 |
| **书　　号** | ISBN 978-7-5236-1061-9 / O · 227 |
| **定　　价** | 78.00 元 |

# 序

在当前的科学研究中，光催化材料应用与太阳能转换效率的提升占据了举足轻重的地位。同时，全球范围内秉承绿色发展理念，对实现双碳目标达成广泛共识。光催化技术，凭借其独特优势，在解决环境污染和能源短缺这两大全球性难题上，展现出了巨大潜力。它不仅能够助力实现双碳目标，减少温室气体排放，从而应对气候变化带来的挑战，而且在战略层面上具有重大且深远的意义。因此，深入研究和应用光催化技术，无疑是实现可持续发展的重要路径。尺寸、形貌、晶型及化学组成是量子点光催化材料研究中的重点内容。在具有宽带隙半导体的异质结中，量子点可以发挥其独特优势，有效促进光生载流子的分离和转移，拓宽可见光的利用范围。同时，作为光敏剂，它们可以显著增强材料的可见光吸收能力。这些特性使量子点材料在光催化领域具有极高的研究和应用价值。

本书是笔者多年从事光催化技术研究、环境化学行为研究、纳米材料的合成和表征以及应用研究的成果结晶，同时也充分参考了国内外学者的前沿成果。全书共分 7 章，根据国内外光催化材料的研究现状，系统介绍了量子点优良的光学特性，为读者揭示了量子点材料的神秘面纱。此外，本书还综述了常见类型量子点与光催化材料复合的研究内容、特点以及存在的问题，为读者提供了丰富的理论知识和实践经验。在应用研究方面，本书总结了量子点材料在环境修复和能源生产领域的应用价值，为读者展示了量子点材料在解决环境问题和推动能源转型中的巨大潜能。同时，本书还展望了量子点材料在光催化领域的发展趋势，为光催化技术发展提供了有益参考。

本书撰写过程中，许多专家、学者提供了宝贵的建议意见，在此向他们表示衷心感谢。此外，笔者对引用相关文献的作者也表示诚挚谢意，正是他们的研究成果为本书的撰写提供了丰富参考依据。

# 前　言

作为低维材料中零维材料的典型代表，量子点是20世纪八九十年代较为明确提出来的一个概念，其中载流子运动在三维空间受到限制，连续的能带结构变成具有分子特性的分立能级结构，展现出许多不同于宏观体相材料的物理化学性征。量子点是微小的半导体纳米粒子，尺寸为几纳米到几十纳米不等，小尺寸使其具有量子限制的最重要特性。纳米科学技术发展中多个里程碑式工作也来自量子点相关研究，如量子限域效应的发现、尺寸可控合成、生物和器件应用等，对纳米领域基本概念和规律的建立起到了至关重要的作用。量子点具有多种物理效应（例如量子尺寸效应、表面效应、介电限域效应、量子隧穿效应、库仑阻塞效应等）；除此之外，通过调节量子点的大小可以有效调控能带结构，这使量子点在传感、医学（即基于光的治疗和诊断）、生物技术、光电子学和材料科学等领域的广泛应用中极具吸引力。

经过30多年的发展，量子点从最开始的单一结构发展为不同组分、不同结构等复杂体系，其中起到关键作用的还是化学合成方法的不断发展优化以及对量子点生长机理的深入理解；针对其器件和生物应用的相关动力学机理和化学设计研究也日益深入和清晰。除了传统的镉基Ⅱ–Ⅵ族和铅基Ⅳ–Ⅵ族量子点，环境友好的Ⅲ–Ⅴ族、Ⅰ–Ⅲ–Ⅵ族和Ⅳ族半导体量子点逐渐引起人们的注意。类似地，碳以及其他二维材料量子点也被大量研究。而其中的新奇性质和机理、合成化学等都不同于传统半导体量子点。这些对本领域的发展也提出了新挑战。

本书主要分为七章内容展开介绍。第一章主要介绍了光催化的基本原理和光催化性能的影响因素，着重从量子点的定义、制备方法、分类以及应用领域介绍了量子点光催化剂的研究进展；第二章介绍了单质类量子点的相关制备方法表征和应用领域；第三章和第四章介绍了主要分布在Ⅱ-Ⅵ族的金属氧化物和金属硫化物量子点的相关制备方法表征和应用领域；第五章介绍了钙钛矿量子点的相关制备方法表征和应用领域；第六章主要介绍了分布在Ⅲ-Ⅴ族的氮化硼量子点以及砷化铟量子点的相关制备方法表征和应用领域；第七章主要探讨了量子点催化剂目前的应用现状、挑战和展望。

由于笔者水平有限，书中难免会有疏漏之处，恳请读者批评指正。

# 目　录

# 第一章　绪论

在过去的两个世纪中，化石燃料对人类社会的快速发展起到了重要推动作用。时至今日，化石燃料依旧是人类最重要的能源来源。大量化石燃料的燃烧会释放出大量温室气体。此外，工业化的发展对地球上的矿产资源需求不断增加，同时产生了大量污染物，进而引发了能源与环境的双重危机。光催化技术是解决这两个问题的最有潜力的方法。它已成功用于催化水分解制氢、二氧化碳减排、有机污染物降解以及其他能源和环境问题。近年来，一些典型的光催化剂得到了广泛的研究，包括无机半导体光催化剂和有机半导体光催化剂，如 $TiO_2$、g-$C_3N_4$ 等。然而，上述催化剂或多或少存在光吸收范围窄、电子-空穴对复合速率快和光生载流子分离效率低等问题，其在光催化领域的性能难以满足人们的需求。

量子点是由少量原子构成的准零维纳米材料，尺寸通常为 2～8nm，接近或小于激子波尔半径[1-2]。其内部电子在所有方向上的运动都受到限制。例如，当半导体材料或金属的尺寸减小到纳米尺寸时，特别是当它小于或等于材料的激子玻尔半径时，内部近连续的能带此时转换为离散的能级，并最终由尺寸决定。因此，可以通过改变量子点的尺寸来调节带隙的宽度，从而改变对一些高成本半导体材料的依赖。然而，量子点在使用中经常受到稳定性的困扰，这源于总是存在表面激子的事实。这导致量子点的循环测试难以达到理想状态。为了克服这一缺点，研究者们已经研究出了两种或多种组分的受控组装以增强量子点材料性质和结构的稳定性并克服单一材料的一些缺点。

在人工光催化系统中，量子点作为光吸收剂捕获太阳光。当照射的太阳光能量（$h\nu$）等于或大于带隙能量（$E_g$）时，半导体价带电子被激发跃迁到导带，产生光生电子-空穴对。在理想条件下，电子和空穴将各自转移到活性位点以引发还原或氧化反应。电子具有还原性，可用于制氢和 $CO_2$ 还原；空穴具有氧化性，可降解污染物。为了使光生载流子更好地驱动氧化还原反应，量子点需要具有合适的能带位置。通常，与受体电势相比，量子点的导带边缘更负，而价带边缘应该比电子供体的氧化电势更正。考虑到超电势和太阳光谱的分布，用于光催化应用的半导体量子点的理想带隙为 1.8 ~ 2.8 eV。事实上，量子点的光催化反应经常受到一系列障碍的阻碍，包括表面陷阱导致的电子–空穴对的消失，以及团聚体或反应中间体对活性位点的阻塞。

本章介绍了光催化的相关原理及影响光催化过程的因素；并着重从量子点的定义、分类、基本特性、制备方法以及应用领域介绍了量子点光催化剂的研究进展。

## 第一节　光催化技术简介

### 一、光催化反应的基本原理

光催化通常涉及多种相态之间的催化反应。光催化氧化反应需要半导体作为催化剂，光作为能量，将有机污染物降解为 $CO_2$ 和 $H_2O$ 等无毒小分子。半导体材料的特征是能带具有连续性，能级存在未填满的区域。该区域是由导带（conduction band，CB）和价带（valence band，VB）组成的，价带里面充满电子，导带中没有电子，所以 $E_g$ 为导带与价带之间产生的能级差。可见光的响应范围受到 $E_g$ 的大小的影响：半导体的 $E_g$ 越小，对可见光的利用效率越高。可见光照射在半导体催化剂表面，如果入射光子的能量大于半导体 $E_g$ 时，其价带上的电子被激发跃迁到导带上产生光生电子（$e^-$），同时在价带上产生空穴（$h^+$）。价带空穴是良好的氧化剂，光生电子是良好的还原剂，在半导体催化反应中，二者可以与表面吸附的 $H_2O$、$O_2$ 反应生成活泼性较强的羟基自由基（·OH）和超氧自由基（$\cdot O^{2-}$），从而将各种有机污染物直接氧化成无毒的 $CO_2$ 和 $H_2O$ 等无机小分子，且在反应的过程中不产生中间产物。由于激发态的光生电子和价带空穴可以重新组合在一起，以热能或者其他形式的能量转换掉，所以当催化剂存在合适的俘获剂、表面晶体结构缺陷或者受其他因素影响时，电子和空穴的复合将会受到抑制，使催化剂表面的氧化还原反应容易发生，从而提高光催化的效率。因此，探究如何阻止光生电子与空穴的重组对提高催化活性至关重要。光催化的基本原理如图 1.1 所示。

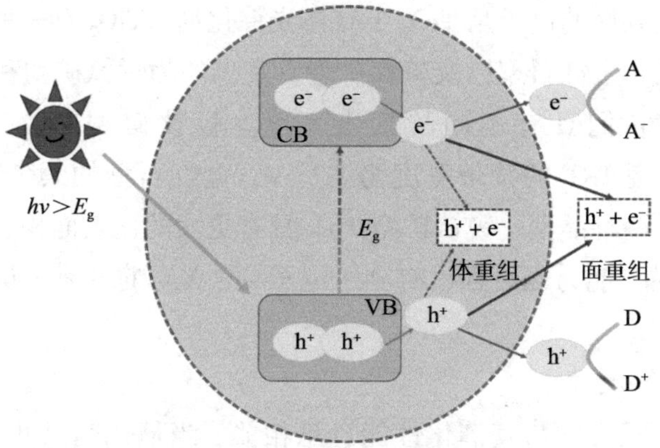


**图 1.1 光催化原理示意图**[1-2]

## 二、光催化性能的影响因素

光催化反应过程复杂，涉及多个中间阶段。催化剂自身的特性、表面状况（如电荷、吸附物质、缺陷、成分等）、反应介质条件（包括 pH、溶剂）、反应物的种类与浓度，以及光源（波长、强度、距离）等因素，均会对光催化反应产生影响。

### （一）催化剂的能带结构

众所周知，光催化最核心的概念是光催化剂吸收光能后，产生具有还原能力的电子（$e^-$）和具备氧化能力的空穴（$h^+$），$e^-$ 和 $h^+$ 再将接触到的其他物质（$H_2O$、污染物、重金属离子、$CO_2$ 等）还原、氧化掉。当然，光催化剂的氧化还原能力是有限制的。光催化剂的氧化还原能力取决于其导带、价带的位置：导带越负，还原能力越强；价带电位越正，氧化能力越强。另外，光催化剂能否受光激发产生电子–空穴对也与其禁带宽度有关：禁带宽度越窄，光吸收范围越广，受光激发越容易。

### （二）晶面

光催化反应发生在半导体表面，因而半导体表面原子结构对催化剂催化性能有很大影响。催化剂不同晶面具有不同的原子排列和结构，这会使催化剂表现出不同的催化性能，可以通过调控催化剂晶面来提高其催化性能。

### （三）催化剂的晶型结构

半导体光催化剂的晶体结构（晶系、晶胞、晶面）的差异会使光催化剂 $E_g$ 值不同。同一种半导体光催化材料因晶体结构不同会表现出不同的光催化性能，其中最具代表性的例子是 $TiO_2$ 半导体光催化剂。$TiO_2$ 有三种不同的晶型结构——锐钛矿型、金红石型以及板钛矿型，常见的为锐钛矿型和金红石型。晶型结构不同使它们具有不同的禁带宽度。板钛矿型 $TiO_2$ 的禁带宽度为 3.0 eV，锐钛矿型 $TiO_2$ 的禁带宽度为 3.2 eV，金红石型的禁带宽度为 3.3 eV。并且相较于其他两种晶型，锐钛矿型 $TiO_2$ 具有更大的比表面积、更多的晶格缺陷，对电子的捕获能力也更强，有利于电子–空穴对的分离，从而具备更强的光催化性能。

（四）催化剂尺寸

光催化剂粒径尺寸与其催化性能息息相关。当催化剂尺寸达到纳米级后，存在量子尺寸效应，并且随着尺寸的减小，半导体的禁带宽度变大，氧化还原能力变强。同时，尺寸变小，电子–空穴对到达催化剂表面时间越短，能越快与吸附在催化剂表面的物质发生反应。但同时需要考虑的是，尺寸越小，禁带宽度越大，对光的吸收能力也就越弱。

（五）表面缺陷

缺陷对半导体材料的电子结构、光吸收性能、表面吸附性能等都有影响。缺陷会在半导体能带中引入新的能级，从而增强对光的吸收能力；可以增强对 $H_2O$、$O_2$、$CO_2$ 等的吸附，可以生成更多的活性自由基。除此之外，缺陷可以作为电子捕获中心，有利于电子–空穴对的分离。

（六）pH

对于液相体系中的光催化反应，反应液 pH 会显著影响催化剂的表面电荷、催化剂粒子的聚集度以及催化剂的导带、价带位置。

研究表明，pH 会影响半导体的平带电位。目前的研究发现，$TiO_2$ 的平带电位与 pH 之间遵循能斯特方程，即 pH 越大，平带电位越小，因此反应液 pH 直接影响光催化反应机理。光催化反应过程中存在单线态氧、超氧自由基、过氧化氢、羟基自由基等活性物质。在碱性条件下，羟基自由基更容易产生，反应速率很有可能会加快。

（七）光源

光源对催化性能的影响主要体现在光照波长与光照强度两个方面。光照波长的影响很好理解，以汞灯和氙灯为例，汞灯发射的光线主要为紫外线，而氙灯模拟太阳光，其发射光主要是可见光。$TiO_2$ 只有在紫外线下才能被激发产生电子–空穴对，才会有较好的光催化性能。而光强对催化性能的影响结合高中物理知识就可以理解。光催化反应中，受光照激发产生电子-空穴对的催化剂数量有限：光强较弱时，随着光强增强，参与反应的催化剂数量增加；但当光强超过一定阈值后，催化剂已全部参与反应，此时光强增强对催化性能几乎无影响；若光强过强，反应体系温度升高会导致催化剂团聚，反而降低催化性能。

## 第二节 量子点材料的研究进展

### 一、量子点的定义

量子点（quantum dots，QDs）是由少量原子组成的准零维纳米材料。量子点三维尺寸均很小，通常为 2 ~ 8 nm，接近或小于激子玻尔半径。量子点的三个维度尺寸均在纳米量级，其内部电子在各个方向上的运动都受到限制，量子限域效应显著。由于电子和空穴的运动被限制，连续的能带结构变为具有分子特性的分立能级结构，$E_g$ 随尺寸的减小而增大，受激后可以发射荧光。

### 二、量子点的分类

量子点一般为球形或类球形，通常由Ⅱ-Ⅵ族、Ⅳ-Ⅵ族或Ⅲ-Ⅴ族半导体制成。常见的量子点材料主要包括硫化镉（CdS）、硒化镉（CdSe）、碲化镉（CdTe）、硫化锌（ZnS）等Ⅱ-Ⅵ族半导体量子点，硫化铅（PbS）、硒化铅（PbSe）等Ⅳ-Ⅵ族半导体量子点，以及磷化铟（InP）、砷化铟（InAs）、氮化硼（BN）等Ⅲ-Ⅴ族半导体量子点。近年来，不含镉或铅等重金属元素的半导体量子点吸引了越来越多的研究投入，如Ⅰ-Ⅲ-Ⅵ族和Ⅱ-Ⅴ族量子点。关于Ⅳ族（碳、硅）量子点和铅卤钙钛矿（perovskite）量子点的研究也是一大热点。量子点是在纳米尺度上的原子和分子的集合体，既可由一种半导体材料组成，如上述Ⅱ-Ⅵ族、Ⅳ-Ⅵ族或Ⅲ-Ⅴ族化合物半导体，也可以由两种或两种以上的半导体材料组成核-壳量子点或异质结量子点。

下文将量子点分为单质、Ⅱ-Ⅵ族（金属硫化物、金属氧化物）、钙钛矿型及其他类型展开介绍。

#### （一）单质量子点光催化剂

在光催化反应中，人们一直在努力提高催化剂的反应性，这通常与暴露的活性位点的数量有关。研究表明，将体相金属光催化剂的尺寸减小到纳米颗粒、量子点或单原子水平，可以增加催化剂在环境中暴露的反应位点，为合成高效光催化剂提供了一种可行策略。此外，这些贵金属还具有较大的功函数和较低的费米能级，这使半导体光生电子能够定向迁移。目前，一些研究人员正致力于在一些传统材料上复合贵金属量子点以提高光催化剂的光催化性能。

贵金属铂（Pt）因具有低超电势而成为理想的助催化剂，同时肖特基（Schottky）势垒的存在使其能够存储电子。它提供反应位点并控制光催化过程中电子的定向流动。如 Wang 等人[3]采用改进的光辐照还原方法在 $TiO_2$ 纳米管阵列（$TiO_2$ nanotube array，TNTA）上均匀修饰了平均直径为 2 nm 的均匀分散的 Pt 量子点（Pt QDs）。实验以氯铂酸为前驱体，研究了 0.3 ~ 2.0 mmol · $L^{-1}$ 前驱体浓度对 Pt QDs 负载量的影响。与不含 Pt QDs 的 TNTA 相比，负载 Pt QDs 的 TNTA 复合光催化剂表现出更高的光电化学活性和降解罗丹明 B（rhodamine B，RhB）的速率。性能的提高主要取决于肼含量、颗粒尺寸的窄分布以及 TNTA 表面 Pt QDs 的均匀分散。二氧化钛和铂之间形成了肖特基结（图 1.2），大大减少了光生载流子复合，延长了电荷寿命，铂上的电子可以有效地与溶解氧反应，从而提高了光催化性能。

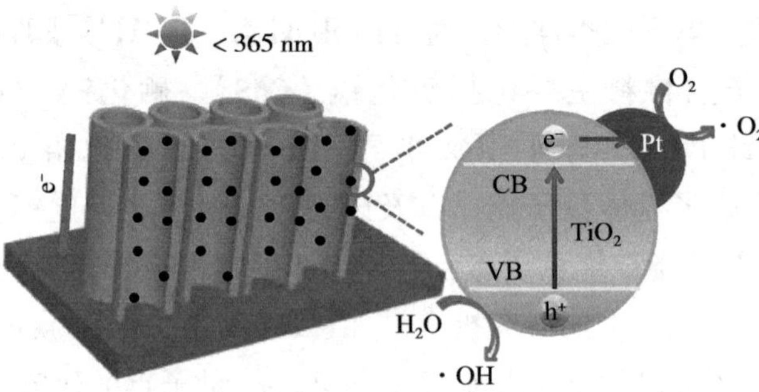


**图 1.2　紫外光照射下 Pt 纳米管中降解 RhB 的电荷转移示意图**[3]

一些贵金属，如银（Ag）和铜（Cu），在可见光照射下表现出明显的局部表面等离子体共振（localized surface plasmon resonance，LSPR）现象，显示出更宽的光响应范围。这对高效的太阳能转换具有积极影响。LSPR 涉及两种材料接触界面之间的强近场相互作用。等离子体纳米结构可以诱导等离子体激子 – 激子耦合效应，形成可用于增强光致发光（photoluminescence，PL）的激子。值得注意的是，由表面离子共振（surface plasmon resonance，SPR）激发的光生电子具有高能量。如果电子的能量大于弯曲导带的能量，则电子可以直接进入导带而无需能级匹配。Shi 等人[4]通过化学还原法和溶剂热法合成了一种新型的 Ag QDs 修饰的 $Bi_2S_3/SnIn_4S_8$ 复合材料。光电化学技术揭示，光催化活性的增强主要归因于 Ag QDs、$Bi_2S_3$ 和 $SnIn_4S_8$ 的协同作用，SPR 效应和 Ag QDs 的电子捕获和注入提高了可见光吸收能力、光生载流子的分离和转移效率，增大了比表面积。

在催化体系中引入金属作为助催化剂已得到广泛应用，包括纳米颗粒、量子点和单原子。金属量子点作为一类性能优异且制备难度适中的材料，引起了广泛关注。一般而言，量子点负载量的增加会引入更多的活性位点，从而提升催化活性。然而，在实践中，基底材料不能提供足够的锚定位点，会导致量子点的团聚，因此在一些研究中看到的过度负载而导致的性能下降实际上是量子点团聚引起的副作用。此外，主流金属量子点仍为贵金属，但高昂的成本和资源稀缺性是需要克服的障碍。出于各种原因，金属量子点的负载量被限制在基本上不超过 10%。因此，迫切需要开发廉价的非贵金属量子点和基底材料，以提供足够数量的锚位点。总之，使用金属量子点作为助催化剂的优点主要包括：①控制电子的定向传输；② LSPR 促进电荷的产生并增强光致发光；③界面工程促进空间电荷分离。

各种碳基量子点（包括 G QDs、CN QDs、M QDs 和 GD QDs）因其卓越的可持续性和良好的生物相容性而迅速成为研究热点（图 1.3）[2]。作为一种零维导电材料，碳基量子点具有优异的导电性和尺寸效应。它们的表面官能团高度可调，因此可以与半导体耦合以获得合适的能带位置，从而提高光催化效率。碳基量子点优异的比表面积和丰富的表面官能团使其对反应物具有很强的吸附能力，这有利于光催化过程。此外，碳基量子点仅由地球上丰富的碳或氮元素组成，这使其易于合成。Pan 等人[5]采用直接耦合的方法制备碳量子点修饰的二氧化锡（$SnO_2$）纳米管。X 射线光电子能谱（X-ray photoelectron spectroscopy，XPS）、傅里叶红外光谱（fourier transform infrared spectroscopy，FTIR）、透射电子显微镜（transmission electron microscope，TEM）的结果表明，$SnO_2$ 纳米管通过表面碳氧基团与 C QDs 很好地结合在一起。他们通过在可见光照射下对 RhB 的降解，证明了复合材料的光催化性能显著提高；并研究了增强的机理，认为量子点独特的上转换光致发光行为是最重要的原因。此外，C QDs 可以作为受

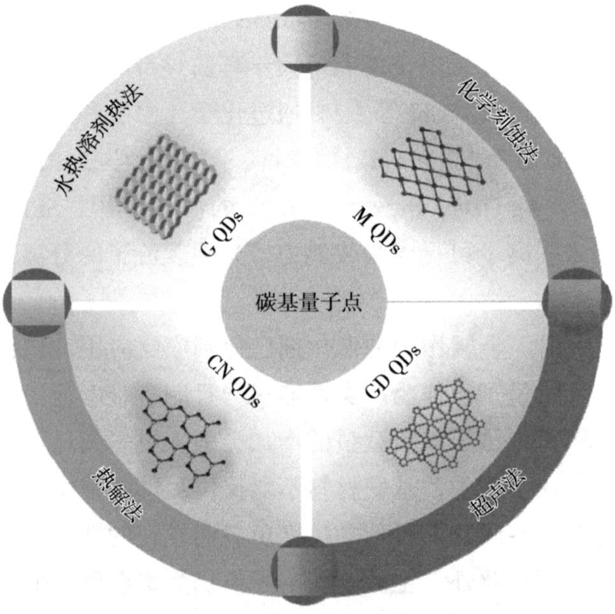


**图 1.3　不同碳基量子点的合成策略和结构**[2]

体促进光生电子-空穴对的分离，其颗粒状和管状结构也被认为是其具有显著光催化活性的重要原因。Wei 等人[6]制备了 g-$C_3N_4$ 量子点（CN QDs）和金纳米颗粒（Au NPs）共修饰的 $CeO_2/Fe_3O_4$ 光催化剂。光催化 $CO_2$ 还原实验表明，该复合材料具有明显增强的光还原活性和光催化稳定性。CO 和 $CH_4$ 作为催化剂在 4 h 内的产率约为纯 $CeO_2$ 的 5 倍和 8 倍。光电化学测试表明，CN QDs 和 Au NPs 之间的异质结可以大大提高光催化剂的光生载流子分离能力和光利用效率。此外，Au NPs 优异的电子传输性能为电子传输提供了特定的通道，Au NPs 的强 LSPR 使大量热电子可以直接参与 $CO_2$ 还原。CN QDs 和 Au NPs 之间的协同作用可以进一步提高光催化剂的光催化活性。

（二）Ⅱ-Ⅵ族量子点光催化剂

Ⅱ-Ⅵ族量子点材料是研究最早和最成熟的一类量子点。从量子点问世到现在，对Ⅱ-Ⅵ族量子点的研究从未中断。在Ⅱ-Ⅵ族半导体中，价带和导带主要由Ⅵ族化合物 P 轨道和金属 S 轨道组成。Ⅱ-Ⅵ族半导体量子点具有窄带隙的特性和直接过渡带结构的优势，因此一直受到广泛关注。Ⅱ-Ⅵ族半导体量子点主要包括硫化镉（CdS）、硒化镉（CdSe）、碲化镉（CdTe）、硫化锌（ZnS）

等。然而，CdS QDs 具有快速的光生载流子复合，在使用过程中易于团聚；并且与其他金属硫化物一样，在长期照射的过程中容易发生光生空穴的表面积累，导致光腐蚀。这些现象会抑制光催化剂表面的光催化活性。

Zhang 等人[7]成功制备了一种新型的 p–n 型异质结 CdS QDs/$LaMnO_3$ 复合材料。以土霉素的光催化降解为例，评价了 CdS QDs/$LaMnO_3$ 复合材料的光催化活性。结果表明，含 5% CdS QDs 的复合材料具有 70% 的光催化效率，分别比未掺杂的 $LaMnO_3$ 和 CdS QDs 高出 43% 和 27%。光催化活性的提高归因于 CdS QDs 和 $LaMnO_3$ 之间电子–空穴对的有效分离以及自由基的强氧化还原能力。且他们经过 4 次循环试验证明了 CdS QDs/$LaMnO_3$ 复合材料具有优异的稳定性和可回收性。Guo 等人[8]成功地在氟掺杂氧化锡（fluorine–doped tin oxid，FTO）基底上构建了 CdS QDs 光敏化的 $SnO_2$ 光子晶体（$SnO_2$ PC/CdS QDs）。扫描电子显微镜（scanning electron microscope，SEM）结果显示，平均尺寸为 5 ~ 10 nm 的 CdS QDs 均匀分散在 $SnO_2$ PC 中。透射光谱的结果表明，光吸收红移至 500 nm，在 400 ~ 600 nm 范围内，$SnO_2$ PC/CdS QDs 的光吸收明显高于 $SnO_2$ 薄膜。这种增强的光催化能力得益于光子晶体结构增强的可见光吸收以及 $SnO_2$ 和 CdS 之间建立的异质结促进了光生载流子的分离。

为了实现高光催化效率，需要抑制光生载流子复合并作用于相应的还原或氧化反应。金属阳离子的掺杂不仅可以改变量子点的电子能级结构，从而影响量子点的带隙，还可以调节量子点的光生载流子动力学。Rajabi 等人[9]采用湿化学沉淀法将 $Mn^{2+}$ 掺杂到 ZnS QDs 中，在光吸收研究中，280 ~ 300 nm 波长范围内的宽吸收带揭示了 ZnS QDs 中的量子尺寸效应。他们还以甲基紫阳离子染料为模型分子研究了所制备的 ZnS QDs 的光催化活性。结果表明，掺杂 $Mn^{2+}$（5%）的量子点有效地漂白了甲基紫阳离子染料，与纯 ZnS 纳米粒子相比显示出积极的光催化增强作用。

Ⅱ–Ⅵ族半导体量子点除了金属硫化物，还有金属氧化物（ZnO、CuO、$WO_3$）也被广泛应用在光催化领域。Xie 等人[10]采用自组装方法合成了一种新型 CuO QDs/$WO_3$ 纳米片（nanosheets，NSs）零维（0D）/ 二维（2D）Z– 方案异质结。平均直径为 1.6 nm 的 CuO QDs 均匀分布在 $WO_3$ NSs 上，界面紧密，电荷扩散距离短，可有效提高光生载流子的分离效率。与纯 CuO 和 $WO_3$ 相比，借助窄带隙 CuO 的强还原能力和 CuO QDs 与 $WO_3$ NSs 之间的紧密界面，CuO QDs/$WO_3$ NSs 在可见光照射下表现出优异的光催化活性和稳定性。基于光响应和电化学测量数据，CuO QDs/$WO_3$ NSs 显示出更多的可见光吸收、更低的光生载流子复合率、更小的电荷迁移阻碍和更好的氧化还原能力，这表明光催化活性的增强归因于快速的电子转移和增强的氧化还原能力。Peng 等人[11]采用简单的溶剂热法，制备了一种 $TiO_2$ 纳米棒负载 ZnO QDs 的 p–n 型异质结（p–ZnO QDs/n–$TiO_2$）。与Ⅱ型异质结相比，p–ZnO QDs 与 n–$TiO_2$ 的费米能级差异较大，内电场较强，p–ZnO QDs/n–$TiO_2$ 具有更好的电荷分离效率和光电化学特性。最佳样品在 1.23 V（vs. RHE）下表现出 1.70 mA·$cm^{-2}$ 的最高光电流和良好的稳定性。与纯 $TiO_2$ 相比，p–ZnO QDs/n–$TiO_2$ 催化剂具有显著的光电化学性能。

（三）钙钛矿量子点催化剂

钙钛矿量子点是近年来发展起来的优异的量子点材料。它们具有钙钛矿材料的特性，如高吸收系数、长光生载流子色散长度、相对低的激子结合能和平衡的电子空穴迁移率等，并且在激光、太阳能电池、光伏和发光二极管的应用方面取得了巨大进展[12]。Gao 等人[13]采用乳化和反乳化方法制备了 $CsPbX_3$ QDs。研究表明，$CsPbX_3$ QDs 对甲基橙（methyl orange，MO）的降解有良好的光催化活性，且超氧自由基是主要的活性物质。但是，$CsPbX_3$ QDs 还有一个天然的缺点——稳定性差，作为一种离子化合物，钙钛矿量子点怕水怕氧，在空气中容易被氧化，在水中容易失去活性。如果克服钙钛矿的稳定性，它将成为光催化领域最有潜力的材料。

最近，一些研究人员采用封装技术将 $CsPbX_3$ QDs 封装在某些材料中。该方法不仅可以结合两种材料的光电性能优势，还可以保护 $CsPbX_3$ QDs，这大大提高了复合光催化剂在水相反应体系中的稳定性。例如，Shu 等人[14]通过简单的自组装方法成功将 $CsPbBr_3$ QDs 锚定在多壁碳纳米管上，当多壁碳纳米管的质量分数为 4.0% 时，$CsPbBr_3$/ 多壁碳纳米管的光催化性能最佳，CO 和 $CH_4$ 的产率分别是原始 $CsPbBr_3$ QDs 的 3.14 倍和 2.13 倍。$CsPbBr_3$ QDs 到多壁碳纳米管的快速电子提取和转移以及增强的可见光捕获能力使光催化性能显著提高。光致发光和光电化学测试证实，由于多壁碳纳米管可以作为电子转移通道，$CsPbBr_3$ 的光激发电子可以快速转移到多壁碳纳米管上。最近，钙钛矿量子点也被封装在金属有机骨架（metal–organic framework，MOF）中以提高稳定性[15]。MOF 均匀分布的活性位点和多孔结构可以提高反应活性并有效传输反应底物。Wan 等人[16]首次成功设计并制备了结合了 $CsPbBr_3$ QDs 和 UiO–66（$NH_2$）优点的 $CsPbBr_3$ QDs/UiO–66（$NH_2$）纳米复合材料，然后使用纳米复合材料作为光催化剂在非水介质中将 $CO_2$ 转化为化学燃料。所得纳米复合材料显示出显著提高的光催化活性。当 $CsPbBr_3$ QDs 的质量分数为 15% 时，相应的副产物的质量分数可达 98.57μmol · $g^{-1}$。光催化活性的显著增强可归因于 $CsPbBr_3$ QDs 和 UiO-66（$NH_2$）纳米复合材料之间界面上的快速电荷分离和转移。大的可及比表面积和增强的可见光吸收能力也是 $CsPbBr_3$ QDs 和 UiO-66（$NH_2$）纳米结高活性的原因。此外，$CsPbBr_3$ QDs/UiO 66（$NH_2$）纳米复合材料在可见光存在下表现出良好的可回收性。

钙钛矿的 B 位通常是二价金属离子，因此将两个 B 位的二价过渡金属转化为三价金属离子和一价金属离子是一种可行的方法[17]。异价取代方法备受关注。Zhou 等人[18]采用简单的热注入法合成了新型无铅 $Cs_2AgBiBr_6$ 双钙钛矿纳米晶体，其具有纯立方形状和高结晶度。这种纳米晶体能够在低极性溶液中保持其结构稳定性（长达 3 周），在相对湿度为 55% 的条件下保持 90 天的相位均匀性，在 70 mW · $cm^{-2}$ 下浸泡 500 h 或在 100℃下加热 300 h，显示出非凡的稳定性。Li 等人[19]开发了一种简便的室温方法来合成八面体形状的全无机橙红色发光的掺 Ag 和掺 Mn 无铅卤钙钛矿 $Cs_2NaBiCl_6$。在未掺杂的 $Cs_2NaBiCl_6$ 八面体中仅观察到非常弱的橙红色光致发光。然而，Ag 和 Mn 掺杂都大大增强了 $Cs_2NaBiCl_6$ 样品的光致发光强度。

目前，钙钛矿量子点主要面临两个问题：一是有毒金属 Pb 的存在，二是固有的不稳定性。配体工程和封装技术可以解决这些问题，但它们仍然不理想。由于钙钛矿量子点的特殊性，钙钛矿量子点表面的有机配体并不与表面紧密排列，而是不断吸附和解吸附以达到动态平衡。因此，当在极性大的溶液中或在空气中时，表面配体会脱落，从而影响稳定性。封装技术可以提高钙钛矿的稳定性，但在合成过程中，钙钛矿量子点不可避免地会与空气接触。所以如何提高钙钛矿量子点的稳定性仍然是关键。

（四）其他量子点光催化剂

其他量子点主要包括Ⅲ-Ⅴ族中的 InP、BN、InAs、GaP、GaAs 等量子点以及 I-Ⅲ-Ⅵ族中的 $CuInSe_2$ 量子点。大多数Ⅲ-Ⅴ族材料是直接带隙半导体，它们不含有毒的重金属元素，因此这种材料制备的量子点非常有利于大规模实际应用。

然而，Ⅲ-Ⅴ族材料的共价性比Ⅱ-Ⅵ族材料更强，这使Ⅲ-Ⅴ族半导体量子点的制备更加困难。更重要的是，所制备的Ⅲ-Ⅴ族半导体量子点在尺寸分布、半峰宽和量子效率方面仍不及Ⅱ-Ⅵ族量子点。InP QDs 是一种典型的Ⅲ-Ⅴ族量子点，具有较大的本征消光系数、较大的玻尔半径以及低毒性的优点。这使它成为一种有吸引力的光敏剂。令人遗憾的是，InP QDs 在光催化领域并没有受到太多的关注。这是由于在材料制备过程中，深能隙态中缺陷位置的存在和 P 氧化导致的氧化缺陷。这些缺陷导致了 InP QDs 的结构脆弱性。尽管研究人员尽可能多地从反应器系统中排出 $O_2$ 和 $H_2O$，但在量子点的成核和生长过程中仍会发生不可避免的氧化反应。高质量 InP QDs 的合成已成为应用的关键障碍。同时，表面缺陷和大量悬空键的存在使电荷分离变得困难，InP QDs 的低光致发光效率就是证明。幸运的是，这些问题可以在某些方面得到缓解。

金属离子的改性被认为是一种有效的手段。Yu 等人[20]用热注入法制备了 InP QDs，然后通过锌离子修饰的 InP QDs 以增强光催化硫化氢析氢。X 射线衍射（X-ray diffraction，XRD）和 TEM 结果表明，锌离子对 InP QDs 的晶体结构和形貌没有显著影响，而 XPS 和紫外-可见漫反射光谱（ultraviolet-visible diffuse reflectance spectroscopy，UV-vis DRS）结果表明，锌离子主要吸附在 InP QDs 的表面。稳态和瞬态 PL 光谱证明锌离子可以有效地消除 InP QDs 上的表面陷阱，这对抑制光生载流子的复合至关重要。此外，锌离子与来自 InP QDs 的表面硫化物之间的静电相互作用可以减轻量子点与硫化物 / 氢硫化物之间的排斥作用，这可能促进光催化过程中的表面氧化反应。因此，可以说金属离子的引入可以有效地消除量子点表面的悬浮键，并对光生载流子动力学产生重大影响。

Chon 等人[21]制备了一个 InP/ZnSe/ZnS 核壳量子点，并通过 $TiO_2$ 异质化稳定了脆弱的 InP 核。由于量子点和 $TiO_2$ 无机固体之间非常高的黏附力，它们可以通过简单的混合实现量子点的负载。结果表明，InP QDs 和 $TiO_2$ 之间存在紧密的界面接触。这种异质性确保了 InP 核的稳定性。经过 10 次重复的光催化反应后，量子点的结构和性能保持稳定，从而实现了稳定有效的光催化 $CO_2$ 还原。

BN QDs 是 G QDs 的类似物（图 1.4）[22]，考虑到六方氮化硼（h-BN）的独特性能，如出色的电绝缘性、独特的光学性能、出色的化学和热稳定性、高热导率、卓越的机械强度、良好的润滑性和出色的吸附脱硫性能，BN QDs 已成为有吸引力的量子点材料之一。此外，BN QDs 还表现出与 G QDs 一样的可调荧光发射、低细胞毒性和高环境友好性。然而，G QDs 和生物分子之间存在不被期望的相互作用，这可能会破坏生物分子的固有特性。与 G QDs 不同的是，BN QDs 显示出优异的生物相容性。Cui 等人[23]通过水热法制备了 BN QDs，探讨了通过硫掺杂（S–BN QDs）和配体（尿素、硫脲、对苯基二胺）官能团化来增强 BN QDs 光催化性能的策略。结果表明，S 掺杂和配体官能团化调节了带隙结构，并引入了中间间隙态，以促进光吸收、电荷分离和光催化氧化还原反应的能量学优化。值得注意的是，与原始 S–BN QDs 相比，对苯基二胺配体诱导了超过 1eV 的带隙变窄和吸收边缘红移，显著扩大了光捕获范围。尿素和对苯基二胺官能团化使电荷转移长度增加了 2.5 倍，有效地减少了复合。另外，硫脲官能团化提高了电子注入效率。能量转换效率依次为：对苯基二胺（15.0%）> 硫脲（12.0%）> 尿素（11.0%）> 原始（10.0%）。

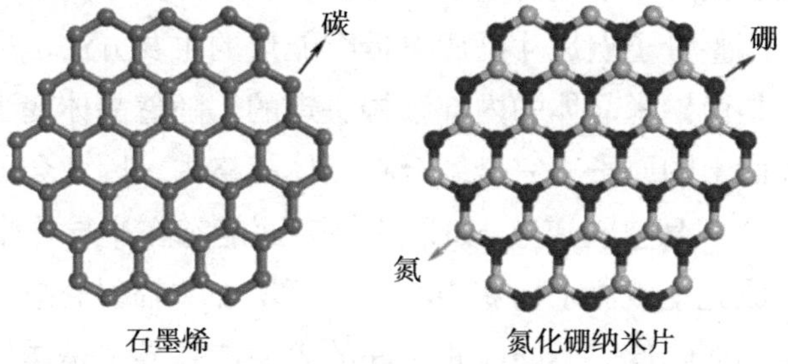


**图 1.4 石墨烯和氮化硼的结构图**[22]

与Ⅱ–Ⅵ族或Ⅲ–Ⅴ族二元量子点相比，Ⅰ–Ⅲ–Ⅵ族三元量子点毒性更低，不含镉且绿色环保。它们具有与Ⅱ–Ⅵ 族量子点相同的优异光学特性，并表现出高性能。Ⅰ–Ⅲ–Ⅵ族量子点常被用作光敏剂，其优异的捕光性能比基于贵金属的光敏剂好得多[24]。

最近，Ⅰ–Ⅲ–Ⅵ族量子点由于具有特殊的缺陷结构及能带结构，引起了研究人员的广泛关注。Hu 等人[25]制备了缺陷 $CuInSe_2$/ZnS QDs，通过在合成过程中改变 In 前驱体的量，获得了具有不同 Cu 和 In 比例的 $CuInSe_2$/ZnS QDs。随着 Cu 缺陷的增加（降低 Cu 与 In 的比率），观察到电子俘获和光生载流子复合稍快，但析氢反应的光催化活性显著提高。这可以归因于从牺牲剂到 $CuInS_2$/ZnS QDs 的增强的电子转移，这是由具有较高 Cu 缺陷的量子点的较低价带（对电子转移的较大驱动力）引起的，这有利于整体电荷分离。Qu 等人[26]首次采用配体辅助的两步水相法制备了一种缺陷型催化剂 $CuInSe_2$ QDs。他们通过调节催化剂中 Cu 与 In 的比例及 In 取代 Cu 位点的方法，使改性后的材料具有一种典型双吸收边缘特性。进一步的瞬态光电流和电化学阻抗谱（electrochemical impedance spectroscopy，EIS）研究表明，结构中的表面缺陷有利于光生载流子的分离和传输。此外，不同元素比例的样品显示出不同的能带结构，从而显示出不同的光催化析氢的选择性和速率。因此，I–Ⅲ–Ⅵ族量子点的能量结构可以通过两个参数来控制，即元素比例和颗粒尺寸。

## 三、量子点光催化剂的基本特性

量子点可以被认为是小分子和大晶体之间的桥梁，显示出类似于孤立原子和分子的离散的电子跃迁态，也具有结晶材料的性能。量子点作为微小的半导体晶体，往往表现出尺寸依赖的电子性能，展现出许多不同于宏观体相材料的物理化学性质。调整量子点尺寸是调整带隙能量的主要方法，量子点性质的尺寸依赖特性主要是由纳米晶体的内部结构决定的。随着晶体变小，表面上的原子数目增加。表面上的原子不完全结合在晶体晶格内，因此会破坏结晶周期性并留下一个或多个“悬空轨道”。如果这些表面能态在半导体带隙内，那么它们可以在表面形成光生载流子捕获中心，从而增加非辐射衰减概率。量子点的熔点随着尺寸减小而降低。不同晶相之间的表面能差异也是诱导高比表面积的量子点应力相变的原因之一。量子点独特的性质源于自身的量子效应。颗粒尺寸进入纳米量级，将引起量子限域效应、宏观量子隧穿效应和表面效应等，从而派生出纳米体系所具有的与宏观和微观体系不同的特性。下面简要介绍量子点的这些独特效应。

### （一）量子限域效应

量子限域效应是近年来许多实验和理论研究的主题。当半导体材料的几何半径变小时，会产生量子限域效应，两者呈负相关关系。在量子限域效应的作用下，半导体的导带和价带将向更负和更正的方向移动[27]。由于较大的消光系数，固有极矩可以导致电荷快速分离。小颗粒尺寸有利于量子点中的快速电荷分离和传输，这是由于光电子从固体到表面的传输距离短[28–29]。量子点中独特的多激子产生可以诱导光催化反应体系的高量子效率。

### （二）尺寸效应

量子点粒子尺寸可以调整到半导体所需的能带结构和光吸收范围，很容易实现导带/价带与电子/空穴收集相之间的能级匹配，从而最大限度地利用太阳能[30]。量子点体积小，具有活性位点丰富、吸收光谱宽、带隙可调等特性[31–33]，但不可避免地会聚集在一起[34]。通过调控量子点的尺寸可实现对其带隙的有效调节。一些吸收性能在紫外区域较强而在可见光区很弱的材料，可通过控制量子点的尺寸来调节其能带，从而扩展其光吸收范围。

（三）表面效应

随着量子点的粒径减小，大部分原子位于量子点的表面，量子点的比表面积随粒径减小而增大[35-37]。较大的纳米颗粒具有更大的比表面积和更多表面相原子数量，因此表面原子配位不足、不饱和键及悬键增多，从而使这些表面原子具有高的活性[38-39]，提高了纳米粒子表面能和活性[40]。在量子点形式下，许多材料的光致性质变得特别显著。

（四）宏观量子隧穿效应

量子材料的性质很大程度上是由量子力学原理决定的，并且在宏观上表现出量子行为[41-42]。随着纳米晶粒粒径的不断减小和比表面积的不断增加，其表面状态的改变将会引起微粒性质的显著变化[43]。在光催化反应体系中，该效应有利于反应物分子的吸附和反应中间体的稳定，从而降低反应能垒[44]，提高光催化性能。

## 四、量子点光催化剂的制备方法

量子点光催化剂的种类十分丰富，所以制备的方法也多种多样。具体来说，量子点的制备方法主要分为自上而下和自下而上两大类型。自上而下的方法相对简单，因为它们要么依赖大块材料的去除 / 分割，要么依赖任何大块制造工艺的小型化以产生纳米所需的结构。但这种方法存在一个问题，即所制备的表面结构在本质上是不完美的。用这种方法制备的纳米结构材料不光滑，表面有结构缺陷，还含有许多杂质。这种方法包括高能湿球磨、激光刻蚀、电子束光刻、液相剥离、原子力操纵、气相冷凝和气溶胶喷雾等。自下而上的方法是指小分子前驱体经过成核、生长和聚合过程，然后成为量子点。该方法可以通过选择合理的骨架分子和配体，控制严格的化学进料比例、反应时间和温度等，达到精准控制产物的尺寸的目的。这种方法包括热注入法、水热法、微波辅助法和仿生合成法等。接下来着重介绍激光刻蚀法、热注入法、水热法、微波辅助法以及仿生合成法。

（一）激光刻蚀法

激光刻蚀是一个复杂的过程。激光将穿透样品表面，这取决于其波长以及所用目标材料的折射率。激光照射会产生高电场，足以从样品中去除电子。这些自由电子然后与样品的原子碰撞，转移能量。结果，目标表面被加热，随后蒸发，等离子体形成、成核和聚集，产生原始的纳米粒子或量子点。激光刻蚀法主要具有以下优点：①它是一种简单而通用的绿色方法；②除仪器成本外，这种方法的成本相对较低；③它不需要有毒的化学物质或者试剂；④它能很好地控制颗粒尺寸；⑤它能提供良好单分散性的颗粒。同时，它也具有以下缺点：①激光设备的成本很高；②能源消耗比较高；③在长时间过程中使用激光会降低消融效率。

各种金属和金属硫族化物量子点可以通过激光刻蚀法容易地制备。这种方法在制备碳基量子点方面也同样有效。这些量子点具有非常高的纯度，因为没有从外部添加化学物质，并且目标暴露于激光下。这种方法很受欢迎，因为它可以在更短的时间内制备高纯度的量子点；然而，设备的高成本仍然是一个问题。这种合成方法有望在未来几十年内得到大规模运用。

（二）热注入法

热注入法是指将含有适当元素的前驱体溶液快速注入热的高温反应混合物中，然后，前驱体迅速反应生成量子点，量子点迅速冷却并固化。通过调整合成过程中的类型、前驱体浓度、反应时间和温度，可以控制胶体量子点的大小和组成。这种方法可以高效、快速地大量合成尺寸分布均匀的高质量量子点。热注入法特别适用于制备无机量子点，如 CdSe、CdS 和卤化物钙钛矿。一项研究采用热注入法与室温法两种不同的方法制备了 CdSe QDs[45]。采用热注入方法可以制备尺寸范围为 2.5 ~ 6.3 nm 的量子点，而采用室温方法只能制备固定尺寸（约 3.3 nm）的量子点。与其他方法相比，这种合成方法具有几个优点，包括精确控制量子点的尺寸和形状、高纯度和低缺陷密度。该工艺相对容易扩大规模，可用于生产各种不同类型的量子点。因此，这种方法近年来被广泛用于生产各种应用的高质量量子点。

（三）水热法

水热法是一种制备尺寸和形状得到良好控制的量子点的简单而低成本的方法。在该方法中，将含有金属离子和配体的前驱体溶液置于密封容器中，并在高压下在水浴中加热。随着温度和压力的增加，溶液变得过饱和，因此量子点发生成核。量子点的尺寸和形状可以通过改变反应参数如温度、压力和反应时间来控制。水热法的优势之一是，与高温炉或分子束外延等其他方法相比，它能在相对较低的温度下合成量子点。Yu 等人[46]在水热条件下制备了具有增强光催化活性的氯乙酸（chloroacetic acid，CA）修饰的 $SnO_2$ QDs。通过 XRD、TEM、FTIR、XPS、拉曼（Raman）光谱和热重（thermogravimetry，TG）分析发现，CA 分子成功地与 $SnO_2$ QDs 表面连接，并形成了稳定的 $SnO_2$ QDs@CA。$SnO_2$ QDs@CA 对 MO、亚甲基蓝（methylene blue，MB）和苯酚具有优异的光催化活性。MO 的光催化降解遵循一级反应。从表观速率常数可以看出，随着 CA 的修饰，$SnO_2$ QDs 的光催化性能显著提高，而随着水热反应时间的增加而降低。

水热法也几乎没有限制，但在合成的过程中所需的高压和温度条件可能难以控制，从而导致难以获得高度均匀和单分散的量子点[47]。同时，水热法成本相对较低，因为只需要少量前驱体材料、高压釜和烘箱，而回流法通常需要 Schlenk 管线和无氧介质，在合成过程中需要多次前驱体注射。

水热法制备量子点的一些最新进展包括开发新的前驱体和表面活性剂，可用于改善量子点的尺寸和控制形状。此外，研究人员一直在探索使用替代溶剂，如离子液体和超临界流体[48]，这可以提高前驱体的溶解性，更好地控制反应条件，并可以获得高质量和均匀的窄尺寸分布的量子点。

（四）仿生合成法

量子点的仿生合成是指利用生物材料合成量子点的过程。在这个过程中，量子点的生长和自组装是基于生物系统中发现的机制和原理模仿的。与传统的合成方法相比，在量子点的生长中使用仿生技术具有以下几个优点。为了生长量子点，在传统的合成工艺中经常需要高温、苛刻的化学物质和高压。在这些情况下，可能会出现大尺寸、不均匀分布以及含有瑕疵和杂质的量子点，从而对量子点的光学和电学能力造成一定的影响。然而，“绿色”仿生矿化技术的发展使量子点（Ⅱ–Ⅵ族、Ⅳ–Ⅵ族和Ⅰ–Ⅵ族）的生产更加简单。使用酶、蛋白质或微生物作为催化剂有助于减少苛刻化学品和高温的使用，使合成过程更加环保和生物相容。此外，生物分子（如蛋白质、酶和 DNA）可用于稳定量子点并控制其大小、形状和表面性质。这些生物分子有助于减少缺陷的形成并防止量子点的聚集，确保它们保持良好的分散性和稳定性。合成过程通常包括：首先将用于量子点形成的前驱体引入含有稳定生物分子和生物模板的反应介质中；然后将反应介质置于特定的条件下，如温度、pH 和时间，以使量子点生长；最后从反应介质中分离出所得的量子点，如果需要的话进行纯化。总的来说，仿生合成法是生产高质量量子点的重要方法，可用于光电子学、能源、生物学和医学等领域。Wang 等人[49]采用简单的方法以常见的蛋白质（牛血清白蛋白）制备了 CdSe QDs，通过高分辨透射电子显微镜（high resolution transmission electron microscope，HRTEM）观察到平均量子点粒径约为 5 nm。荧光成像表明，CdSe QDs 可以成功标记大肠杆菌细胞，这对创建具有生物功能的荧光纳米探针具有重要影响。

（五）微波辅助法

快速简单的合成技术对科学家在短时间内进行更精确的实验，同时最大限度地减少释放到环境中的热量至关重要。微波辅助法由于快速简便，能对材料加热进行很好的控制，而得到广泛应用。这种方法已被证明是有效的量子点制备方法。将量子点前驱体溶解在溶剂中，并在反应器中用微波辐射，可形成具有窄尺寸分布和高结晶度的量子点。与传统合成方法相比，微波辅助法具有许多优点，包括反应时间更短、能耗更低和产品收率更高。它还能对量子点大小和形状进行精确控制，这对许多应用至关重要。Zhu 等人[50]通过微波辅助方法，在 160℃下仅用 0.5 min 即合成了尺寸为 2～4 nm 的有机组分包裹的 $SnO_2$ QDs。然后，将有机组分包裹的 $SnO_2$ QDs 在 400℃空气中退火 4 h，可以得到结晶度极佳、5～10 nm 的 $SnO_2$ QDs。退火后的 $SnO_2$ QDs 对乙醇蒸气表现出优异的气体敏感性。

## 第三节　量子点光催化剂的应用领域

作为解决能源问题和环境污染的重要技术之一，光催化剂制备技术的发展已成为人们关注的焦点。量子点材料无论是作为助催化剂、光敏剂还是催化剂，都表现出了优异的性能，并得到了广泛的研究和应用。许多研究已经解释了光催化的机理，我们在此不再赘述。本节主要介绍了量子点与其他材料之间的相互作用，以促进光催化反应。

### 一、量子点光催化剂在环境治理方面的应用

抗生素在临床医学和水产养殖业中使用广泛。高溶解性、高毒性和在环境中的持久性使抗生素成为最麻烦的污染物之一。在反应体系中引入具有大比表面积的材料（如 g-$C_3N_4$）对吸附性能和催化效率具有积极影响。Zhang 等人[51]利用原位生长法制备了铜铟锡量子点（$CuInS_2$ QDs）修饰的 g-$C_3N_4$ 催化剂。优

化后的样品性能提升，其中最佳样品 120 min 内降解了 52.16% 的四环素（tetracycline，TC），是 g-$C_3N_4$ 本身光催化活性的 3.4 倍。复合体系效率的提高主要归因于光吸收的增加、更有效的电荷转移以及通过形成的 S-方案异质结界面光生载流子复合的减少。Kaur 等人[52]采用共沉淀法合成了 g-$C_3N_4$/$CeO_2$ QDs 异质结构。当 $CeO_2$ QDs 沉积在 g-$C_3N_4$ 纳米片上时，在 g-$C_3N_4$ 纳米片和 $CeO_2$ QDs 之间观察到了强界面接触，并伴有轻微的团聚。g-$C_3N_4$/$CeO_2$ QDs 异质结构在 160 min 内对 TC 的降解率达到 77.95%。异质结构的光催化结果可归因于异质结界面上受激光生载流子复合的减少。

印染、纺织等轻工业的发展给水环境带来沉重负担，大量水体被有机染料污染，严重危害生物健康。令人欣慰的是，量子点光催化剂在降解有机染料方面也很有效。最近，离子掺杂被证明是提高量子点催化能力的有效手段。Sonkar 等人[53]使用化学共沉淀技术制备了 Co 掺杂的 ZnS QDs。使用 9% Co 掺杂的 ZnS QDs 进行了抗生素环丙沙星（ciprofloxacin，CIP）的 pH 依赖性光降解试验。据观察，优化后的催化剂具有足够的能力在 1 h 内将 pH 为 10 的溶液中的 CIP 降解至约 94.7%。根据 PL 光谱结果，ZnS QDs 中的 Co 掺杂增加了发光强度。这种增加是 Co 成功地结合到 ZnS 晶格中的结果。根据电导率分析，所有量子点样品的电荷转移过程都是电子跳跃。对所有样品介电特性的全面分析表明，晶界在产生整体介电响应中更为重要。对于含有更多 Co 的样品，介电损耗角正切在低频下变得更加突出。Ca 等人[54]采用湿化学合成了掺杂 Er 的 ZnO QDs。与未掺杂的 ZnO QDs 相比，Er 掺杂的 ZnO QDs 显示出明显更长的寿命，有更高的光催化性能。

## 二、量子点光催化剂在能源转换方面的应用

### （一）在二氧化碳还原方面的应用

国际社会普遍认为，二氧化碳过度排放是引起气候变化的主要因素。人类活动排放的二氧化碳等温室气体导致全球变暖，加剧气候系统的不稳定性，导致一些地区干旱、台风、高温热浪、寒潮、沙尘暴等极端天气频繁发生，强度增大。使用颗粒光催化剂将太阳能驱动的二氧化碳（$CO_2$）还原为有价值的太阳能燃料 / 化学品（例如甲烷、乙醇和一氧化碳），被认为是解决能源短缺和全球变暖问题的有前途和有效的方法之一[55-56]。光催化技术能促进 $CO_2$ 吸收，用吸收抵消排放，促使能源结构逐步由高碳向低碳甚至无碳转变，向“双碳”

目标前进。纳米技术的发展在提高 $CO_2$ 还原效率方面发挥着重要作用，该技术使表面反应性[57–59]、太阳光吸收和电荷分离得到有效改善，这是高 $CO_2$ 还原效率的决定性因素[60]。值得注意的是，量子点是一种尺寸很小的微小半导体，具有许多优点，包括最大表面原子、极短的电荷迁移长度、尺寸相关的能带位置、多重激子产生效应和独特的光学性质。量子点已成为 $CO_2$ 还原应用中的一颗新星。He 等[61]将 $CsPbBr_3$ QDs 锚定到共价有机框架（covalent organic framework，COF）上，在没有任何分子助催化剂或捕获剂的情况下，优化的 COF/$CsPbBr_3$ QDs 异质结构在 $CO_2$ 光还原性能方面表现出显著增强并以较高的速率产生 CO 和 $CH_4$。$CsPbBr_3$ QDs 与 COF 的结合有助于具有强氧化还原能力的光生载流子的有效空间分离，这是由原位 XPS、飞秒瞬态吸收光谱和密度泛函理论（density functional theory，DFT）模拟证实的 COF 和 $CsPbBr_3$ QDs 之间 S-方案异质结的形成引起的。Zhang 等人[62]制备了 Cu 掺杂的 CdS QDs 光催化剂用于光催化还原 $CO_2$。在可见光照射下，合成的 Cu:CdS QDs 对 CO 和 $CH_4$ 的释放表现出较高的光催化活性。实验研究表明，长寿命光生载流子使 Cu:CdS QDs 能够抑制光生载流子复合，从而有助于提高光催化活性。

事实上，$CO_2$ 的碳氧键断裂需要巨大的能量。此外，$CO_2$ 还原产生各种产物所需的复杂能带结构使现有光催化剂的产率和选择性不尽如人意。由于独特的尺寸相关性，量子点为可控 $CO_2$ 减排提供了可能性。然而，目前的研究仍以水体系和 100% $CO_2$ 浓度体系为主，这在实际应用中根本不现实。因此，探索气固界面反应机理对 $CO_2$ 减排具有重要意义。

### （二）在析氢方面的应用

氢气（$H_2$）被认为是替代化石燃料的首选。然而，传统的电解水制氢或化石燃料脱氢面临成本高的困境。光化学和光电化学分解水等先进的能源转换过程在解决当今世界的能源危机方面发挥着非常重要的作用。该工艺的成功利用取决于高效、更稳定、低成本和卓越的环保半导体材料的开发。从最近的进展来看，量子点由于其良好的物理和化学特性，如高吸收系数，量子限制效应，热、化学、机械和光学稳定性，高导电性，以及可回收性[63-64]，是用于上述工艺的非常杰出和有前途的材料。在光催化分解水的应用中，前两种性质起着至关重要的作用。与其他半导体相比，量子点在太阳光谱的可见光区域具有高的消光系数值[65–66]。Zhang 等人[67]用一种界面工程方法制备了 CdS/$CdSe_xS_{1-x}$（$x$ 范围为 0.09 ~ 1）核–壳量子点（记为 g-CSG QDs）。理论计算和光生载流子动力学证实了 g-CSG QDs 相对于 g-CSA QDs（即 $CdS/CdSe_{0.5}S_{0.5}$）和 g-CS QDs（即 CdS/CdSe）具有更有效的光生载流子分离和电荷转移速率。这些结果归因于 g-CSG QDs 中级联梯度壳层使核-壳晶格失配最小化，从而改变了光生载流子限制势并减少了界面缺陷。Amasegowda 等[68]采用水热法在超薄的 2D g-$C_3N_4$ NSs 上修饰了新型的 0D $Ni_3V_2O_8$ QDs。嵌入的 $Ni_3V_2O_8$ QDs 通过捕获光生载流子、促进电子空穴分离和形成 S-方案异质结（p-n 型）来发挥双重作用，从而提高电子和空穴的氧化还原电位以进行表面反应。XPS 和电子自旋共振（electron spin resonance，ESR）实验证实了 $Ni_3V_2O_8$ QDs 和 g-$C_3N_4$ NSs 之间 S-方案异质结的形成。光电流和 PL 光谱表明合成的异质结构具有高光生载流子传输和较低的复合率。最佳的 $Ni_3V_2O_8$ QDs/g-$C_3N_4$ NSs 异质结构的光催化析氢活性，比原始 g-$C_3N_4$ NSs 高出约 14 倍。活性的显著提高可归因于 S-方案电荷途径机制的协同效应和 $Ni_3V_2O_8$ QDs 促进的光吸收的改善。因此，这些因素有效地加速了光生载流子的迁移和传输，为 $H_2$ 产生过程提供了更多的活性位点。

利用微粒半导体进行光催化水分解为可再生氢的生产提供了巨大的潜力。通过现有的研究，我们可以发现控制光生载流子的有效分离、提高光响应能力和提供足够的活性位点对提高 $H_2$ 的生产效率至关重要。量子点在这些方面有一定的优势。然而，现有的大多数系统依赖各种牺牲剂，降低了光催化析氢的实用性。因此，如何摆脱牺牲剂的使用将是光催化 $H_2$ 生产道路上的一大挑战。

（三）在合成氨方面应用

氨在农业、军事和化学工程等各个领域发挥了至关重要的作用，因为它在化肥、炸药和硝酸的生产中至关重要，然而，氨的工业生产需要大量消耗化石燃料。正如前人所研究的那样，固氮约占全球化石能源年消耗量的 1%～3%，并释放超过 1% 的温室气体。目前，生产固氮和氨合成的哈伯-博施（Haber-Bosch）法是在 400～450℃的高温和 150～200 atm 的压力下在高压合成塔中完成的，这带来了重大的安全隐患并消耗大量能源。此外，它不经济，并且依赖煤和石油等不可再生资源。光催化具有在温和条件下实现氮还原反应的潜力，并且原料是常见的 $N_2$ 和 $H_2O$，这被认为是一种有望取代传统氨生产方法的方法。在整个光催化氮到氨的还原过程中没有温室气体的副产物，这有利于减少温室效应和保护地球环境。Chang 等人[69]制备了一种由介孔空心氮化碳（$C_3N_4$）球体制成的肖特基结光催化剂，该球体表面装饰有部分还原的 $Ti_3C_2$ QDs（记为 r-$Ti_3C_3$ QDs），用于高效的 $N_2$ 光固定。肖特基结形成于 $C_3N_4$ 球体和 r-$Ti_3C_2$

QDs之间的界面处，使光生电子和空穴在空间上分离，从而抑制了光生载流子复合。值得注意的是，r-$Ti_3C_2$ QDs的表面富含$Ti^{3+}$位点和氧空位缺陷态位点。这种双缺陷位点促进了$N_2$分子的捕获和活化，使从光激发$C_3N_4$空心球转移的捕获电子有效地将预活化的$N_2$分子还原为$NH_3$。Liang等人[70]通过氮空位和BiO QDs与氮缺陷超薄氮化碳之间的紧密异质结接触实现了有效的空间电荷分离。受益于有效的电荷分离，氮空位和$Bi^{2+}$位点上吸附的$N_2$可以有效地接收高能电子，进而促进$NH_3$的产生。

## 第四节　本章小结

本章主要介绍了光催化过程中反应的原理以及影响因素；着重介绍了量子点光催化剂的研究进展。量子点光催化剂主要包括单质类量子点，Ⅱ-Ⅵ族、Ⅲ-Ⅴ族、Ⅳ-Ⅵ族或Ⅰ-Ⅲ-Ⅵ族元素构成的半导体量子点，以及钙钛矿量子点。

完整的光催化过程包括光吸收、光生载流子的产生和分离，以及表面上的氧化还原反应。优秀的光催化剂应尽可能在这些方面具有优势。从这个角度来看，半导体量子点无疑是理想的光催化剂。量子点具有三个特性。①传统半导体材料通常需要在更高能量的紫外光下激发，而量子点由于其内部离散的能级而对不同波长的光源敏感，光吸收范围大大增加。无论是对单一成分还是对拓宽复合系统的光吸收范围，这都是有益的。②当量子点被大于$2E_g$的能量激发时，它将产生多对激子，这是构建超高效光催化系统的先决条件。③量子点表面含有大部分原子，这使表面原子配位不足，不饱和键及悬空键增多。它对量子点的发光特性起作用，并引起非线性光学效应。量子点的配位微环境可以很容易地通过有机钝化和无机壳的外延生长来调节，以显著提高反应稳定性或选择性。由于量子限制效应赋予了量子点足够的质子还原驱动力，因此，在光催化领域已有许多量子点被用于分解水制氢、减少$CO_2$、降解有机污染物和氮还原。

## 参考文献

[1] KLIMOV V I, MIKHAILOVSKY A A, XU S, et al. Optical gain and stimulated emission in nanocrystal quantum Dots [J]. Science, 2000, 290 (5490): 314-317.

[2] WANG J, JIANG J, LI F, et al. Emerging carbon-based quantum dots for sustainable photocatalysis [J]. Green Chemistry, 2023, 25 (1): 32–58.

[3] WANG Y, ZHU Y, ZHAO X, et al. Improving photocatalytic Rhodamine B degrading activity with Pt quantum dots on $TiO_2$ nanotube arrays [J]. Surface & Coatings Technology, 2015, 281: 89–97.

[4] SHI H, WANG C, ZHAO Y, et al. Highly efficient visible light driven photocatalytic inactivation of E. coli with Ag QDs decorated Z-scheme $Bi_2S_3/SnIn_4S_8$ composite [J]. Applied Catalysis B-Environmental, 2019, 254: 403–413.

[5] PAN J, ZHOU Y, CAO J, et al. Fabrication of carbon quantum dots modified granular $SnO_2$ nanotubes for visible light photocatalysis [J]. Materials Letters, 2016, 170: 187–191.

[6] WEI Y, LI X, ZHANG Y, et al. G-$C_3N_4$ quantum dots and Au nano particles co-modified $CeO_2/Fe_3O_4$ micro-flowers photocatalyst for enhanced $CO_2$ photoreduction [J]. Renewable Energy, 2021, 179: 756–765.

[7] ZHANG H, WANG Y, ZHAI C. Construction of a novel p–n heterojunction CdS QDs/$LaMnO_3$composite for photodegradation of oxytetracycline [J]. Materials Science in Semiconductor Processing, 2022, 144: 106568.

[8] GUO S, LI D, ZHANG Y, et al. Fabrication of a novel $SnO_2$ photonic crystal sensitized by CdS quantum dots and its enhanced photocatalysis under visible light irradiation [J]. Electrochimica Acta, 2014, 121: 352–360.

[9] RAJABI H R, FARSI M. Effect of transition metal ion doping on the photocatalytic activity of ZnS quantum dots: Synthesis, characterization, and application for dye decolorization [J]. Journal of Molecular Catalysis A-Chemical, 2015, 399: 53–61.

[10] XIE Z, XU Y, LI D, et al. Construction of CuO quantum Dots/$WO_3$ nanosheets 0D/2D Z-scheme heterojunction with enhanced photocatalytic $CO_2$ reduction activity under visible-light [J]. Journal of Alloys and Compounds, 2021, 858: 157668.

[11] PENG Z, AI M, WANG S, et al. ZnO quantum dots decorated $TiO_2$ nanorod p–n heterojunction for efficient photoelectrocatalysis [J]. Chemical Engineering Science, 2023, 282:119260.

[12] LI S, PAN Y, WANG W, et al. $CsPbX_3$ (X=Cl,Br,I) perovskite quantum dots embedded in glasses: Recent advances and perspectives [J]. Chemical Engineering Journal, 2022, 434:134593.

[13] GAO G, XI Q, ZHOU H, et al. Novel inorganic perovskite quantum dots for photocatalysis [J]. Nanoscale, 2017, 9 (33): 12032–12038.

[14] SHU M, ZHANG Z, DONG Z, et al. $CsPbBr_3$ perovskite quantum dots anchored on multiwalled carbon nanotube for efficient CO2 photoreduction [J]. Carbon, 2021, 182: 454–462.

[15] WU L Y, MU Y F, GUO X X, et al. Encapsulating perovskite quantum dots in iron-based metal-organic frameworks (MOFs) for efficient photocatalytic $CO_2$ reduction [J]. Angewandte Chemie-International Edition, 2019, 58 (28): 9491–9495.

[16] WAN S, OU M, ZHONG Q, et al. Perovskite-type $CsPbBr_3$ quantum dots/UiO-66 ($NH_2$) nanojunction as efficient visible-light-driven photocatalyst for $CO_2$ reduction [J]. Chemical Engineering Journal, 2019, 358: 1287–1295.

[17] JELLICOE T C, RICHTER J M, GLASS H F J, et al. Synthesis and optical properties of lead-free cesium tin halide perovskite nanocrystals [J]. Journal of the American Chemical Society, 2016, 138 (9): 2941–2944.

[18] ZHOU L, XU Y F, CHEN B X, et al. Synthesis and photocatalytic application of stable lead-free $Cs_2AgBiBr_6$ perovskite nanocrystals [J]. Small, 2018, 14 (11): e1703762.

[19] LI L, ZHONG Y, HU Y, et al. Room-temperature synthesis of Ag- and Mn-doped $Cs_2NaBiCl_6$ octahedrons for dye photodegradation [J]. Crystengcomm, 2023, 25 (30): 4355–4363.

[20] YU S, XIE Z, RAN M, et al. Zinc ions modified InP quantum dots for enhanced photocatalytic hydrogen evolution from hydrogen sulfide [J]. Journal of Colloid and Interface Science, 2020, 573: 71–77.

[21] CHON B, CHOI S, SEO Y, et al. InP-quantum dot surface-modified $TiO_2$ catalysts for sustainable photochemical carbon dioxide reduction [J]. Acs Sustainable Chemistry & Engineering, 2022, 10 (18): 6033–6044.

[22] ZHANG X, AN L, BAI C, et al. Hexagonal boron nitride quantum dots: properties, preparation and applications [J]. Materials Today Chemistry, 2021, 20: 100425.

[23] CUI P, WU Q. Tailoring optical and photocatalytic properties of sulfur-doped boron nitride quantum dots via ligand functionalization [J]. Nanotechnology, 2024, 35 (17) .doi: 10.1088/1361-6528/ad22ab.

[24] YANHONG L, FENGHUA L, HUI H, et al. Optoelectronic and photocatalytic properties of Ⅰ-Ⅲ-Ⅵ QDs: Bridging between traditional and emerging new QDs [J]. Journal of Semiconductors, 2020, 41 (9): 091701.

[25] HU W, YANG S, HUANG J. Composition effect on the carrier dynamics and catalytic performance of $CuInS_2$/ZnS quantum dots for light driven hydrogen generation [J]. Journal of Chemical Physics, 2019, 151 (21): 214705.

[26] QU S, YUAN X, LI Y, et al. Aqueous synthesis of composition-tuned defects in $CuInSe_2$ nanocrystals for enhanced visible-light photocatalytic H2 evolution [J]. Nanoscale Advances, 2021, 3 (8): 2334–2342.

[27] LU P, YANG Y, BAI J, et al. Defected mesoporous carbon nitride with quantum confinement effect for NO purification [J]. Journal of Alloys and Compounds, 2023, 934: 167825.

[28] HUANG C Y, LI H, WU Y, et al. Inorganic halide perovskite quantum dots: a versatile nanomaterial platform for electronic applications [J]. Nano-Micro Letters, 2023, 15 (1) :16.

[29] ZHANG Y, LIU B, LIU Z, et al. Research progress in the synthesis and biological application of quantum dots [J]. New Journal of Chemistry, 2022, 46 (43): 20515–20539.

[30] ZHANG W, LI T, AN R, et al. Delivering quantum dots to lubricants: current status and prospect [J]. Friction, 2022, 10 (11): 1751–1771.

[31] JIA Z, LI J, GAO L, et al. Dynamic light scattering: a powerful tool for in situ nanoparticle sizing [J]. Colloids and Interfaces, 2023, 7 (1): 15.

[32] LI Y, DANG J, MA Y, et al. Hematite: a good catalyst for the thermal decomposition of energetic materials and the application in nano-thermite [J]. Molecules, 2023, 28 (5): 2035.

[33] ZHOU Y, LUO X, YANG J, et al. Application of quantum dot interface modification layer in perovskite solar cells: progress and perspectives [J]. Nanomaterials, 2022, 12 (12): 2102.

[34] CHEN Y, CHENG M, LAI C, et al. The collision between $g-C_3N_4$ and QDs in the fields of energy and environment: synergistic effects for efficient photocatalysis [J]. Small, 2023, 19 (14): e2205902.

[35] DING Y, DIAO Q, LIU D, et al. Synthesis of graphene quantum dots and application in gas sensing [J]. Chinese Journal of Analytical Chemistry, 2022, 50 (4): 495–505.

[36] KO W, GAI Z, PURETZKY A A, et al. Understanding heterogeneities in quantum materials [J]. Advanced Materials, 2022,35 (27): 2106909.

[37] KURNIAWAN D, CHEN Y-Y, SHARMA N, et al. Graphene quantum dot-enabled nanocomposites as luminescence-and surface-enhanced Raman scattering biosensors [J]. Chemosensors, 2022, 10 (12): 498.

[38] LIU Y, ZHANG W, ZHENG W. Quantum dots compete at the acme of MXene family for the optimal catalysis [J]. Nano-Micro Letters, 2022, 14 (1): 158.

[39] ZHANG Y N, SONG Z Y, QIAO D, et al. 2D van der Waals materials for ultrafast pulsed fiber lasers: review and prospect [J]. Nanotechnology, 2022, 33 (8) .doi: 10.1088/1361-6528/ac3611.

[40] REN L, WANG L, REHBERG M, et al. Applications and immunological effects of quantum dots on respiratory system [J]. Frontiers in Immunology, 2022, 12: 795232.

[41] BANERJEE S, ZHANG P. Review of recent studies on nanoscale electrical junctions and contacts: quantum tunneling, current crowding, and interface engineering [J]. Journal of Vacuum Science & Technology A, 2022, 40 (3) .doi:10.1116/6.0001724.

[42] ZHAO Y, LIU W, ZHAO J, et al. The fabrication, characterization and functionalization in molecular electronics [J]. International Journal of Extreme Manufacturing, 2022, 4 (2) .doi:10.1088/2631-7990/ac5f78.

[43] KOSHIDA N, MATSUMOTO N. Fabrication and quantum properties of nanostructured silicon [J]. Materials Science & Engineering R-Reports, 2003, 40 (5): 169-205.

[44] SU H, WANG W, SHI R, et al. Recent advances in quantum dot catalysts for hydrogen evolution: Synthesis, characterization, and photocatalytic application [J]. Carbon Energy, 2023, 5 (12) .doi:10.1002/cey2.280.

[45] MIR I A, DAS K, RAWAT K, et al. Hot injection versus room temperature synthesis of CdSe quantum dots: a differential spectroscopic and bioanalyte sensing efficacy evaluation [J]. Colloids and Surfaces a-Physicochemical and Engineering Aspects, 2016, 494: 162-169.

[46] YU B, LI Y, WANG Y, et al. Facile hydrothermal synthesis of $SnO_2$ quantum dots with enhanced photocatalytic degradation activity: role of surface modification with chloroacetic acid [J]. Journal of Environmental Chemical Engineering, 2021, 9 (4): 105618.

[47] WANG H, YAO W, TIAN Q, et al. Printable monodisperse all-inorganic perovskite quantum dots: synthesis and banknotes protection applications [J]. Advanced Materials Technologies, 2018, 3 (11). doi:10.1002/admt.201800150.

[48] TSHEMESE Z, MLOWE S, REVAPRASADU N, et al. Synthesis of CdS quantum dots in an imidazolium based ionic liquid [J]. Materials Science in Semiconductor Processing, 2017, 71: 258-262.

[49] WANG Q, YE F, FANG T, et al. Bovine serum albumin-directed synthesis of biocompatible CdSe quantum dots and bacteria labeling [J]. Journal of Colloid and Interface Science, 2011, 355 (1): 9-14.

[50] ZHU L, WANG M, LAM T K, et al. Fast microwave-assisted synthesis of gas-sensing $SnO_2$ quantum dots with high sensitivity [J]. Sensors and Actuators B-Chemical, 2016, 236: 646-653.

[51] ZHANG J, ZHAO Y, QI K, et al. $CuInS_2$ quantum-dot-modified g-$C_3N_4$ S-scheme heterojunction photocatalyst for hydrogen production and tetracycline degradation [J]. Journal of Materials Science & Technology, 2024, 172: 145-155.

[52] KAUR M, SINGH S, MEHTA S K, et al. $CeO_2$ quantum dots decorated g-$C_3N_4$ nanosheets: a potential scaffold for fluorescence sensing of heavy metals and visible-light driven photocatalyst [J]. Journal of Alloys and Compounds, 2023, 960:170637.

[53] SONKAR R, MONDAL N J, THAKUR S, et al. Cobalt-substituted ZnS QDs: a diluted magnetic semiconductor and efficient photocatalyst [J]. Nanoscale Advances, 2023, 5 (24): 7042-7056.

[ 54 ] CA N X, HIEN N T, FAN X, et al. New insights on the luminescence properties and Judd–Ofelt analysis of Er–doped ZnO semiconductor quantum dots [ J ]. Rsc Advances, 2023, 13 ( 39 ) : 27292–27302.

[ 55 ] BAJOROWICZ B, KOBYLANSKI M P, GOLABIEWSKA A, et al. Quantum dot–decorated semiconductor micro– and nanoparticles: A review of their synthesis, characterization and application in photocatalysis[ J ]. Advances in Colloid and Interface Science, 2018, 256: 352–372.

[ 56 ] LI X B, TUNG C H, WU L Z. Quantum dot assembly for light–driven multielectron redox reactions, such as hydrogen evolution and $CO_2$ reduction [ J ]. Angewandte Chemie–International Edition, 2019, 58 ( 32 ) : 10804–10811.

[ 57 ] DAS S, DAUD W M A W. Photocatalytic $CO_2$ transformation into fuel: a review on advances in photocatalyst and photoreactor [ J ]. Renewable & Sustainable Energy Reviews, 2014, 39: 765–805.

[ 58 ] LIU H, ANH QUANG D, FU C. Activities of combined $TiO_2$ semiconductor nanocatalysts under solar light on the reduction of $CO_2$ [ J ]. Journal of Nanoscience and Nanotechnology, 2016, 16 ( 4 ) : 3437–3446.

[ 59 ] WU T, LIU X, LIU Y, et al. Application of QD–MOF composites for photocatalysis: Energy production and environmental remediation [ J ]. Coordination Chemistry Reviews, 2020, 403: 213097.

[ 60 ] PARK Y H, MURALI G, MODIGUNTA J K R, et al. Recent advances in quantum dots for photocatalytic $CO_2$ reduction: a mini–review [ J ]. Frontiers in Chemistry, 2021, 9: 734108.

[ 61 ] HE Y, HU P, ZHANG J, et al. Boosting artificial photosynthesis: $CO_2$ chemisorption and S–scheme charge separation via anchoring inorganic QDs on COFs [ J ]. Acs Catalysis, 2024, 14 ( 3 ) : 1951–1961.

[ 62 ] ZHANG M, LIU Z, WANG J, et al. Generating long–lived charge carriers in CdS quantum dots by Cu–doping for photocatalytic $CO_2$ reduction [ J ]. Inorganic Chemistry, 2024, 63 ( 4 ) : 2234–2340.

[ 63 ] KUNDU S, BRAMHAIAH K, BHATTACHARYYA S. Carbon–based nanomaterials: in the quest of alternative metal–free photocatalysts for solar water splitting [ J ]. Nanoscale Advances, 2020, 2 ( 11 ) : 5130–5151.

[ 64 ] WU L Z, CHEN B, LI Z J, et al. Enhancement of the efficiency of photocatalytic reduction of protons to hydrogen via molecular assembly [ J ]. Accounts of Chemical Research, 2014, 47 ( 7 ) : 2177–2185.

[ 65 ] LU H, HUANG Z, MARTINEZ M S, et al. Transforming energy using quantum dots [ J ]. Energy & Environmental Science, 2020, 13 ( 5 ) : 1347–1376.

[ 66 ] WANG D, YIN Y, FENG C, et al. Advances in homogeneous photocatalytic organic synthesis with colloidal quantum dots [ J ]. Catalysts, 2021, 11 ( 2 ) : 275.

[ 67 ] ZHANG H, LIU J, BESTEIRO L V, et al. Advanced interface engineering in gradient core/shell quantum dots enables efficient photoelectrochemical hydrogen evolution [ J ]. Small, 2023. doi:10.1002/smll.202306203.

[ 68 ] AMASEGOWDA A, ALKANAD K, AL–ZAQRI N, et al. Boosted photocatalytic $H_2$ production over p–n S–scheme heterojunction of 0D $Ni_3V_2O_8$ quantum dots decorated on ultra–thin 2D g–$C_3N_4$ nanosheets [ J ]. Journal of Environmental Chemical Engineering, 2024, 12 ( 1 ) : 111841.

[ 69 ] CHANG B, GUO Y, LIU H, et al. Engineering a surface defect–rich $Ti_3C_2$ quantum dots/mesoporous $C_3N_4$ hollow nanosphere Schottky junction for efficient $N_2$ photofixation [ J ]. Journal of Materials Chemistry A, 2022, 10 ( 6 ) : 3134–3145.

[ 70 ] LIANG C, NIU H Y, GUO H, et al. Efficient photocatalytic nitrogen fixation to ammonia over bismuth monoxide quantum dots–modified defective ultrathin graphitic carbon nitride [ J ]. Chemical Engineering Journal, 2021, 406:126868.

# 第二章　单质量子点材料的制备及应用

## 第一节　引言

在过去的两个世纪里，化石燃料推动了人类社会的快速发展，而今天人类仍然将化石燃料作为最重要的能源。燃烧大量的化石燃料会产生大量的温室气体。此外，工业化的发展对地球的矿产和资源的需求是无限的，并且产生了大量的污染，造成了能源和环境的双重危机。人们迫切需要一些有效的方法来解决这些问题。光催化技术被认为是解决这两个问题的最有效和最绿色的方法。目前，光催化技术已经被成功用于分解水生产氢气、二氧化碳还原、污染物降解以及其他能源和环境问题[1-7]。量子点光催化材料是由少量原子组成的准零维纳米材料。量子点三维尺寸均较小，通常为 2～8 nm，接近或小于激子玻尔半径。因此，对于半导体量子点材料，可以通过改变量子点的尺寸来调节带隙的宽度，从而降低对一些高成本半导体材料的依赖性。量子点催化剂由于其独特的性质（量子限制效应、可见光吸收、丰富的表面活性位点、多激子效应），成为最具吸引力的材料之一，并被广泛应用于催化、传感、成像和医学领域[8-10]。

本章将着重对量子点光催化剂中由单质物质构成的特殊量子点材料进行介绍。目前所研究的单质量子点材料可大致分为非金属单质量子点以及金属单质量子点。

在非金属单质量子点中，碳量子点（C QDs）自 2004 年被发现以来，由于高水溶性、良好的化学稳定性、优异的生物相容性和发光性能，引起了广泛关注并逐渐成为非金属单质量子点材料研究的主要部分[8-12]。传统的纳米结构碳材料具有大的比表面积和孔体积等特性，而 C QDs 不仅有助于电荷分离和提高吸附能力，从而提高能量转换和环境净化中的光催化性能，而且因前驱体易得、生物相容性好以及具有光子激发特性及优异的吸附能力，与传统高成本、低吸收效率的半导体光催化剂相比更具竞争力[13]。碳量子点由于其共轭 π 结构诱导的独特的光学和电子特性，被广泛引入传统半导体材料中，以提高半导体的光催化性能，如 g-$C_3N_4$、ZnO、CdS、$TiO_2$ 等典型半导体催化材料[14-19]。C QDs 修饰的光催化剂有以下优点：①由于 C QDs 的上转换光致发光特性，光吸收扩展到近红外光[20]；②通过强电子传输特性增强电子-空穴对的分离[11]；③在用芳环去除有机污染物时，借助 C QDs 的芳环形成的 π-π 堆积，可有效吸附有机污染物[21]；④当偶联 C QDs 合成复合材料时其稳定性进一步提高，例如核-壳结构 Ag@C QDs[22]。这些独特而优异的性能使 C QDs 基复合材料成为用于能量转换或环境净化的有前途的光催化剂。

金属作为助催化剂在催化体系中也得到了广泛的应用，包括纳米颗粒、量子点和单原子，而金属量子点作为性能优异、制备难度适中的材料，备受关注。且贵金属还具有大的功函数和低的费米能级，这使半导体光生电子能够定向迁移到它们身上，从而加速电子的转移，提高光催化的活性[23-24]。金属-载体强相互作用（strong metal-support interaction，SMSI）也是影响光催化效率的重要因素。SMSI 可以通过改变金属纳米颗粒的电子性质和形态来改变材料的反应性，从而显著提高光催化活性[25-26]。SMSI 通常使金属颗粒被载体包封从而保持稳定，这也对催化效率有着积极的影响。局部表面等离子体共振（LSPR）现象涉及两种材料的接触界面之间的强近场相互作用。等离子体纳米结构可以诱导等离子体激子-激子耦合效应，形成可用于增强光致发光的激子。一些贵金属，如银和铜，在可见光照射下表现出明显的 LSPR 现象，显示出更宽的光响应范围。这对高效的光能转换有着积极的影响。这些特性使金属单质量子点光催化剂具有以下优势：①控制电子的定向传输；② LSPR 促进电荷的产生并增强光致发光；③ SMSI 促进表面缺陷的产生；④界面工程促进空间电荷分离。理论上，量子点负载量增加会引入更多活性位点，从而提升催化活性。然而，在实践中金属量子点的负载通常不超过10%，这是由于衬底材料没有提供足够的锚定位点，易导致量子点的团聚。所以使衬底材料具有更多的锚定位点是量子点催化剂研究制备的重要课题。此外，主流金属量子点仍为贵金属，其高成本和稀缺性是亟待克服的障碍。

下文将主要讲解目前已知的单质量子点光催化剂的不同制备方法，列举其在环境保护及能源转换领域的研究与应用，阐述并介绍典型的单质量子点光催化剂，总结目前研究中存在的问题，并对这种光催化剂未来的发展进行展望。

## 第二节　单质量子点材料的制备和表征

大量实例表明，单质量子点修饰的光催化剂比原始材料具有更好的光催化性能。在单质量子点光催化剂的制备中经常使用自上而下和自下而上的方法，不同方法制备的复合光催化剂会表现出不同的物理化学性质，从而影响光催化性能。自下而上的方法通过脱水或脱氢技术使材料从较小的结构合成为较大的结构。具体来说，在脱水或脱氢过程中，单个原子/分子通过微波、水热或热解相互作用等手段，合成具有可控尺寸和形态的量子点。自上而下的方法通过化学氧化或机械剪切（如激光烧蚀、电弧放电和超声方法），将大块材料转化为小块材料，直至产生量子点。自上而下的方法比自下而上的技术更简单，更节省时间。

目前研究最常见的非金属单质点为碳量子点（C QDs）。自上而下的方法使用包括电弧放电、激光烧蚀、电化学氧化、化学氧化和超声合成在内的处理来从宏观碳结构（如石墨、活性炭和碳纳米管）中产生C QDs[10-13, 27-30]。自下而上的方法使用微波合成、热分解、水热处理、基于模板的路线和等离子体处理，从柠檬酸、蔗糖和葡萄糖等分子前驱体制备C QDs[10, 31-36]。

金属量子点通常作为助催化剂通过化学还原法、光沉积法等方法与半导体光催化材料复合，以调整半导体带隙，提高光利用率，并通过SMSI改变金属纳米颗粒的电子性质和形态来改变材料的反应性，从而提高半导体材料的稳定性以及光催化活性。

为了解量子点光催化的优异特性、构效关系以及其在催化过程中的反应机理，有必要对其进行详细的物理以及化学性质的表征。目前在量子点材料的表征方面常用的技术有紫外-可见光谱（ultraviolet-visible spectroscopy，UV-vis）、PL 光谱、XRD、X 射线显微镜（x-ray microscope，XRM）、TEM 和 FTIR 等。这些方法提供了有关量子点的光学性质、结构、尺寸、形状和化学成分的信息，这些信息对量子点的光催化活性和稳定性具有决定性作用。

## 一、激光烧蚀法

研究表明，激光烧蚀在制备量子点材料方面具有一定的优势，尤其是单质量子点中的 C QDs，易于控制形貌并构建各种纳米结构。激光烧蚀是一种极好的工艺，可用于制造具有有限尺寸分布、良好水溶性和荧光特性等特性的 C QDs。然而，由于其复杂的操作和高昂的成本，它并没有被广泛使用[37-38]。

Donate-Buendia 等人[39]通过激光照射悬浮在聚乙二醇 200 中的玻璃碳颗粒合成了两种不同构型的 C QDs，即批量处理构型和连续射流构型。图 2.1 展示了该实验通过激光烧蚀法合成 C QDs 的流程，图 2.2 为两种构型的 C QDs 的 TEM 图。在传统的批量处理配置中，粉末碳材料被分散到溶剂中，悬浮液被包含在玻璃池中进行激光照射。在辐照过程中，使用磁力搅拌器或超声波加速碳颗粒的运动，防止沉降。虽然这种方法合成效果很好，但也存在一些缺点。一方面，石墨或碳纳米颗粒导致黑色悬浮液的产生，因此由于散射或吸收的损失，激光束在被照射的体积内经历一个通量梯度。这一事实导致对过程的控制减少，因为不同的机制，如破碎和熔化，可能同时发生在容器中。另一方面，由于液体的总体积大于辐照体积，该方法不能保证所有的粒子都通过激光束，因此合成材料和剩余物混合在一起。剩余物应该通过后处理去除，比如通过离心或其他方法去除较大的含碳物质。利用流动射流通道反应器合成 C QDs 的替代方法于 2010 年被首次提出。该方法使用激光束辐照在由悬浮微粒组成的薄液体射流中，使悬浮在液体中的固体材料被辐照到相同的光通量，此时整个样品处于相同处理条件和高效的激光辐射能量传递下。

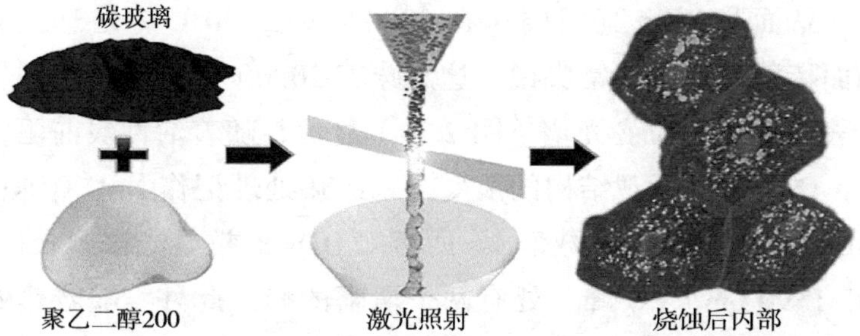


图 2.1 通过激光照射玻璃碳颗粒合成 C QDs 的流程示意图[39]

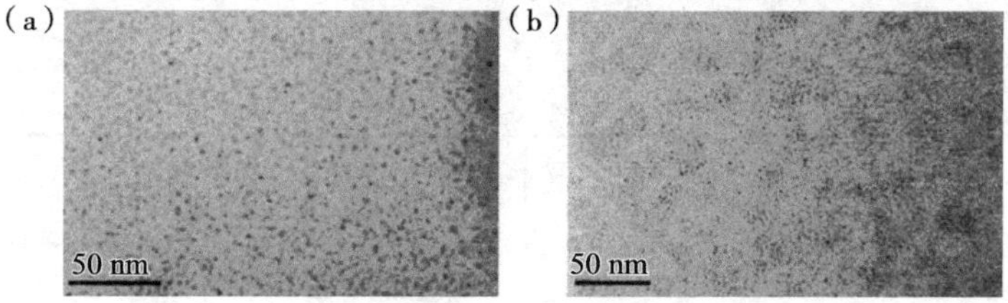


图 2.2 （a）典型批量处理和（b）连续射流形成的 C QDs 的 TEM 图[39]

## 二、化学氧化还原法

化学氧化还原法是一种成本效益高且方便的大规模生产方法，不需要复杂的设备。在 C QDs 的生产中，化学氧化还原法是最常用的技术之一。这种方法具有高纯度、低成本、高产率、材料尺寸易控制和稳定性较高的优点。

Tan 等人[40]通过氧化方法制备 C QDs。在 100 mL 圆底烧瓶中，将 50 mL 浓 $HNO_3$ 和 $HClO_4$ 与 2.00 g 椰子壳活性炭 1∶1 混合。在 100℃、500 rpm 磁力搅拌下进行 120 min 氧化。将深色悬浮液冷却，然后在 MSC 300 超滤膜设备中使用 1000Da 超滤膜进行分离。滤液在真空中浓缩并透析 3 天以除去无机离子以产生 C QDs。他们采用 XRD 和拉曼光谱技术研究了活性炭（activated carbon，AC）石墨化程度对 C QDs 微观结构的影响。图 2.3a 为热处理前后活性炭前驱体的 XRD 图（未经热处理记作 N-AC；热处理记作 $x$-AC，$x$ 为摄氏温度数值）。XRD 分析结果表明：热处理温度为 2000℃时，（002）晶面衍射峰的强度显著增大；在 1500℃热处理的原始活性炭和前驱体中,（002）晶面衍射峰宽而弱；在2000℃和2500℃热处理的前驱体中，（002）晶面衍射峰变得非常尖锐。这意味着2000℃的热处理会引发活性炭前驱体的显著石墨化。拉曼光谱（图2.3b）显示，随着活性炭前驱体热处理温度的升高，C QDs的微观结构的演变（未经热处理记作N–C QDs；热处理记作$x$–C QDs，$x$为摄氏温度数值）。所有C QDs的拉曼光谱记录在1340 $cm^{-1}$（D峰）和1590 $cm^{-1}$（G峰）处有两个清晰的峰。此外，随着热处理温度的升高，C QDs的G峰强度随碳平面层内共轭$sp^2$杂化碳原子的振动而增强。当热处理温度提高到2500℃时，D峰与G峰的强度比（$I_D/I_G$）由0.99降低到0.88。结果证明了碳起始材料的高度石墨化可以获得具有高度有序碳结构的C QDs。

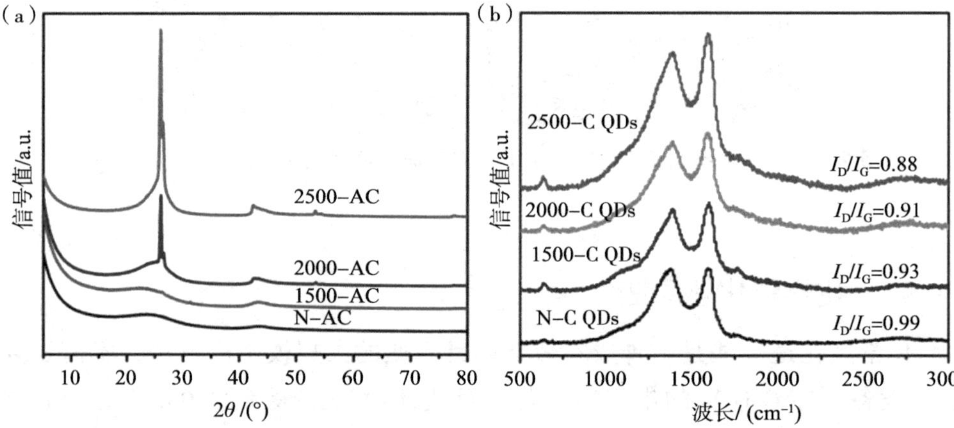


**图2.3 （a）石墨化AC样品的XRD图;（b）C QDs的拉曼光谱图**[40]

Tan等人[40]为了探究C QDs的微观结构，采用HRTEM对C QDs进行了表征。图2.4显示了C QDs的HRTEM图。可以看出，经过热处理的活性炭前驱体制备的C QDs尺寸较大，但制备的C QDs粒径均为5 nm。值得注意的是，活性炭前驱体在2000℃高温下的热处理使C QDs的微观结构发生了明显的变化。可以看出，当活性炭前驱体在2000℃热处理时，所得到的C QDs具有清晰的晶格条纹，而未经过热处理的C QDs（记作N–C QDs）则没有。这与基于活性炭前驱体XRD图的结果（图2.3a）一致。毫无疑问，即使使用强氧化剂（$HNO_3/HClO_4$）蚀刻起始碳材料，C QDs也继承了石墨化碳前驱体的有序结构。2000℃高温处理情况下，C QDs与经$NaBH_4$还原后的C QDs（记作

2000-C QDs 和 2000-rC QDs）的 HRTEM 图对比（图 2.4b 和图 2.4c）表明，还原没有使 C QDs 的微观结构发生任何变化。上述现象证明，高温对活性炭中类石墨晶体的尺寸和排列有序性有很大影响。

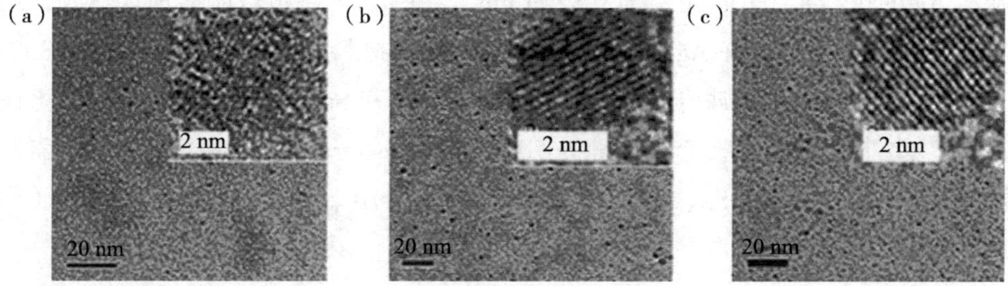


图 2.4（a） N-C QDs、（b）2000-C QDs 和（c）2000-rC QDs 的 HRTEM 图[40]

虽然 C QDs 具有绿色、成本低、合成方法简单等优点，但其效率很大程度上受到 C QDs 在光催化剂上的低负载率的限制。金属单质量子点可与其他材料之间相互作用，以促进光催化反应。金属量子点是一种优秀的光催化材料，具有有限的带隙，可以增强紫外 / 可见光吸收。因此，金属单质量子点也广泛应用在污染物降解、二氧化碳还原、析氢和合成氨等光催化领域。

一个典型的例子，Shi 等人[41]通过化学还原法和溶剂热相结合的方法，合成了一种新型 Ag QDs 修饰的 $Bi_2S_3/SnIn_4S_8$ 复合材料。光电化学技术表明，增强的光催化活性主要归因于 Ag QDs 与 $Bi_2S_3$ 和 $SnIn_4S_8$ 的协同作用：提高了可见光吸收能力、光生载流子的分离和转移效率，并通过 LSPR 和 Ag QDs 的电子捕获和注入扩大了比表面积。

实验分为两步制备 Ag QDs 修饰的 $Bi_2S_3/SnIn_4S_8$ 复合材料。第一步，制备 Ag QDs。将 2 mmol · $L^{-1}$ $AgNO_3$ 溶解在含有 20 mL 油胺和 0.4 mL 油酸的混合溶液中。然后，将混合溶液转移到 100 mL 的高压灭菌器中，在 120℃下保持 18 h。将高压灭菌器冷却至周围温度后，用 30 mL 丙酮沉淀得到的悬浮液。之后，沉淀物用乙醇洗涤，再分散于 20 mL 正己烷中。第二步，采用简单的溶剂热法制备 Ag QDs/$Bi_2S_3/SnIn_4S_8$ 异质结。将不同体积（50 μL、100 μL、200 μL、300 μL、400 μL）的 Ag QDs 悬浮液分别加入 $Bi_2S_3/SnIn_4S_8$ 混合前驱体溶液中，磁力搅拌 6 h 后，置于 100 mL 高压灭菌器中，180℃保存 12 h，冷却至室温后，用无水乙醇和去离子水洗涤沉淀。然后在真空烘箱中于 70℃下干燥 12 h。

采用 SEM 和 TEM 分别观察了 $SnIn_4S_8$、$Bi_2S_3/SnIn_4S_8$、200 Ag QDs/$Bi_2S_3/SnIn_4S_8$（即 Ag QDs 悬浮液体积为 200 μL 组）的形貌和微观结构。TEM 图（图 2.5b）显示 Ag QDs 制备成功且分布均匀，直径为 3.1 ~ 10 nm。HRTEM 图（图 2.5d）显示 Ag 的（111）晶面间距为 0.3269 nm。在图 2.5c 中可以明显地观察到，Ag QDs、$Bi_2S_3$ 和 $SnIn_4S_8$ 在 Ag QDs/$Bi_2S_3/SnIn_4S_8$ 复合材料中共存。晶格间距 0.3527 nm 和 0.2198 nm 分别属于 $Bi_2S_3$ 的（310）晶面和 $SnIn_4S_8$ 的（422）晶面（图 2.5e）。此外，能量色散光谱（energy dispersive spectroscopy，EDS）图和元素映射显示，Bi、Ag、S、Sn、In 均匀分布在 Ag QDs/$Bi_2S_3/SnIn_4S_8$ 复合材料中（图 2.5f）。

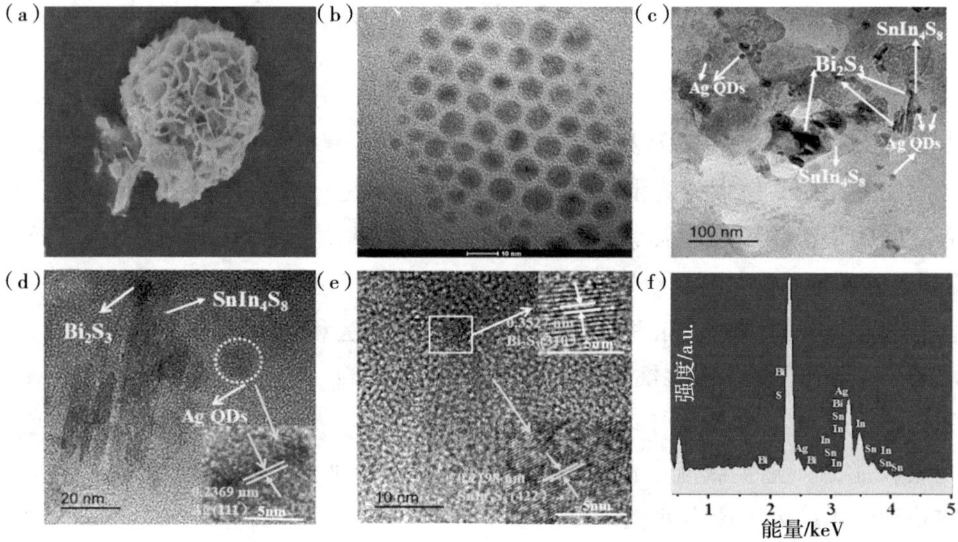


图 2.5 （a）200 Ag QDs/$Bi_2S_3/SnIn_4S_8$ 的 SEM 图；（b）Ag QDs 的 TEM 图；200 Ag QDs/$Bi_2S_3/SnIn_4S_8$ 的（c–d）TEM 图、HRTEM 图和（f）EDS 图[41]

## 三、热分解法

研究表明，使用外部热量热解有助于有机材料的脱水和碳化，从而形成 C QDs。该工艺的优点包括易于操作、无须使用溶剂、具有广泛的前驱体耐受性、反应时间快、成本低和易于扩大生产等。

Wang 等人[42]首次在不同环境通过热解法得到 C QDs，如图 2.6 所示。将一水柠檬酸（1.05 g，5 mmol）和尿素（1.5 g，25 mmol）放入臼中。将混合物彻底研磨，得到 C QDs 的前驱体。将前驱体混合物放入不锈钢高压釜中，在

200℃下保持 2 h。冷却至室温，将收集的粗产物分散到水中（500 mL），搅拌 10 h，直到固体均匀分散。过滤去除大颗粒杂质，10000 rpm 离心 10 min，上清液通过透析袋（截留分子量为 1000 Da）透析 24 h，去除小分子杂质，得到蓝色荧光碳量子点（C QDs–1）溶液。溶液在 60℃的烘箱中干燥，得到 C QDs–1 粉末，在 4℃保存以备后用。黄色荧光碳量子点（C QDs–2）的制备方法与上述步骤相同，只是将不锈钢高压釜改为开放式坩埚，反应时间改为 40 min。两种方法的关键区别在于 C QDs–1 的制备环境是密封的，初始时反应容器中的气体为空气，压力为大气，但随着温度的升高和反应的进行，反应容器中的气体会变得更加复杂，可能含有水蒸气、氨等，压力也会增加；而 C QDs–2 的制备环境是开放环境，反应过程中的气体始终是空气（即使产生氨或其他气体，也会立即扩散到空气中），压力始终是大气。C QDs–1 和 C QDs–2 的制备时间也不同。

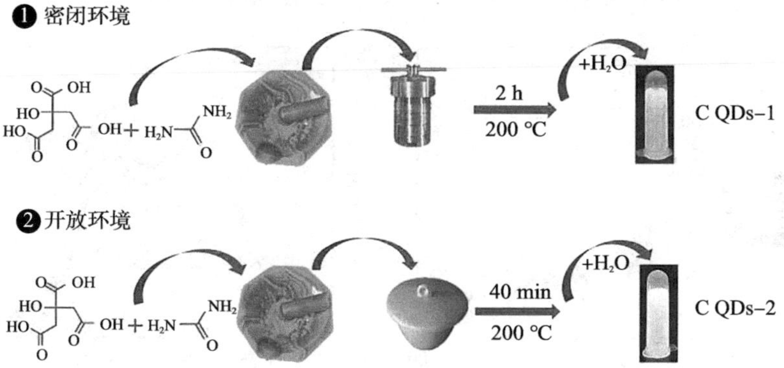


**图 2.6　两种不同环境下热解法制备 C QDs 的示意图**[42]

采用 TEM 研究 C QDs–1 和 C QDs–2 的形态和尺寸。如图 2.7a 和图 2.7c 所示，C QDs–1 和 C QDs–2 都分散良好，尺寸规则。图 2.7a 和图 2.7c 中的分布直方图显示，C QDs–1 和 C QDs–2 的尺寸范围分别为 1.28 ~ 3.10 nm 和 1.27 ~ 2.73 nm，平均尺寸分别为 2.08 nm 和 2.09 nm。C QDs–1（图 2.7 b）和 C QDs–2（图 2.7 d）的 HRTEM 图显示层间晶格间距为 0.23 nm，归因于石墨碳的特征晶面。Wang 等人用 XRD 和拉曼光谱研究了 C QDs–1 和 C QDs–2 的晶体结构[42]。如图 2.8a 所示，C QDs–1 和 C QDs–2 的 XRD 图显示出一个以 27° 为中心的宽峰，这归因于石墨的（002）晶面。C QDs–2 的 XRD 半峰宽度比 C QDs–1 窄，证明 C QDs–2 的结晶度比 C QDs–1 高。C QDs–1 和 C QDs–2 的拉曼光谱（532 nm 激发）在 1346 $cm^{-1}$ 处

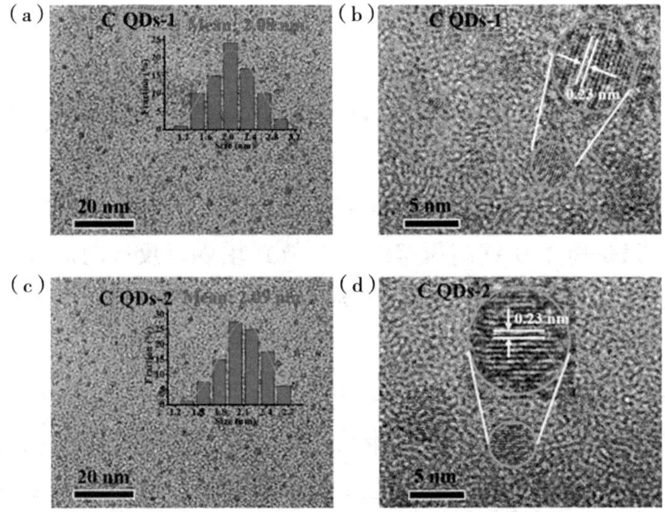


图 2.7 (a)C QDs-1 和(c)C QDs-2 的 TEM 图(插图是尺寸分布柱状图);(b)C QDs-1 和(d)C QDs-2 的 HRTEM 图[42]

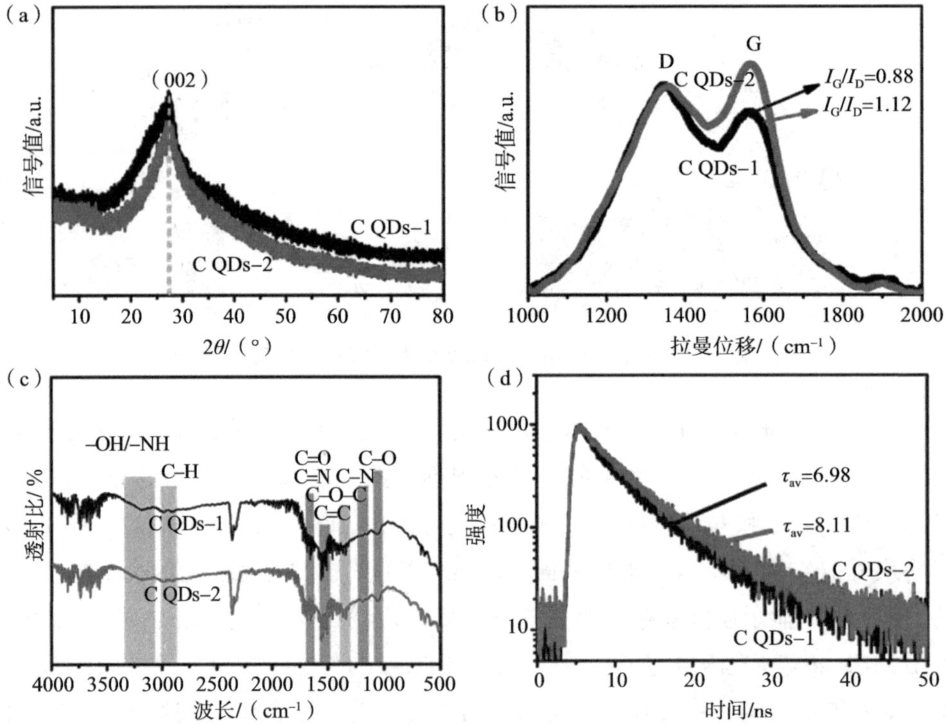


图 2.8 C QDs-1 和 C QDs-2 的 XRD 图(a)、拉曼光谱图(b)和 FTIR 图(c)及荧光寿命衰变曲线(d)[42]

显示无序的 D 峰，在 1567 $cm^{-1}$ 处显示有序的 G 峰（图 2.8b）。一般用 $I_G/I_D$ 值来评价 C QDs 的石墨化程度，$I_G/I_D$ 越大表明 C QDs 的石墨化程度越高。C QDs-1 和 C QDs-2 的 $I_G/I_D$ 值分别为 0.88 和 1.12，表明 C QDs-2 的石墨化程度高于 C QDs-1，这与 XRD 的结果一致。C QDs-1 和 C QDs-2 的 FTIR 图如图 2.8 c 所示。-OH 和 $-NH_2$ 基团（3300 ~ 3000 $cm^{-1}$）、C-H（2978 $cm^{-1}$ 和 2900 $cm^{-1}$）、C=O（1652 $cm^{-1}$）、C=C（1558 $cm^{-1}$）、C-O-C（1340 $cm^{-1}$）、C-N（1188 $cm^{-1}$）和 C-O（1049 $cm^{-1}$）的伸缩振动揭示了由含 N 和含 O 基团组成的共轭芳香结构的存在。

## 四、微波合成法

微波是一种波长范围从 1 mm 到 1 m 的电磁波，它们可以向基底输送大量能量，使其能够被化学分解。因此，微波方法可以用于显著缩短反应时间，同时提供均匀的加热，这使量子点在最终产物中的分布更加一致[43-44]。

Yu 等人[45]通过微波合成方法制备了 C QDs。在 100 mL 烧杯中，将邻苯二甲酸（2 g）和六水合三乙二胺（1g）溶于 3 mL 去离子水中。然后将烧杯在烤箱（700 W）的旋转板上烘烤 60 s。冷却后，将粗产物在 500 mL 去离子水中透析数小时以制备粉末状 C QDs。图 2.9 显示了合成的 C QDs 的形态形状和尺寸。合成的C QDs溶液用乙醇稀释至1∶1的比例，用超声探头处理2 min，并获得TEM图。在图 2.9 所示的 TEM 图中，可以看出 C QDs 的结构是聚集的，它们的尺寸分布在非常广泛的范围内（5 ~ 100 nm）。

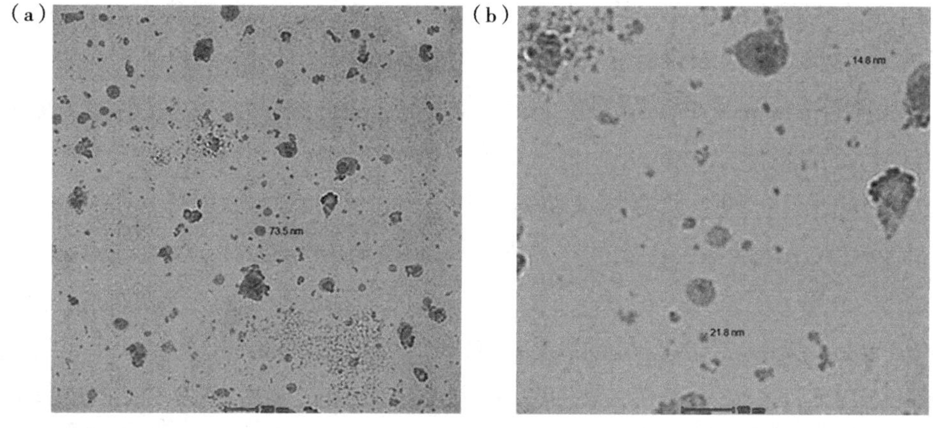


**图 2.9　不同放大倍率下 C QDs 的 TEM 图：（a）200 nm；（b）100 nm[45]**

Basoglu 等人[46]通过微波辅助热解烤鹰嘴豆合成 C QDs（图 2.10）。将 2g 烤鹰嘴豆在 40 mL 超纯水中溶解。将该混合物转移到 250 mL 烧杯中并微波加热 2min。将冷却的溶液在 3000 rpm 下离心 15min。从上清液中提取奶油状固体。使用 0.45 mm 和 0.2 mm 的注射器膜过滤液体。将溶液以 12000 rpm 离心 15 min 以除去聚集体。将液态的 C QDs 混合后在 4℃下冷却，以得到目标 C QDs。

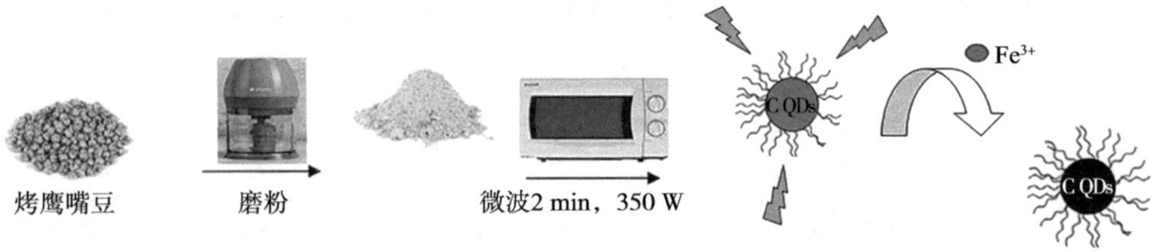


**图 2.10　微波辅助热解烤鹰嘴豆合成 C QDs 的示意图[46]**

## 五、光沉积法

光沉积法，也称光固化法，是以光能量作用来固化材料的一种方法。在该方法中，光能量被聚焦到某特定区域，当光能量达到某个强度时，材料就会固化，从而形成特定物质的固体形态。通过光沉积法可以将金属单质量子点有效复合在半导体材料的表面，且不会破坏半导体材料的表面结构，同时实验操作也更为简单。

Yang 等人[47]采用原位光沉积法制备了平均尺寸约为 5 nm 的量子点水平金属 Bi。然而这种小尺寸的金属 Bi 在空气中不稳定，这种不稳定状态下的金属 Bi 可以通过 Bi/Bi2O3 量子点的形式进行储存。

实验首先制备了 $TiO_2$ 纳米片。将氢氟酸（3 mL）加入 25 mL 钛酸四丁酯中，混合悬浮液持续搅拌 10 min，将所得前驱体悬浮液放入 100 mL 高压灭菌器中，在 200℃下保持 24h。将高压灭菌器冷却至室温，将制备好的样品分别用去离子水和无水乙醇洗涤。得到的产品在 60℃的烘箱中干燥 6 h。之后采用原位光沉积法制备了不同 $Bi(NO_3)_3 \cdot 5H_2O$ 用量的 $TiO_2/Bi/Bi_2O_3$ 复合光催化剂［0.1g $TiO_2$，3 mg、6 mg、12 mg、18 mg $Bi(NO_3)_3 \cdot 5H_2O$ 和 100 mL 去离子水］，温度控制在 15℃，冷却水循环。光照时间为 4 h，相应产物分别为 $TiO_2/Bi/Bi_2O_3$-1、$TiO_2/Bi/Bi_2O_3$-2、$TiO_2/Bi/Bi_2O_3$-3 和 $TiO_2/Bi/Bi_2O_3$-4。光照处理后，将所得溶液过滤，用去离子水洗涤三次。然后，将得到的 $TiO_2/Bi/Bi_2O_3$ 在 60℃的烘箱中干燥。

实验以 $TiO_2/Bi/Bi_2O_3$–3 为例，利用 TEM 对其表面状态进行了研究。为了比较，还对原始 $TiO_2$ 进行了表征。可以观察到，$TiO_2$ 纳米片的平均边长分别约为 30 nm（宽度）和 50 nm（长度）（图 2.11a）。图 2.11b 的插图显示，测得的晶格间距约为 0.351 nm，与原始锐钛矿 $TiO_2$ 的（101）晶面相匹配。$Bi/Bi_2O_3$ 沉积后，$TiO_2$ 纳米片的尺寸没有明显变化（图 2.11c 和图 2.11d），$Bi/Bi_2O_3$ 纳米颗粒均匀分散在 $TiO_2$ 纳米片上，其平均粒径为量子点级，约为 5 nm。此外，通过 TEM 更仔细地进行观察发现，许多量子点的晶格条纹在 TEM 的电子束照射下发生了快速而持续的变化，这可能是由于量子点除了自身的天然缺陷，还具有较高的活性和不稳定性。捕获的晶格间距约为 0.3096 nm，对应于金属 Bi 的（001）晶面（图 2.11 d）。此外，为了验证光催化 $CO_2$ 还原后 $Bi/Bi_2O_3$ QDs 是否仍能稳定地固定在 $TiO_2$ 纳米片表面，对连续 3 次光催化实验后的 $TiO_2/Bi/Bi_2O_3$–3 样品的 TEM 进行了表征。与初始 $TiO_2/Bi/Bi_2O_3$–3 相比，结果没有变化，说明 $TiO_2/Bi/Bi_2O_3$–3 非常稳定，确实具有工业应用前景。

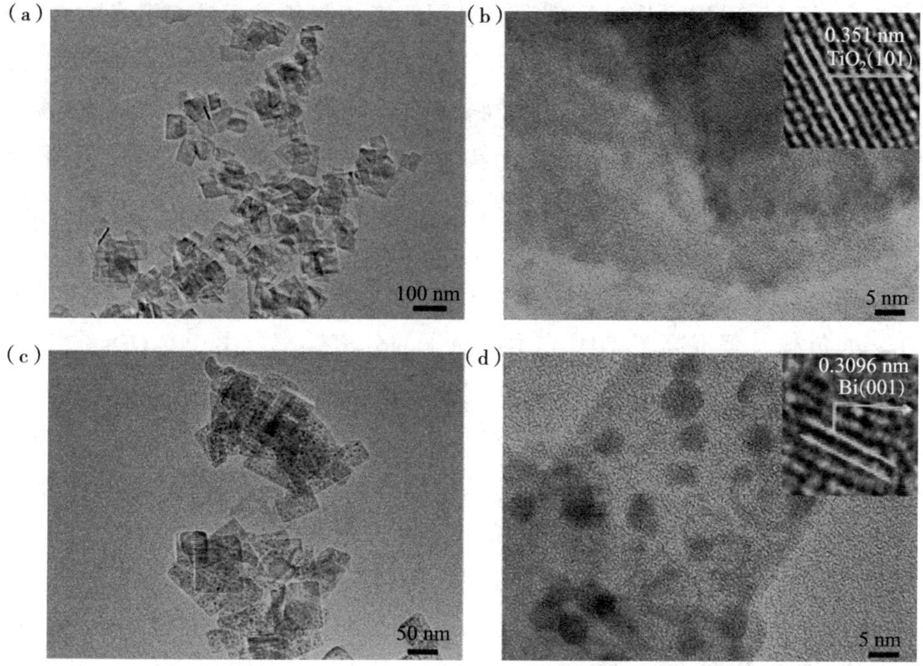


图 2.11 $TiO_2$（a–b）和 $TiO_2/Bi/Bi_2O_3$–3（c–d）的不同放大倍率 TEM 图[47]

# 第三节 单质量子点材料的应用

## 一、单质量子点材料在环境保护方面的应用

工业在未经特殊处理的情况下向环境中排放大量有机废物。这些有机废物可能具有基因毒性、诱变性和细胞毒性，这迫使研究人员开发各种方法来克服这个问题。有机废物（如染料）的降解速率受到不同参数的影响，如浓度、pH 和光强。半导体多相光催化反应是降解工业染料和其他污染物的有前途的途径[48]。量子点是一种很好的光催化材料，具有有限的带隙，可以增强紫外 / 可见光吸收。该方法中的一个重要参数是$H_2O$/·OH对的氧化还原电势（$OH^-$=·OH+$e^-$=–2.8V）应大致等于半导体的带隙。因此，所产生的活性氧可以完全分解染料分子。重要的是，在单质量子点中，C QDs 可以简单地从一些自然资源前驱体获得，成本较低且合成方式更为绿色。目前各种绿色合成的量子点已被用作纳米光催化剂，用于去除不同的有机废物和染料。

Wang 等人[49]以橄榄叶为碳源，采用回流法制备了上转换发光的 C QDs。通过水热处理，将 C QDs 负载在 $TiO_2$ 表面，形成具有光催化性能的 C QDs/$TiO_2$ 复合材料。所制备的复合材料在 560 ~ 740 nm 的波长范围内激发，C QDs 表现出显著的基于多光子的上转换发光特性。C QDs 的这种性质赋予了 C QDs/$TiO_2$ 复合材料显著的光催化效率。实验测试了 C QDs/$TiO_2$ 复合材料对 TC 和 RhB 的降解性能。在可见光照射 10 min 和 70 min 后，5% C QDs/$TiO_2$ 对 TC 和 RhB 的降解率分别达到 81% 和 92%。光电流和 PL 光谱结果表明，C QDs 的负载显著提高了 $TiO_2$ 光生载流子的分离效率。由于 C QDs 的上转换发光特性，C QDs/$TiO_2$ 复合材料对可见光的捕获效率大大提高。如图 2.12a 所示，在没有催化剂的情况下，TC 在可见光照射 10 min 下的降解率约 22%；在相同的条件下，使用 5% C QDs/$TiO_2$ 实现了良好的 TC 降解率，且明显优于仅使用 C QDs 或 $TiO_2$。随着光照时间的进一步延长，降解性能没有改善。为了研究 C QDs/$TiO_2$ 复合材料的光催化性能在污染物降解方面的多样性，还引入了 RhB 作为模拟污染物。如图 2.13b 所示，在可见光照射 70 min 下，无催化剂组、C QDs 组、$TiO_2$ 组和 5% C QDs/$TiO_2$ 组的 RhB 降解率分别为 8%、52%、39% 和 92%。对 TC 和 RhB 的光催化剂降解表现出相同的规律，表明在 $TiO_2$ 上负载 C

QDs 有效地提高了光催化活性。C QDs/$TiO_2$ 复合材料的光催化性能归因于 C QDs 的上转换发光特性及其稳定光生电子和空穴并延迟其复合的能力。

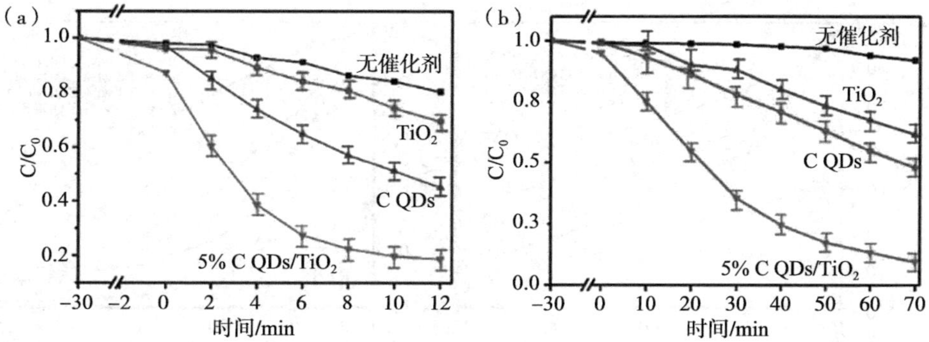


**图2.12　(a)不同光催化剂对TC的降解曲线和(b)不同光催化剂对RhB的降解曲线**[49]

C QDs 不仅本身具有高效的光催化降解效率，与其他半导体相结合后还可以利用广泛的太阳能来提高光催化活性，其中 C QDs 吸收可见光，从而使光生载流子能够通过界面转移，实现有效的电荷分离。Ji 等人[50]在十六烷基 -3- 甲基咪唑溴（[ $C_{16}$mim ]Br）存在下，通过水热合成方法构建了新型 C QDs/BiOBr 复合光催化剂。他们通过一系列表征，证实了 C QDs 在 BiOBr 纳米片中的均匀分布，以及 C QDs 与 BiOBr 光催化降解有机污染物的协同效应。结果表明，3.1 wt % C QDs/BiOBr 光催化剂在可见光照射下降解无色抗生素 TC、内分泌干扰物双酚 A（bisphenol-A，BPA）和染料 RhB 的光催化活性最好。C QDs/BiOBr 复合材料的光催化性能增强可能是由于引入 C QDs 后光生载流子的光吸收范围更广，分离速度更快。如图 2.13a 所示，辐照 120 min 后，原始 BiOBr 只能去除约 30% 的 TC，而 C QDs/BiOBr 复合材料的光催化性能都得到了增强。在可见光照射下，3.1 wt % C QDs/BiOBr 复合材料对 TC 的光催化去除活性最高，照射 120 min 后仅剩下 40% 的 TC。在 BiOBr 中引入过多的 C QDs 后，光催化性能下降，这是因为过多的电子汇集会反过来增加空穴和电子的复合[35]。Ji 等人[50]进一步研究了 RhB 在可见光照射下的光降解。从图 2.13b 中可以清楚地看到，没有任何催化剂的直接 RhB 光解可以忽略不计，而 C QDs/BiOBr 复合光催化剂与原始 BiOBr 相比具有更高的光催化活性。辐照 20 min 后，3.1wt% C QDs/BiOBr 对 RhB 的降解率为 91.8%，而在相同条件下使用未修饰的 BiOBr，对 RhB 的催化去除率仅为 22.7%。辐照 50 min 后，所有 C QDs/BiOBr 复合光催化剂均能降解 90% 以上的 RhB。图 2.13c 和图 2.13d 显示了原始 BiOBr 和 C QDs/BiOBr 复合催化剂对 TC 和 RhB 的降解率。

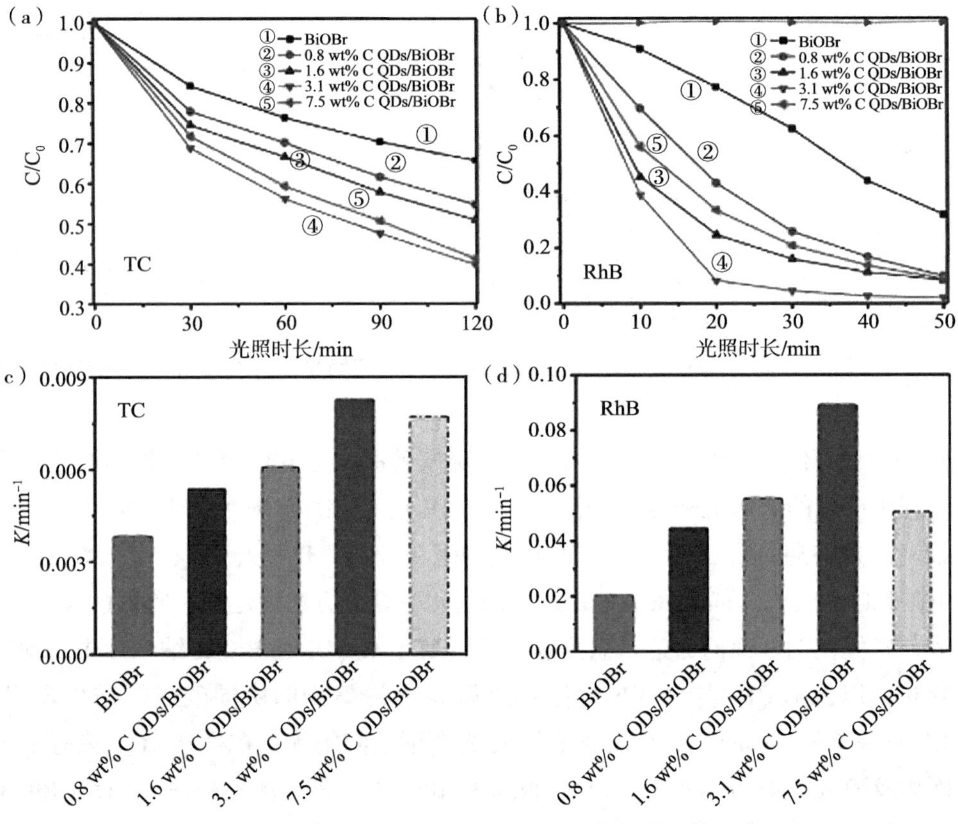


**图 2.13 不同 C QDs 含量的 C QDs/BiOBr 对 TC（a）和 RhB（b）的可见光降解曲线；TC（c）和 RhB（d）在各样品中的降解率[50]**

抗生素是一类有机分子，通常用于预防和治疗与细菌感染有关的疾病。近年来，随着抗生素过度使用和滥用的增加，其全球排放量逐渐增加。令人惊讶的是，在许多国家的饮用水中甚至检测到一些抗生素，这对人类健康非常不利，因为这不仅会使人产生耐药性，而且会破坏人类对更严重疾病的治疗潜力。因此，开发环境友好和高效的抗生素处理方法是非常必要的。然而相比水中的其他污染物，抗生素等污染物更难以降解。杂原子（N、B、S、Cl 等）掺杂的 C QDs 由于其增强的光吸收、电子传输、化学活性和比表面积特性而更适合形成异质结，从而提高了其氧化能力。例如 Qu 等人[51]合成了一种新型的表面功能化 N 和 S 掺杂的碳量子点（N,S–C QDs），并将其嵌入 ZnO 中，通过水热工艺形成新的 ZnO/N,S–C QDs 杂化纳米花。所制备的 ZnO/N,S–C QDs 在可见光和近红外光照射下表现出显著增强的光催化活性，其中 72.8% 的孔雀石绿在近红外光照射下 180 min 后分解。此外，ZnO/N,S–C QDs 在模拟阳光下 20 min 和自然阳光下 50 min 分别降解了约 92.9% 和 85.8% 的 CIP。Qu 等人还对其机理进行了研究，结果表明，N,S–C QDs 的表面功能化、电子转移、上转换发光特性，以及 ZnO 纳米花的高反应性晶面，对提高 ZnO/N,S–C QDs 的光催化活性做出了巨大贡献。最后，将 ZnO/N,S–C QDs 用于实际水中抗生素的光降解，120 min 后抗生素的降解效率仍保持在 60% 以上。这表明 ZnO/N,S–C QDs 具有优异的光催化性能。实验进一步采用 ZnO/N,S–C QDs 纳米花来评估在模拟阳光照射下难降解抗生素 CIP 和头孢氨苄（cefalexin，CEL）的光催化降解。如图 2.14a 所示，ZnO/N,S–C QDs 仅在 20 min 内降解了 92.9% 的 CIP，50 min 后 CEL 的降解效率为 86.7%。此外，还通过 5 个循环的光催化反应研究了 ZnO/N,S–C QDs 的回收能力。如图 2.14c 所示，在 5 次循环后，CIP 的光降解效率为 85.7%，这表明杂化纳米花具有良好的可回收性。这一结果可能归因于 N,S–C QDs 在 ZnO 纳米花内的有效嵌入，限制了反应过程中 N,S–C QDs 的损失。另外，将 ZnO/N,S–C QDs 分散在去离子水中，离心后收集上清液进行荧光分析。3 次循环后，分散液的荧光强度没有明显变化。上清液的荧光强度都非常低。结果表明，ZnO/N,S–C QDs 复合材料具有较高的稳定性，可重复用于多种工艺。

金属单质量子点在光催化降解方面也有着广泛的应用。Liu 等人[52]通过简单的原位化学还原，将分散良好的 Pt QDs 首次成功沉积在苝二酰亚胺（perylene diimide，PDI）超分子纳米棒表面。在可见光照射下，Pt QDs/PDI 复合材料对苯酚的降解表现出优异的光催化性能。最佳的 1wt % Pt QDs/PDI 复合材料的降解速率常数（$k$）是纯 PDI 超分子纳米棒的 6.2 倍。最佳的 1 wt % Pt QDs/PDI 复合材料不仅具有良好的光催化性能，而且具有较高的光活性稳定性和循环利用能力。如图 2.15 a 所示，在可见光照射下，1wt % Pt QDs/PDI 复合材料在 160 min 内降解了 91.40% 的苯酚（5 ppm）。如图 2.15 b 所示，1 wt % Pt QDs/PDI 复合材料的催化性能最高（$k$ = 0.0149 $min^{-1}$），是纯 PDI 超分子纳米棒（$k$ = 0.0024 $min^{-1}$）的约 6.2 倍。重要的是，在可见光照射下，1 wt % Pt QDs/PDI 复合材料比一些报道的 PDI 基催化剂表现出更好的光降解活性。同时，在

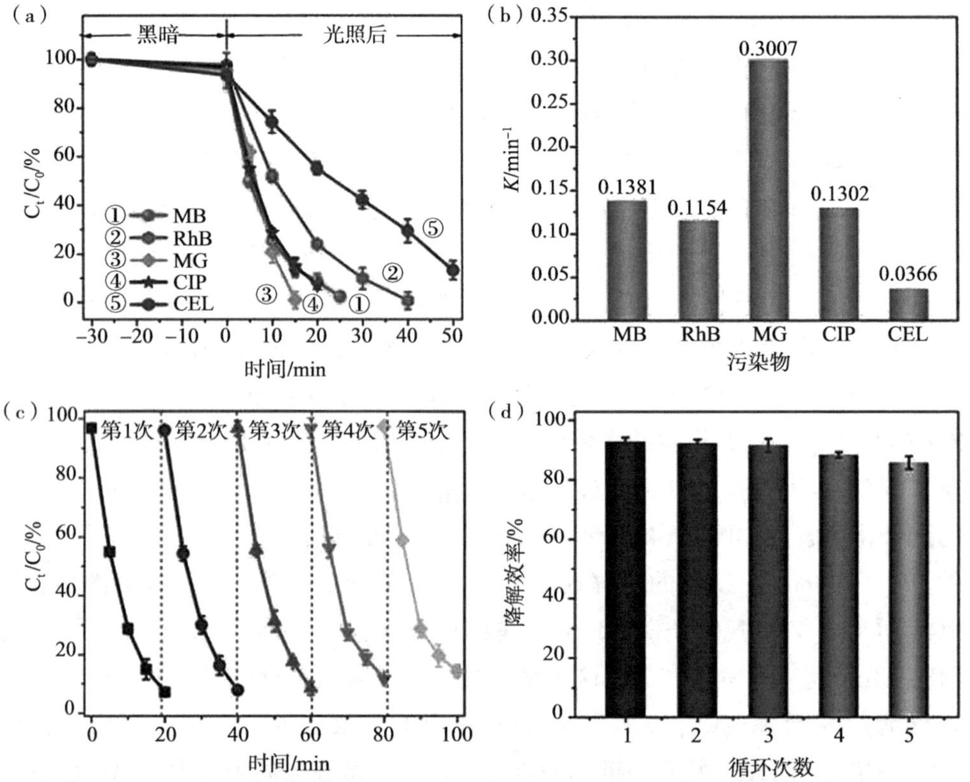


**图 2.14 (a-b) ZnO/N,S-C QDs 对不同有机污染物光降解的光催化活性和伪一级动力学常数；(c-d) ZnO/N,S-C QDs 在模拟阳光照射下 5 次循环降解 CIP 的光催化稳定性**[51]

0～1 wt % 范围内，Pt QDs 在 PDI 超分子纳米棒上的负载量与光催化性能呈正相关。1 wt % Pt QDs/PDI 复合材料的降解性能略好于 2 wt % Pt QDs/PDI 复合材料。这可能是由于 Pt QDs 在较高负载下的团聚会因过滤效应而阻碍 PDI 超分子纳米棒的光吸收。为了评价 1 wt % Pt QDs/ PDI 复合材料的稳定性，进行了 4 次循环光降解试验，如图 2.15c 所示。由于催化剂在回收过程中不可避免的损失，经过 4 次循环试验，降解率会有一定程度的下降（约 19%）是合理的。此外，为了测试对苯酚的矿化能力，进行了总有机碳（total organic carbon，TOC）完全矿化率（图 2.15d）测量。随着反应时间的延长，反应体系中 TOC 含量逐渐降低，说明 1 wt % Pt QDs/PDI 复合材料在可见光照射下具有矿化苯酚的能力。重要的是，与纯 PDI 超分子纳米棒相比，1 wt % Pt QDs/PDI 复合材料的矿化能力大大提高，表明其具有更高的光氧化能力。同样值得注意的是，在相同辐照时间下，1 wt % Pt QDs/PDI 复合材料的 TOC 完全矿化率低于其降解率。这可归因于苯酚的光氧化途径包含转化为某些中间产物的过程和完整矿化过程的后续过程。

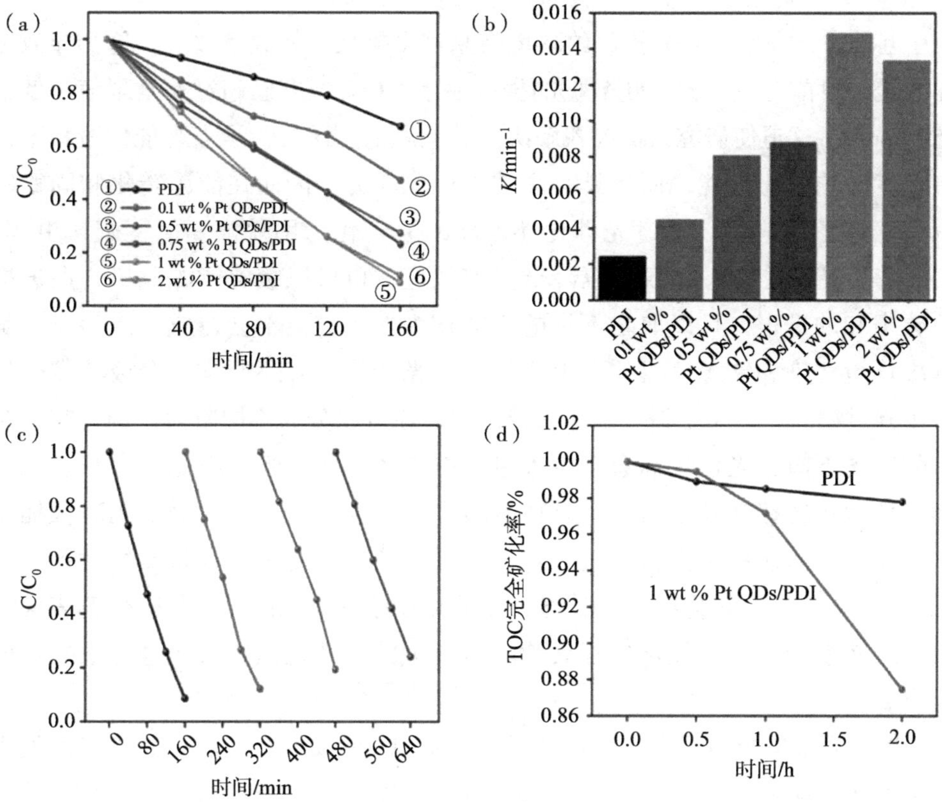


**图 2.15　(a) Pt QDs/PDI 复合材料对苯酚的光催化降解率；(b) Pt QDs/PDI 复合材料在苯酚上的降解速率常数 (*k*)；(c) 可见光照射下 1wt % Pt QDs/PDI 复合材料对苯酚的循环降解率；(d) 可见光照射下纯 PDI 超分子纳米棒和 1wt % Pt QDs/PDI 复合材料对 10 ppm 以上苯酚的 TOC 完全矿化率[52]**

根据上述实验结果，可推出一系列 Pt QDs/PDI 复合材料的可能机理。在可见光照射下，PDI 超分子纳米棒的价带中的电子可以被激发到异带中，在价带中留下空穴。然后，PDI 超分子纳米棒与 Pt QDs 之间的接触界面形成了肖特基势垒，使光生电子可以快速转移到 Pt QDs 上，从而有效地提高了 PDI 超分子纳米棒的性能。因此，空间分离的光生电子和空穴分别参与了超氧自由基的后续演化和污染物的直接氧化。同时，引入的 Pt QDs 通常被认为是光催化反应过程中的活性位点。

## 二、单质量子点材料在能源转换方面的应用

### (一)单质量子点在二氧化碳还原方面的应用

近年来，大量的 $CO_2$ 排放给环境带来许多挑战，如温室效应，这会导致全球变暖。目前有关气候变化数据的报告显示，$CO_2$ 浓度已超过安全限值（低于 350 ppm），这迫使研究人员寻找解决这一问题的方法。量子点光催化材料不仅有着优秀的氧化性能，而且具有高效的还原能力，因而在能源转化和固氮领域有着广泛的应用。通过光催化还原将 $CO_2$ 转化为甲烷、一氧化碳、甲醇、乙醇等可持续能源，不仅可以降低温室效应，也可以缓解能源危机，促进推动碳中和的进程，且以取之不尽的光能作为能源，更不会造成二次污染，是解决环境污染和能源危机的上上之策。但光催化 $CO_2$ 还原是一个极其复杂的多步骤过程。从广义上讲，$CO_2$ 的光催化还原可以分为不同阶段：当暴露在合适的阳光下时，光催化剂会产生大量的电子和空穴；光生载流子在与光催化剂分离后将转移到其表面；反应物 $H_2O$ 和 $CO_2$ 在光催化剂表面上同时被捕获和活化；表面活性位点将接收有效的光生电子，而光生空穴将被牺牲剂（如 $H_2O$）消耗以产生氧化产物；最终，光催化还原反应的产物将从催化剂表面解吸，从而重新暴露与催化过程后续阶段有关的活性位点，从而进行下一步的反应。

作为非金属单质量子点光催化材料的典型代表，C QDs 具有转换光致发光的特性和光利用率高的特性。不同有机官能团的表面功能化调整了 C QDs 的半导体性质和带隙，且高 $CO_2$ 吸附特性使 C QDs 成为光催化二氧化碳还原应用的有利候选者。

Li 等人[53]使用简单的微波辅助合成策略将富含 N 的 C QDs（N–C QDs）锚定在 $TiO_2$（商业 P25 型）上，成功构建了几种具有增强 $CO_2$ 光还原活性的高效异质结构纳米复合材料 *x*–P25（其中 *x* 表示 N–C QDs 的剂量，单位为 g）。通过微波处理硫脲和柠檬酸获得的碳量子点在复合材料中起到光敏剂的作用，以增强光吸收。与原始 $TiO_2$ 相比，异质纳米复合材料中的光生电荷转移和分离被证明显著改善。因此，在模拟太阳光照射下，纳米复合材料中对 $CO_2$ 光还原催化活性显著增强。在没有任何贵金属负载在光催化剂上的情况下，辐照 1h 后的光还原分别获得了 0.769μmol 和 1.153 μmol 的最大 $CH_4$ 和 CO 产量。纳米复

合材料上产生的 $CH_4$ 和 CO 的量分别是原始 $TiO_2$ 上的 7.79 和 7.61 倍。图 2.16 显示了 $CO_2$ 光还原过程中积累的 CO 和 $CH_4$ 量。从图中可以看出，光照 6h 后，$TiO_2$ 上的 CO 产量为 0.37 μmol，而 $TiO_2$ 上的 $CH_4$ 量为 0.20 μmol。与 $TiO_2$ 相比，纳米复合材料上产生的 CO 和 $CH_4$ 的析出量都显著增加，表明这些纳米复合材料的 N–C QDs 修饰在增强碳质产物的析出方面发挥了重要作用。N–C QDs 和 $TiO_2$ 之间异质结的形成促进了光生电子和空穴的分离和有效转移。因此，所制备的纳米复合材料表现出增强的催化性能。然而，在相对较高的 N–C QDs 添加水平下，CO 和 $CH_4$ 的产量降低，这可能是因为过多的 N–C QDs 中的光生载流子的屏蔽效应和新的复合中心的形成。为了验证光催化材料的稳定性，选择典型的样品 0.4–P25 进行连续的光催化反应。随着反应时间的延长，没有观察到失活，表明该光催化剂具有良好的光稳定性。在光催化测试后，对具有代表性的纳米复合材料 0.4–P25 的结构进行了表征。与新制备样品相比，使用过的样品的结构没有明显变化，表明纳米复合材料结构稳定。

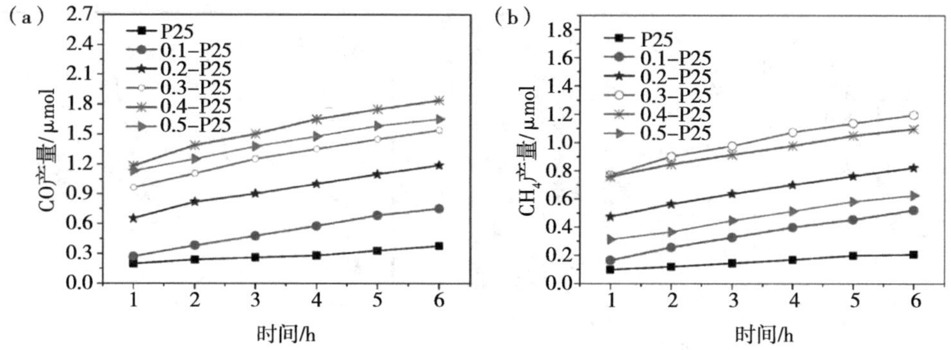


**图 2.16　在 $TiO_2$ 和 $TiO_2$ 基纳米复合材料上产生的随时间变化的 CO 量（a）和 $CH_4$ 量（b）[53]**

此外，Liu 等人[54]采用微波超快合成策略合成了红色发光碳量子点（R–C QDs），它与其他 C QDs 具有相似的光学和结构性质，但表面官能团位点不同。采用耦合技术将 R–C QDs 与石墨氮化碳（CN）结合，合成了模型光催化剂，并研究了不同功能化 R–C QDs 对 $CO_2$ 还原的影响。这种耦合技术缩小了 R–C QDs/CN 的带隙，使导带电位更负，光生电子和空穴更不容易重组。这种改性大大增强了光生载流子的脱氧能力，增加了对太阳能的光吸收，提高了光生载流子浓度，从而产生了优异的稳定性和显著的 CO 产量（是纯 CN 的 5.26 倍）。研究结果表明，

R–C QDs/CN 优异的光催化性能源于其强大的内部电场和高路易斯酸度和碱度，这分别归因于丰富的吡啶和含氧表面基团。

实验通过使用气相色谱法（gas chromatography，GC）检测产物来评估其光催化活性，如图 2.17a 所示。对一氧化碳（CO）和甲烷（$CH_4$）产物进行了量化。然而，在测量过程中没有观察到液体产物或氢气。实验结果表明，与 CN 相比，所有 R–C QDs/CN 光催化剂都表现出更高的光催化活性。R–C QDs 的添加量分别为 1 wt %、2 wt%、3 wt%（记为 R1–C QDs、R2–C QDs、R3–C QDs）时，R1–C QDs/CN 表现出最高的光催化活性，在 4h 内 CO 产量高达 77 μmol · $g^{-1}$。虽然在所有样品中 $CH_4$ 的生成并没有显著增加，但研究认为 R–C QDs 的加入主要是通过减少转移电子来促进 $CO_2$ 的还原。为了评估 R1–C QDs/CN 光催化剂的稳定性，进行了 4 次连续的光催化 $CO_2$ 还原测试，共 16 h（图 2.17b）。结果表明，经过 4 个循环后，CO 产量仅略有下降，表明 R1–C QDs/CN 光催化剂具有令人满意的稳定性。

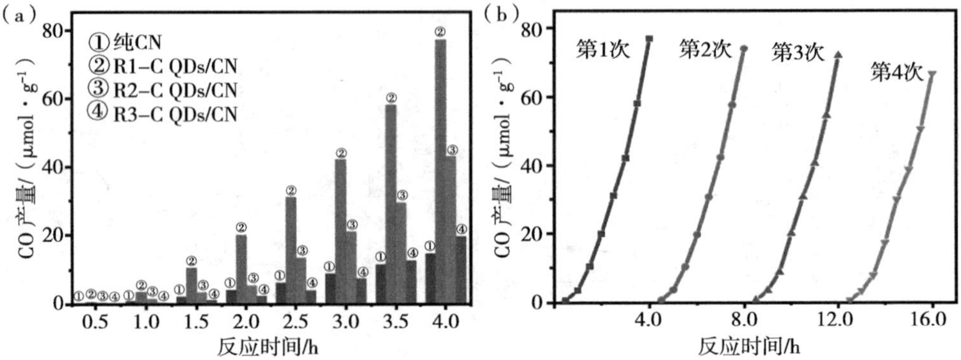


**图 2.17 （a）不同催化剂上 CO 产量的时间演变；（b）R1–C QDs/CN 上 CO 生产的稳定性**[54]

金属有机骨架（MOF）是一种很有前景的 $CO_2$ 还原光催化剂，但严重的光生载流子复合和有限的可见光响应在很大程度上限制了其应用。由于碳点（CD）既可以作为电子受体，也可以作为光敏剂，因此 Li 等人了开发 CD 杂化的 MOF 光催化剂，以提高其还原 $CO_2$ 的活性[55]。由于 CD 的体积很小，他们将 CD 成功地嵌入 MOF 颗粒中（CD@MOF），并发现 CD@MOF 与 CD 修饰的 MOF（CD/MOF）或原始 MOF 相比，表现出极大提高的光催化活性。研究表明，由于 MOF 之间形成了许多小的异质结，将小的 CD 助催化剂放置在 MOF 的内部金属氧簇附近可以助力混合光催化剂中的有效电荷转移和分离。实验采用 $NH_2UiO$-66 作为 MOF。与原始的 $NH_2UiO$-66 或 CD 修饰的颗粒（CD/$NH_2UiO$-66）相比，CD 嵌入的 $NH_2$-UiO-66 颗粒（CD@$NH_2UiO$-66）显示出极大增强的 $CO_2$ 还原活性。研究发现，在长波长光照下，CD 除了可以作为电子受体外，还可以作为 MOF 中的光敏剂。

使用纯 $NH_2$-UiO-66 催化剂，CO 的产率约为 3.5 μmol·$g^{-1}$·$h^{-1}$，使用 CD/$NH_2UiO$-66，产率提高至 4.0 μmol·$g^{-1}$·$h^{-1}$（图 2.18a）。引人注目的是，用 CD@$NH_2$-UiO-66 比用原始的 $NH_2$-UiO66，CO 产率高约 4.7 倍。这一结果表明，嵌入的 CD 比修饰的 CD 在 MOF 表面能发挥更积极的作用，表明 CD 的位置对 MOF 光催化剂的光催化活性有很大影响。CD@$NH_2$-UiO-66 的活性也

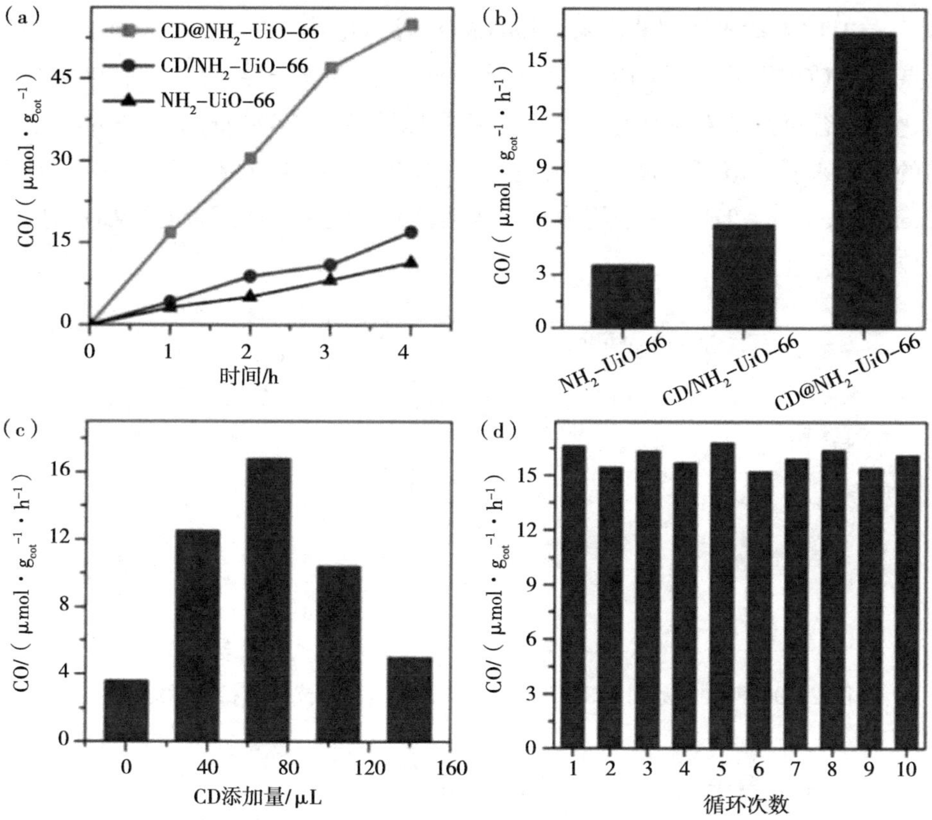


**图 2.18　原始 $NH_2$-UiO-66、CD/$NH_2$-UiO-66 和 CD@$NH_2$-UiO-66 光催 4 h 的（a）CO 产量及（b）CO 产率；（c）不同 CD 添加量的 CD@$NH_2$-UiO-66 的 CO 产率；（d）CD@$NH_2$-UiO-66 的光催化稳定性测试** [55]

可以通过 CD 的嵌入量来调节（图 2.18c）。众所周知，CD 作为辅助催化剂，可以作为电子受体，促进主要光催化剂的电荷分离，因此，CD@$NH_2$–UiO–66 的光催化活性可以随着 CD 用量的增加而提高。然而，过量的 CD 作为助催化剂也可能作为重组中心，从而降低其光催化活性。CD@$NH_2$–UiO–66 催化剂在光催化实验中也表现出优异的稳定性。经过 10 次循环后，活性没有明显下降，表明复合光催化材料在保证较高反应活性的同时，也拥有良好的稳定性。

在上述实验证据的基础上，Li 等人[55] 提出了制备的 CD@$NH_2$–UiO–66 粒子的光催化机理（图 2.19）。在短波光（$\lambda$<446 nm）的照射下，$NH_2$–UiO–66 吸收入射光，在 Zr–O 簇上生成电子 – 空穴对。在这些簇附近嵌入的 CD 可以作为电子受体分离 MOF 中的短寿命电子，用于 $CO_2$ 还原。在长波光（$\lambda$>446 nm）照射下，CD 将发挥光敏剂的作用，并向 MOF 注入电子。注入的电子可以在 MOF 位点还原 $CO_2$ 分子。由于特殊的能带结构和较高的电子导电性，CD 与 MOF 光催化剂结合可发挥双重作用。从两个不同辐照波段（420 nm 和 475 nm）下样品的活性来看，电子受体的作用在样品中应该占主导地位。牺牲剂三乙醇胺（triethanolamine，TEOA）的用途是快速消耗光生空穴，从而为还原 $CO_2$ 建立一个稳定的通道。

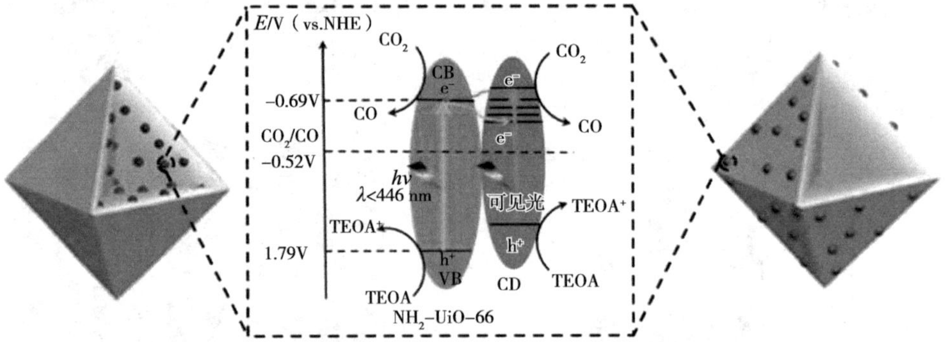


**图 2.19　两种样品对 $CO_2$ 还原的电子转移过程和光催化机理示意图**[55]

## （二）单质量子点在析氢方面的应用

氢气（$H_2$）作为一种已知的清洁燃料，是石油能源的替代品，很容易储存在气瓶中；与化石燃料废气相比，氢气是一种生态友好型气体。此外，氢气的能量含量大约是汽油的 3 倍。氢气被用于各种领域，包括发电、化学品生产、化学反应中的还原剂、抗氧化剂以及汽车和火箭的燃料。商业蒸汽精炼工艺是化学工业生产氢气的主要手段，这一工艺花费非常昂贵，并且需要高热能才能操作。借助太阳能光催化生产氢气是未来实现大规模氢气生产的一种简单而绿色的方法。量子点光催化剂的研制给光催化能源转化方面的研究注入了新的生命和动力，开启了光催化能源转化方向的革命。

Sui 等人[56]通过简单的方法成功地制备了具有大部分（001）晶面样品的 C QDs/$TiO_2$ 纳米片（C QDs/$TiO_2$–001）。与 $TiO_2$–001 和 C QDs/P25 相比，合成的 C QDs/$TiO_2$–001 对析氢表现出显著更高的光催化活性和相当大的稳定性。结果表明，与 C QDs/$TiO_2$–001 相比，光催化活性的提高可归因于 $TiO_2$–001 和 C QDs 的协同作用：$TiO_2$–001 的高度暴露的（001）晶面促进了光生电子的转移，C QDs 负载抑制了（001）晶面的光生载流子复合。同时，由于 C QDs 用作光敏剂并通过 C QDs 和 $TiO_2$–001 之间新形成的 Ti–O–C 键使 $TiO_2$–001 敏化，可见光吸收被延长。如图 2.20 所示，通过在 300W 氙灯照射下从甲醇水溶液中光催化制备氢气来评估合成样品的光催化活性。如图 2.20a 所示，在没有 C QDs 负载的情况下，$TiO_2$–001、商用锐钛矿和 P25 都表现出相对较低的光催化析氢速率（$<2\ \mu mol \cdot h^{-1}$），这可能是由于光生电子和空穴的快速复合。

值得注意的是，$TiO_2$–001 的光催化析氢速率高于商用锐钛矿，但低于 P25。合成的 $TiO_2$–001 纳米片的高度暴露的（001）晶面促进了光生电子的转移，这就是为什么 $TiO_2$–001 表现出比商用锐钛矿更高的光催化性能。然而，主要的暴露（001）晶面也导致电子和空穴的高复合率，因此 $TiO_2$–001 的光催化活性也受到限制。与 $TiO_2$–001、商用锐钛矿和 P25 相比，当 C QDs 负载在 $TiO_2$ 样品上时，光催化析氢速率增加。C QDs/$TiO_2$–001 的析出速率最高（$7.9\ \mu mol \cdot h^{-1}$），是 $TiO_2$–001 的 4 倍。这表明 C QDs 在提高复合材料的光催化活性方面发挥着重要作用。例如，$TiO_2$–001 和 P25 的光催化析氢速率分别为 $2.1\ \mu mol \cdot h^{-1}$ 和 $1.8\ \mu mol \cdot h^{-1}$，而如果在 $TiO_2$–001 和 P25 表面负载 2 wt % 的 C QDs，析氢速率显著提高到 $5.2\ \mu mol \cdot h^{-1}$ 或 $7.9\ \mu mol \cdot h^{-1}$。更重要的是，C QDs/$TiO_2$–001 复合材料显示出比 C QDs/P25 复合材料更高的光催化析氢速率。另外，实验对复合材料的稳定性进行了测试，合成的 C QDs/$TiO_2$–001 对析氢的光催化活性的循环测试结果如图 2.20b 所示。即使在 8 次循环后，析氢速率也保持不变，这表明合成的 C QDs/$TiO_2$–001 在模拟太阳光照射下的光催化析氢中具有很大的稳定性。

众所周知，SMSI 通常发生在过渡金属和载体之间，并提高了催化剂的活性和稳定性。

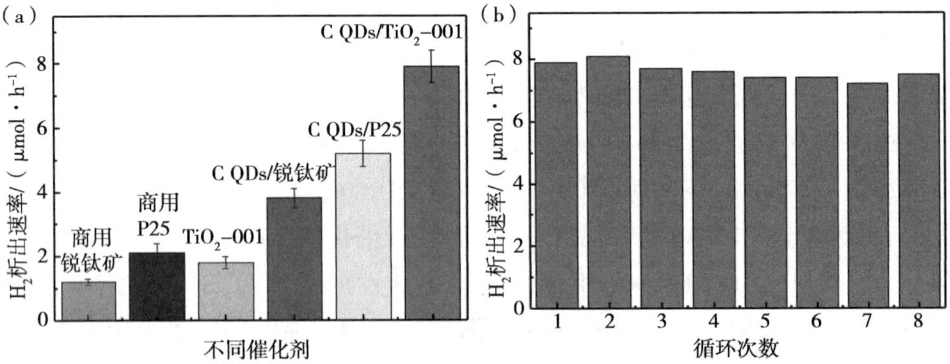


**图 2.20 （a）在模拟太阳光下，用商用锐钛矿、商用 P25、C QDs/锐钛矿、C QDs/P25、合成的 $TiO_2$–001 和 C QDs/$TiO_2$–001 作为催化剂进行光催化析氢效率的比较；（b）C QDs/$TiO_2$–001 的循环试验[56]**

Li 等人[57]通过水热工艺辅助有机表面活性剂和原位光沉积方法，设计了一种由 Ag QDs 修饰的新型分层多孔缺陷 $TiO_2$。所得的 Ag/$TiO_2$ 在 $CO_2$ 还原中表现出优异而稳定的光催化活性。此外，竞争性的 $H_2$ 演化可以被完全抑制。其超强的光催化活性可归因于分层多孔的设计、$TiO_2$ 的固有缺陷、Ag 的局域表面等离子体共振以及 Ag QDs 与缺陷 $TiO_2$ 之间的协同作用。这些因素共同提高了 $CO_2$ 吸附性能，增强了可见光吸收能力，加速了光生电荷的分离。

所有样品在紫外可见光照射下的 $CO_2$ 还原光催化活性如图 2.21 所示。在光催化还原 $CO_2$ 的过程中，只能检测到作为还原产物的气体 CO 生成，而未观察到作为副产物的 $H_2$。这可能是因为催化剂提供了一种驱动力，克服了 $CO_2$ 还原的能量屏障，而不是 $H_2$ 的演化，这与之前的报道相似。此外，光催化反应前未检测到产物，说明产物气体 CO 来源于 $CO_2$ 光还原。如图 2.21a 所示，制备的分层多孔 $TiO_2$ 和 Ag/$TiO_2$ 的 CO 产率随时间稳定变化，紫外可见光照射 4h 后，Ag/$TiO_2$ 样品的 CO 产率（2.3 μmol·g$^{-1}$）约为纯 $TiO_2$ 样品（1.5 μmol·g$^{-1}$）的 1.5 倍，也高于文献报道的 $TiO_2$/AC–Ag 复合材料的 CO 产率（1.5445 μmol·g$^{-1}$，4h）。然而，低 BET 比表面积（8 m$^2$·g$^{-1}$）的商用 $TiO_2$ 对 $CO_2$ 还原几乎没有光催化活性。此外，具有较高 BET 比表面积（58 m$^2$·g$^{-1}$）的商用 $TiO_2$（P25）对 $CO_2$

的还原活性也相对较弱。为了证明缺陷对光催化还原 $CO_2$ 的贡献，实验制备了缺陷 P25。缺陷 P25 在 4h 内 CO 的产率高达 1.1 μmol · $g^{-1}$，高于常规 P25。这些结果表明，$TiO_2$ 中的本征缺陷（即低价态 Ti、氧空位）也可以作为活性位点，加速 $CO_2$ 的吸附和活化，提高光催化 $CO_2$ 还原活性。特别是样品 Ag/$TiO_2$ 表现出比 $TiO_2$ 更好的光催化活性，说明 Ag 和 $TiO_2$ 之间的协同作用可以进一步促进 $CO_2$ 的还原。此外，实验还测试了样品 Ag/$TiO_2$ 的长期稳定性，发现在紫外光照射下，经过 5 个循环后，光催化 $CO_2$ 还原活性几乎保持不变（图 2.21b）。此外，用过的 Ag/$TiO_2$ 样品中 Ag 的含量约为 0.81wt %，与新鲜样品中的 Ag 含量非常接近。这一结果表明，光催化 $CO_2$ 还原过程中催化剂的银浸出几乎可以忽略不计，这也是催化剂具有优异稳定性和活性的原因。该实验制备的 Ag/$TiO_2$ 展示出的优异的可循环性和稳定性对于实现高效的二氧化碳减排具有重要意义。

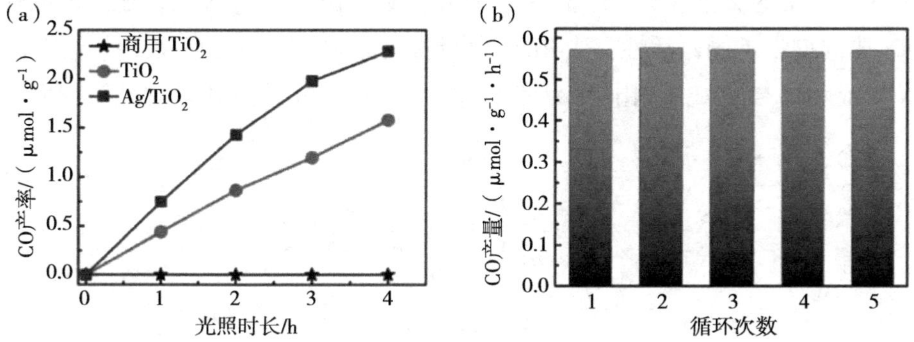


**图 2.21 （a）不同时间下商用 $TiO_2$、制备的分层多孔 $TiO_2$ 和 Ag/$TiO_2$ 的 CO 产率；（b）光催化 $CO_2$ 还原样品 Ag/$TiO_2$ 的循环稳定性** [57]

（三）单质量子点在合成氨方面的应用

氨是世界上最大的工业合成化学品之一，具有能量密度高（4.3 kW · h · $kg^{-1}$）、易于液化（–33℃）和运输方便以及其他优点[58-59]。目前，工业氨合成技术使用较多的是哈伯 – 博施法，这是一种在高温（300 ~ 600℃）高压（150 ~ 250 atm）下，使用氮气和氢气作为原料、使用铁基催化剂合成氨的方法[60-61]。该过程每年消耗能源约占世界总能源的 2%，每年释放二氧化碳约占全球二氧化碳总排放量的 1.6%[62]。因此，在节约能源和保护环境的背景下，利用可再生能源合成氨一直是世界各地工业界和学术界追求的目标[63]。

Wang 等人[64]发现，Ru QDs 与 g-$C_3N_4$ 纳米片之间的强相互作用显著提高了光催化固氮性能，并制备了一系列具有不同 Ru 负载量（1 wt %、3 wt % 和 5 wt %）的催化剂（记为 RuCN-1、RuCN-3、RuCN-5）。由于 SMSI，形成的尺寸约 3 nm 的 Ru QDs 并不会聚集，并且从 g-$C_3N_4$ 到 Ru 的电子转移导致更多 Ru QDs 的形成。与纯 g-$C_3N_4$ 相比，Ru 改性的复合材料在将水中 $N_2$ 光催化还原为 $NH_3$ 方面具有更好的性能，且通过多次实验验证了其具有良好的稳定性。在 $N_2$ 气氛中不存在牺牲剂 2 h 的情况下，合成的 RuCN-3 催化剂的氨产率为 20.55 μmol · $g^{-1}$。

在没有任何牺牲剂的情况下，在 25℃室温下用吲哚酚蓝法对生成的 $NH^{4+}$ 进行分析。如图 2.22 所示，除 RuCN-5 外，其他样品在空气气氛中都是具有固氮活性的，$NH_3$ 的析出速率遵循"RuCN-3 > g-$C_3N_4$ ≈ RuCN-1 > RuCN-5"的顺序。根据图 2.22b，在 $N_2$ 气氛中观察到相同的活性序列。与纯 g-$C_3N_4$ 相比，RuCN-3 显示出约 2 倍高的 $NH_3$ 产率。研究表明，在 g-$C_3N_4$ 上负载适当浓度的 Ru QDs 协同增强了固氮活性。当 Ru 的负载量过低时，它不能提高活性。因此，RuCN-1 显示出与 g-$C_3N_4$ 相同的活性。然而，如果 Ru 的负载量过高，则无活

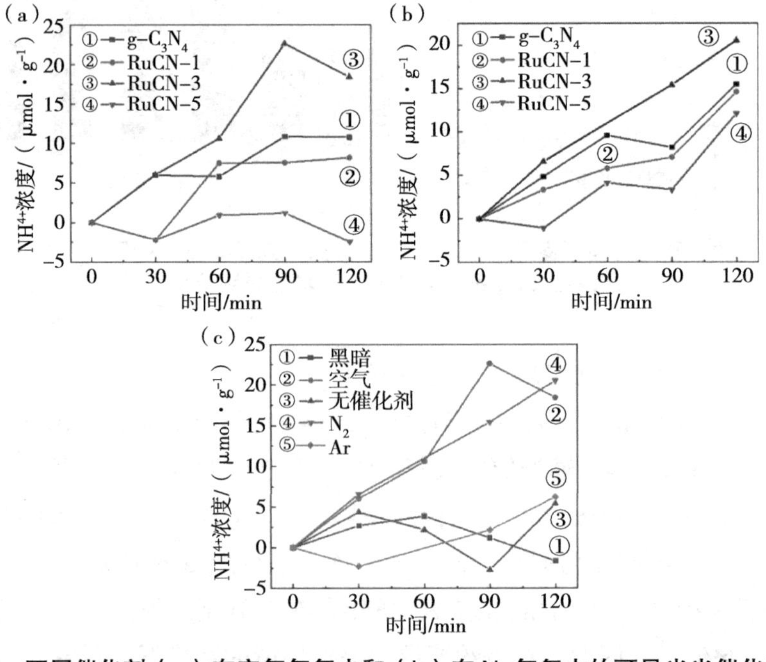


**图 2.22 不同催化剂（a）在空气气氛中和（b）在 $N_2$ 气氛中的可见光光催化固氮活性；（c）RuCN-3 在不同条件下的可见光催化固氮活性[64]**

性的 $Ru^{4+}$ 将覆盖 g–$C_3N_4$ 的活性位点，使其光催化固氮活性降低或表现出可忽略的活性。RuCN–5 在空气气氛和 $N_2$ 气氛中的活性不同：在空气气氛中，一定量的 $CO_2$ 会溶解在水中，在可见光照射下，RuCN–5 会将 $CO_2$ 转化为甲酸。甲酸的存在会影响吲哚酚蓝的颜色，使 $NH^{4+}$ 浓度较低。因此，RuCN–5 在空气中没有将 $N_2$ 还原的活性，但空气中的 $CO_2$ 会被转化。

## 第四节 本章小结

本章主要介绍了单质量子点催化剂的制备方法和表征手段，以及它们在催化水中污染物降解、二氧化碳还原、析氢以及合成氨等领域的应用。以典型的非金属单质量子点 C QDs 为例，将目前研究中常用的量子点合成方法分为了自上而下和自下而上两种进行了总结，阐述了不同合成方法的优缺点，并列举了一些近年来的典型实验成果。其中自上而下的方法通过脱水或脱氢等过程，促使较小结构发展为较大结构。在脱水或脱氢中，单个原子 / 分子通过应用微波、水热、溶剂热或热解相互作用，以产生具有可控尺寸和形态的量子点，这通常会产生高产率的量子点。自上而下的方法比自下而上的技术更简单、更容易，强调使用较低成本从自然资源中生产量子点。

除 C QDs，本章也对金属单质量子点催化剂进行了简要的介绍及总结。由于金属作为助催化剂在催化体系中得到了广泛的应用（包括纳米颗粒、量子点和单原子），因此金属量子点作为一种性能优异、制备难度中等的材料，引起了人们的广泛关注。目前大多数的金属单质量子点催化剂仍然以贵金属单质量子点为主。贵金属具有大的功函数和低的费米能级，这使半导体光生电子能够定向迁移到它们身上，从而加速电子的转移，提高光催化的活性。作为一种负载型材料，SMSI 也是影响光催化效率的重要因素。一方面 SMSI 可以显著提高光催化活性，另一方面金属颗粒被载体包封获得稳定性，同时在载体的晶格中产生缺陷，这也对催化效率有积极影响。LSPR 现象涉及两种材料的接触界面之间的强近场相互作用。等离子体纳米结构可以诱导等离子体激子 – 激子耦合效应，形成可用于增强光致发光的激子。一些贵金属，在可见光照射下表现出明显的 LSPR 现象，显示出更宽的光响应范围，这对高效的太阳能转换有着积极的影响。

总之，本章介绍了目前单质量子点材料在光催化领域的研究现状。非金属单质量子点和金属单质量子点在光催化降解水中污染物、光催化 $CO_2$ 还原、光催化制氢以及光催化合成氨方面均有较为广泛的应用。非金属单质量子点相比金属单质量子点来说，其制备方法更为简单，大多使用生物质为原料，合成过程中更为绿色环保且价格低廉。金属单质量子点相比非金属单质具有更优秀的带隙结构，且可以通过调节负载金属的总类和负载量实现对光催化性能和光催化产物的控制，在光催化还原方面的研究更具优势。虽然量子点由于其独特的物理 / 化学性质在光催化领域逐渐占据重要地位，但也存在固有的缺陷，如表面活性高导致的团聚，这对反应体系的催化性能有很大影响。目前，通常使用碳纳米管和 MOF 等保护性衬底材料来防止团聚，但替代材料很少。未来应发展更多比表面积大、分散性好的载体，如气凝胶或二维薄膜叠层结构。另外，光催化这一领域的大部分研究都是在理想的实验室条件下进行的。在实验中，通常使用 300 W 氙灯作为光源。模拟阳光的光催化效率与真实阳光的光催化效率不同，实验中只有一定的目标物质。这个反应条件太理想了。量子点的光催化反应机理有待进一步研究，如电荷转移动力学、催化反应动力学等。目前来说，一些研究只解释了快速电荷转移模式，光催化过程的反应机理特别是涉及 $CO_2$ 还原的复杂反应动力学还需要更深入的研究。对其机理的清楚了解将有助于开发更高效的催化剂。不难发现，单质量子点材料常与其他半导体材料复合，协同完成光催化反应。我们要进一步发展这种复合。特别是对于高活性的量子点表面，我们可以通过一些方法调整量子点表面的配位环境或添加官能团来提高复合体系的效率。综上所述，目前单质量子点光催化剂投入实际生产中仍需要进一步的研究和探索，相信通过科研人员的不断努力，单质量子点材料在光催化领域的应用将会取得突破性进展。

## 参考文献


[1] WANG R, LU K Q, TANG Z R, et al. Recent progress in carbon quantum dots: synthesis, properties and applications in photocatalysis [J]. Journal of Materials Chemistry A, 2017, 5 (8): 3717–3734.

[2] PARK Y H, MURALI G, MODIGUNTA J K R, et al. Recent advances in quantum dots for photocatalytic $CO_2$ reduction: a mini–review [J]. 2021, 9: 734108.

[3] ZHAO F, LI X, ZUO M, et al. Preparation of photocatalysts decorated by carbon quantum dots (CQDs) and their applications: A review [J]. Journal of Environmental Chemical Engineering, 2023, 11 (2): 109487.

[4] HENG Z W, CHONG W C, PANG Y L, et al. An overview of the recent advances of carbon quantum dots/metal oxides in the application of heterogeneous photocatalysis in photodegradation of pollutants towards visible-light and solar energy exploitation[J]. Journal of Environmental Chemical Engineering, 2021, 9(3): 105199.

[5] SUN P, XING Z, LI Z, et al. Recent advances in quantum dots photocatalysts [J]. Chemical Engineering Journal, 2023, 458: 141399.

[6] JOUYANDEH M, MOUSAVI KHADEM S S, HABIBZADEH S, et al. Quantum dots for photocatalysis: synthesis and environmental applications [J]. Green Chemistry, 2021, 23 (14): 4931–4954.

[7] SAHU J, PRUSTY D, MANSINGH S, et al. A review on alloyed quantum dots and their applications as photocatalysts [J]. International Journal of Hydrogen Energy, 2023, 48 (75): 29097–29118.

[8] 李小梅，梁大伟，付亚康，等. 碳量子点修饰的低密度聚乙烯薄膜的制备及光催化性能研究 [J]. 塑料科技，2023，51 (10): 33–37.

[9] 杜凯婷，周梦婷，陈隆，等. 碳量子点复合催化剂的制备及光催化性能研究 [J]. 广东化工，2024, 51 (3): 20–23.

[10] LI H, KANG Z, LIU Y, et al. Carbon nanodots: synthesis, properties and applications [J]. Journal of Materials Chemistry, 2012, 22 (46): 24230–24253.

[11] TANG D, ZHANG H, HUANG H, et al. Carbon quantum dots enhance the photocatalytic performance of $BiVO_4$ with different exposed facets [J]. Dalton Transactions, 2013, 42 (18): 6285–6289.

[12] YANG S T, WANG X, WANG H, et al. Carbon Dots as Nontoxic and High-Performance Fluorescence Imaging Agents [J]. The Journal of Physical Chemistry C, 2009, 113 (42): 18110–18114.

[13] SON D I, KWON B W, PARK D H, et al. Emissive ZnO-graphene quantum dots for white-light-emitting diodes [J]. Nature Nanotechnology, 2012, 7 (7): 465–471.

[14] LI K, SU F Y, ZHANG W D. Modification of $g-C_3N_4$ nanosheets by carbon quantum dots for highly efficient photocatalytic generation of hydrogen [J]. Applied Surface Science, 2016, 375: 110–117.

[15] LI T, FANG F, JIA H, et al. Synthesis and structural properties of ZnO nanowires modified by carbon quantum dots [C] //Proceedings of the 2015 International Conference on Optoelectronics and Microelectronics (ICOM). Changchun: IEEE, 2015: 400–403.

[16] ZHANG Y, ZHAO Y, XU Z, et al. Carbon quantum dots implanted CdS nanosheets: efficient visible-light-driven photocatalytic reduction of Cr (Ⅵ) under saline conditions [J]. Applied Catalysis B: Environmental, 2020, 262: 118306.

[17] KE J, LI X, ZHAO Q, et al. Upconversion carbon quantum dots as visible light responsive component for efficient enhancement of photocatalytic performance [J]. Journal of Colloid and Interface Science, 2017, 496: 425–433.

[18] SINGH P, SHANDILYA P, RAIZADA P, et al. Review on various strategies for enhancing photocatalytic activity of graphene based nanocomposites for water purification [J]. Arabian Journal of Chemistry, 2020, 13 (1): 3498–3520.

[19] WANG X, FENG Y, DONG P, et al. A mini review on carbon quantum dots: preparation, properties, and electrocatalytic Application [J]. Frontiers in Chemistry, 2019, 7: 671.

[20] ZHANG H, MING H, LIAN S, et al. $Fe_2O_3$/carbon quantum dots complex photocatalysts and their enhanced photocatalytic activity under visible light [J]. Dalton Transactions, 2011, 40 (41): 10822–10825.

[21] NAMDARI P, NEGAHDARI B, EATEMADI A. Synthesis, properties and biomedical applications of carbon-based quantum dots: An updated review [J]. Biomedicine & Pharmacotherapy, 2017, 87: 209–222.

[22] ZHANG H, HUANG H, MING H, et al. Carbon quantum dots/$Ag_3PO_4$ complex photocatalysts with enhanced photocatalytic activity and stability under visible light [J]. Journal of Materials Chemistry, 2012, 22 (21): 10501–10506.

[23] WANG L, TANG R, KHERADMAND A, et al. Enhanced solar-driven benzaldehyde oxidation with simultaneous hydrogen production on Pt single-atom catalyst [J]. Applied Catalysis B: Environmental, 2021, 284: 119759.

[24] XIA D, LIU H, XU B, et al. Single Ag atom engineered 3D-$MnO_2$ porous hollow microspheres for rapid photothermocatalytic inactivation of E. coli under solar light [J]. Applied Catalysis B: Environmental, 2019, 245: 177–189.

[25] LIU J. Advanced electron microscopy of metal-support interactions in supported metal catalysts [J]. ChemCatChem, 2011, 3 (6): 934–948.

[26] RO I, RESASCO J, CHRISTOPHER P. Approaches for understanding and controlling interfacial effects in oxide-supported metal catalysts [J]. ACS Catalysis, 2018, 8 (8): 7368–7387.

[27] LI X, WANG H, SHIMIZU Y, et al. Preparation of carbon quantum dots with tunable photoluminescence by rapid laser passivation in ordinary organic solvents [J]. Chemical Communications, 2011, 47 (3): 932–934.

[28] TIAN L, GHOSH D, CHEN W, et al. Nanosized carbon particles from natural gas soot [J]. Chemistry of Materials, 2009, 21 (13): 2803–2809.

[29] PENG H, TRAVAS-SEJDIC J. Simple aqueous solution route to luminescent carbogenic dots from carbohydrates [J]. Chemistry of Materials, 2009, 21 (23): 5563–5565.

[30] ZHOU J, BOOKER C, LI R, et al. An electrochemical avenue to blue luminescent nanocrystals from Multiwalled Carbon Nanotubes (MWCNTs) [J]. Journal of the American Chemical Society, 2007, 129 (4): 744–745.

[31] MA C-B, ZHU Z T, WANG H X, et al. A general solid-state synthesis of chemically-doped fluorescent graphene quantum dots for bioimaging and optoelectronic applications [J]. Nanoscale, 2015, 7 (22): 10162–10169.

[32] BIAN J, HUANG C, WANG L, et al. Carbon dot loading and $TiO_2$ nanorod length dependence of photoelectrochemical properties in carbon dot/$TiO_2$ nanorod array nanocomposites [J]. ACS Applied Materials & Interfaces, 2014, 6 (7): 4883–4890.

[33] QU D, ZHENG M, DU P, et al. Highly luminescent S,N co-doped graphene quantum dots with broad visible absorption bands for visible light photocatalysts [J]. Nanoscale, 2013, 5 (24): 12272–12277.

[34] CHEN B, LI F, LI S, et al. Large scale synthesis of photoluminescent carbon nanodots and their application for bioimaging [J]. Nanoscale, 2013, 5 (5): 1967–1971.

[35] TANG L, JI R, CAO X, et al. Deep ultraviolet photoluminescence of water-soluble self-passivated graphene quantum dots [J]. ACS Nano, 2012, 6 (6): 5102–5110.

［36］ZHU H, WANG X, LI Y, et al. Microwave synthesis of fluorescent carbon nanoparticles with electrochemiluminescence properties［J］. Chemical Communications, 2009,(34): 5118–5120.

［37］CUI L, REN X, WANG J, et al. Synthesis of homogeneous carbon quantum dots by ultrafast dual–beam pulsed laser ablation for bioimaging［J］. Materials Today Nano, 2020, 12: 100091.

［38］HU S L, NIU K Y, SUN J, et al. One–step synthesis of fluorescent carbon nanoparticles by laser irradiation［J］. Journal of Materials Chemistry, 2009, 19（4）: 484–488.

［39］DOñATE–BUENDIA C, TORRES–MENDIETA R, PYATENKO A, et al. Fabrication by Laser Irradiation in a Continuous Flow Jet of Carbon Quantum Dots for Fluorescence Imaging［J］. ACS Omega, 2018, 3(3): 2735–2742.

［40］TAN C, ZUO S, ZHAO Y, et al. Preparation of multicolored carbon quantum dots using $HNO_3/HClO_4$ oxidation of graphitized carbon［J］. Journal of Materials Research, 2019, 34（20）: 3428–3438.

［41］SHI H, WANG C, ZHAO Y, et al. Highly efficient visible light driven photocatalytic inactivation of E. coli with Ag QDs decorated Z–scheme $Bi_2S_3/SnIn_4S_8$ composite［J］. Applied Catalysis B: Environmental, 2019, 254: 403–413.

［42］WANG C, YANG M, SHI H, et al. Carbon quantum dots prepared by pyrolysis: Investigation of the luminescence mechanism and application as fluorescent probes［J］. Dyes and Pigments, 2022, 204: 110431.

［43］ZHU W, MI J, FU Y, et al. Multiple–cores@shell clustered carbon dots/P25/rGO nanocomposite as robust visible–light photocatalyst for organic pollutant degradation and water disinfection［J］. Applied Surface Science, 2021, 538: 148087.

［44］YANG P, ZHU Z, CHEN M, et al. Microwave–assisted synthesis of xylan–derived carbon quantum dots for tetracycline sensing［J］. Optical Materials, 2018, 85: 329–336.

［45］YU T, WANG H, GUO C, et al. A rapid microwave synthesis of green–emissive carbon dots with solid–state fluorescence and pH–sensitive properties［J］. Royal Society Open Science, 2018, 5（7）: 180245.

［46］BAŞOĞLU A, OCAK Ü, GüMRüKçüOĞLU A. Synthesis of microwave–assisted fluorescence carbon quantum dots using roasted–chickpeas and its applications for sensitive and selective detection of $Fe^{3+}$ Ions［J］. Journal of Fluorescence, 2020, 30（3）: 515–526.

［47］YANG G, MIAO W, YUAN Z, et al. Bi quantum dots obtained via in situ photodeposition method as a new photocatalytic $CO_2$ reduction cocatalyst instead of noble metals: borrowing redox conversion between $Bi_2O_3$ and Bi［J］. Applied Catalysis B: Environmental, 2018, 237: 302–308.

［48］宗一超，张富青，郭丽瑞，等. 氧化锌量子点敏化氧化铈的制备及可见光催化降解罗丹明 B［J］. 精细化工，2024（11）: 1–13.

［49］WANG K, LIANG L, ZHENG Y, et al. Visible light–driven photocatalytic degradation of organic pollutants via carbon quantum dots/$TiO_2$［J］. New Journal of Chemistry, 2021, 45（35）: 16168–16178.

［50］JI M, ZHANG Z, XIA J, et al. Enhanced photocatalytic performance of carbon quantum dots/BiOBr composite and mechanism investigation［J］. Chinese Chemical Letters, 2018, 29（6）: 805–810.

［51］QU Y, XU X, HUANG R, et al. Enhanced photocatalytic degradation of antibiotics in water over functionalized N,S–doped carbon quantum dots embedded ZnO nanoflowers under sunlight irradiation［J］. Chemical Engineering Journal, 2020, 382: 123016.

［52］LIU D, CHEN L, CHEN W, et al. Enhanced visible–light photocatalytic activity of perylene diimide (PDI) supramolecular nanorods with Pt QDs deposited in situ [ J ]. Dalton Transactions, 2021, 50 ( 11 ) : 4008–4016.

[ 53 ] LI M, WANG M, ZHU L, et al. Facile microwave assisted synthesis of N–rich carbon quantum dots/dual-phase $TiO_2$ heterostructured nanocomposites with high activity in $CO_2$ photoreduction [ J ]. Applied Catalysis B: Environmental, 2018, 231: 269–276.

[ 54 ] LIU Z, HOU W, GUO H, et al. Functional group modulation in carbon quantum dots for accelerating photocatalytic $CO_2$ reduction [ J ]. ACS Applied Materials & Interfaces, 2023, 15 ( 28 ) : 33868–33877.

[ 55 ] LI S, JI K, ZHANG M, et al. Boosting the photocatalytic $CO_2$ reduction of metal–organic frameworks by encapsulating carbon dots [ J ]. Nanoscale, 2020, 12 ( 17 ) : 9533–9340.

[ 56 ] SUI Y, WU L, ZHONG S, et al. Carbon quantum dots/$TiO_2$ nanosheets with dominant ( 001 ) facets for enhanced photocatalytic hydrogen evolution [ J ]. Applied Surface Science, 2019, 480: 810–816.

[ 57 ] LI G, SUN Y, ZHANG Q, et al. Ag quantum dots modified hierarchically porous and defective $TiO_2$ nanoparticles for improved photocatalytic $CO_2$ reduction [ J ]. Chemical Engineering Journal, 2021, 410: 128397.

[ 58 ] GUO J, CHEN P. Catalyst: $NH_3$ as an energy carrier [ J ]. Chem, 2017, 3 ( 5 ) : 709–712.

[ 59 ] WANG L, XIA M, WANG H, et al. Greening ammonia toward the solar ammonia refinery [ J ]. Joule, 2018, 2 ( 6 ) : 1055–1074.

[ 60 ] RITTER S K. Iron's star rising [ J ]. Chemical & Engineering News Archive, 2008, 86 ( 30 ) : 53–57.

[ 61 ] DING Z, WANG S, CHANG X, et al. Nano–MOF@defected film $C_3N_4$ Z–scheme composite for visible–light photocatalytic nitrogen fixation [ J ]. RSC Advances, 2020, 10 ( 44 ) : 26246–26255.

[ 62 ] JACKSON R B, CANADELL J G, LE QUéRé C, et al. Reaching peak emissions [ J ]. Nature Climate Change, 2016, 6 ( 1 ) : 7–10.

[ 63 ] MICHALSKY R, PARMAN B J, AMANOR–BOADU V, et al. Solar thermochemical production of ammonia from water, air and sunlight: Thermodynamic and economic analyses [ J ]. Energy, 2012, 42 ( 1 ) : 251–260.

[ 64 ] WANG S, GUO D, ZONG M, et al. Unravelling the strong metal–support interaction between Ru quantum dots and g–$C_3N_4$ for visible–light photocatalytic nitrogen fixation [ J ]. Applied Catalysis A: General, 2021, 617: 118112.

# 第三章　金属氧化物量子点材料的制备及应用

## 第一节　引言

环境污染和资源枯竭是人类面临的两大挑战。在过去的几十年里，光催化技术在环境保护和能源转换领域中受到科学家的广泛关注。因此，多种类型的光催化剂在实验室阶段已快速发展，甚至在部分有机光合成流程中已实现商业化。然而，单相光催化剂存在一些缺点，如在溶液中容易聚集、稳定性差、材料本征带隙宽、光致电子传输慢、光生载流子复合率高、仅吸收紫外光等，导致材料的光能利用效率低、光催化能力低[1-6]。这些情况迫使研究人员致力于探索及改性新型光催化剂。

半导体光催化剂具有适当的带隙宽度，可用于吸收紫外线和可见光，在受到光激发后催化剂的基态电子至激发态，在原位留下一个空穴，产生可参与氧化还原反应的电子－空穴对以及活性自由基[7-11]。目前，半导体光催化剂已应用于各个领域，如污水的光催化降解、光催化析氢、$CO_2$ 还原等，将可再生太阳能能量转化为化学能，是一种理想绿色的催化剂[12-17]。但单相半导体光催化剂都存在一个共通的问题，过大的带隙宽度使其光响应范围较小，只能吸收紫外光。但太阳光中紫外光只占 4% 左右，因此这种催化剂对太阳能利用率极低，而过小的带隙结构虽然能吸收可见光，但其较高的价带顶位置与较低的导带底位置使光生载流子的氧化还原能力大大降低。同时，单相半导体催化剂系统中，导带（CB）中的光激发电子倾向于返回价带（VB），发生光生电子和空穴之间的复合，这对光催化反应是不利的。如何解决上述问题是提高光催化剂性能的重要因素。金属氧化物量子点大多属于半导体。将半导体基底与金属氧化物量子点复合形成异质结结构时，复合材料的能带结构会因二者的能带结构而改变，使光催化剂在满足反应所需电位的基础上减小带隙宽度，增强材料的光响应吸收范围。当具有合适能带结构的半导体基底与金属氧化物量子点半导体紧密接触时，两种半导体之间界面的有效电荷转移可实现光生电子-空穴对的空间分离，从反应动力学的角度上提高材料的光催化性能。根据基底和金属氧化物不同的能带结构与电子转移机理，可将二者组成的异质结分为四种，分别是 S-方案异质结、Z-方案异质结、Ⅱ型异质结与 p-n 型异质结[18]。以下是对于四种异质结结构的详细描述。

首先是Ⅱ型异质结，如图 3.1 所示，半导体 A 的价带底与导带底位置均低于半导体 B 的价带底与导带底位置[19-20]。复合材料受到光激发后，半导体 B 较高导带位置上的光生电子将迁移至位置较低的半导体 A 导带位置，同时空穴也朝着位置较高的半导体 B 价带位置迁移，即从半导体 A 转移至半导体 B。这种电荷转移方式在一定程度上避免了电子-空穴对的聚集与复合，提高了光生载流子的平均寿命。因此Ⅱ型异质结有利于协同增强催化剂的光生电子迁移效率，同时引入异质结结构能有效修饰半导体基底的能带结构，从而提高光催化氧化还原性能。

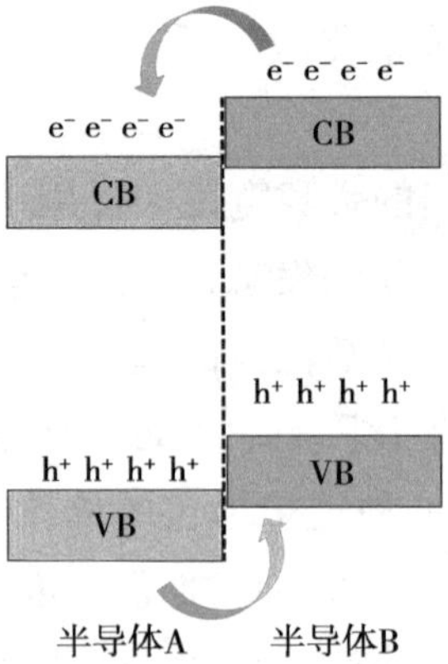


**图 3.1　Ⅱ型异质结结构示意图**[20]

第二种常见的异质结结构是 p-n 型异质结[21-22]。其中，n 型半导体是一种自由电子浓度远大于空穴浓度的杂质半导体，其费米能级靠近导带位置。而 p 型半导体是以带正电的空穴导电为主的半导体，其费米能级位置靠近价带位置。如图 3.2 所示，在构建异质结之前，由于二者半导体具有不同的功函数，因此费米能级位置也不同。在构建异质结之后，费米能级高的 n 型半导体内部分电子转移至费米能级位置低的 p 型半导体中，产生内置电场。这种内置电场的存在，可以加速光生载流子的转移效率。p–n 型异质结与Ⅱ型异质结的电子转移方向一致，但由于内置电场的存在，p–n 型异质结具有更高的电子–空穴对转移效率和更低的电子–空穴对复合效率，从而具有更好的光催化性能。

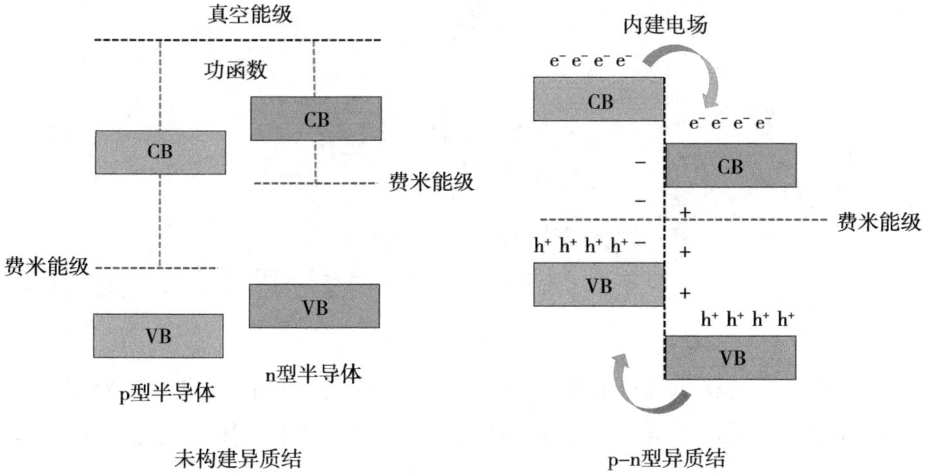


**图 3.2 p–n 型异质结结构示意图**[22]

无论是Ⅱ型异质结还是 p–n 型异质结，电子转移机理都是光生电子流向更正的导带位置，同时空穴向更负的价带位置迁移。这种转移机理虽然能显著增强电子–空穴对分离效率，但光生载流子所在的低导带底与高价带顶位置降低了转移后的电子–空穴对的氧化还原能力。Z–方案异质结与 S–方案异质结在增强电子空穴对分离效率的基础上，同时避免了氧化还原能力降低的问题[23–30]。其中，Z–方案异质结的结构如图 3.3 所示。在光辐照后，半导体产生电子–空穴对，此时半导体 A 的光生电子直接与半导体 B 空穴直接通过电子通道发生复合，并且半导体 A 价带位置更正的空穴与半导体 B 位置更负的电子均保持不动。这种电子转移机理使异质结在受到光激发与电子转移过程后依然具有更负的电子以及更正的空穴，保留了原始的强氧化还原能力，可以进行一些难以发生的反应，例如光催化固氮与光催化还原 $CO_2$ 得到碳碳偶联的产物。这种 Z–方案异质结同样有效分离了电子–空穴对，降低了光生载流子的复合效率，增强了光催化性能。但值得注意的是，这种电荷转移机理发生了部分的电子–空穴对复合过程，有效光生电子与空穴的数量相对于 p–n 型异质结结构以及Ⅱ型异质结结构明显降低。

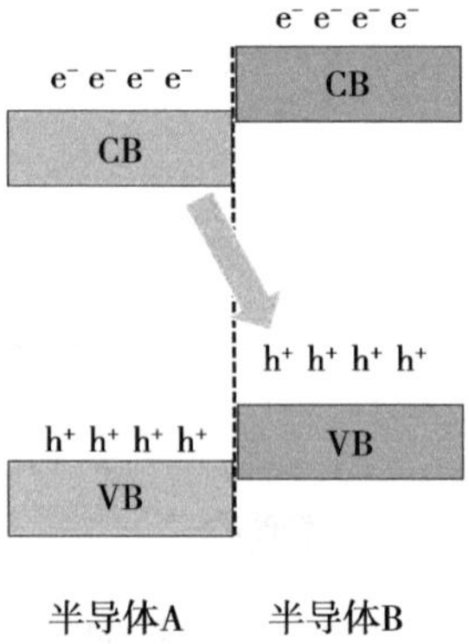


**图 3.3　Z–方案异质结结构示意图**[30]

类似的电子转移机理还有余家国 2018 年提出的一种新型 S–方案异质结[31]，其结构如图 3.4 所示。通常，在具有较正 VB 位置的半导体 A 光催化剂和具有较负 CB 位置的半导体 B 之间构建 S–方案异质结，半导体 A 和半导体 B 分别是氧化和还原光催化剂。无论是 n 型半导体，还是 p 型半导体，都可以组成 S–方案异质结，即 n–n、n–p、p–n 和 p–p 这四种组合。S–方案异质结的电子转移机理如图 3.4 所示[32-33]。在半导体 A 和半导体 B 接触之前，由于材料内在性质和功函数值的差异，半导体 B 的功函数和 CB 高于半导体 A。当这两者构建异质结时，电子将从具有高功函数的半导体 B 流到具有低功函数的半导体 A。结果，半导体 B 和半导体 A 分别带有正电势和负电势。功函数一致后，在半导体 A 中以向下的带弯曲形成电子积聚层，并且在界面处在半导体 B 中以向上的带弯曲建立电子耗尽层，构建了从半导体 B 定向到半导体 A 的内置电场。在光能照射后，半导体 A 的 CB 处的电子将与半导体 B 的 VB 处的空穴结合。相反，由于内置电场、库仑排斥和能带弯曲，电子从半导体 B 的 CB 转移到半导体 A 的 CB，以及空穴从半导体 A 的 VB 转移到半导体 B 的 VB（Ⅱ型异质结中的电荷转移路径）被禁止。同时，在半导体 B 的 CB 处具有强氧化还原能力的电子和在半导体 A 的 VB 处具有强大氧化能力的空穴被保留。因此，在 S–方案异质结中，光激发电子在半导体 B 处保持其高还原能力，而光激发空穴在半导体 A

处保持其强氧化能力。这些光生载流子迁移到半导体表面，有效地进行氧化还原反应。

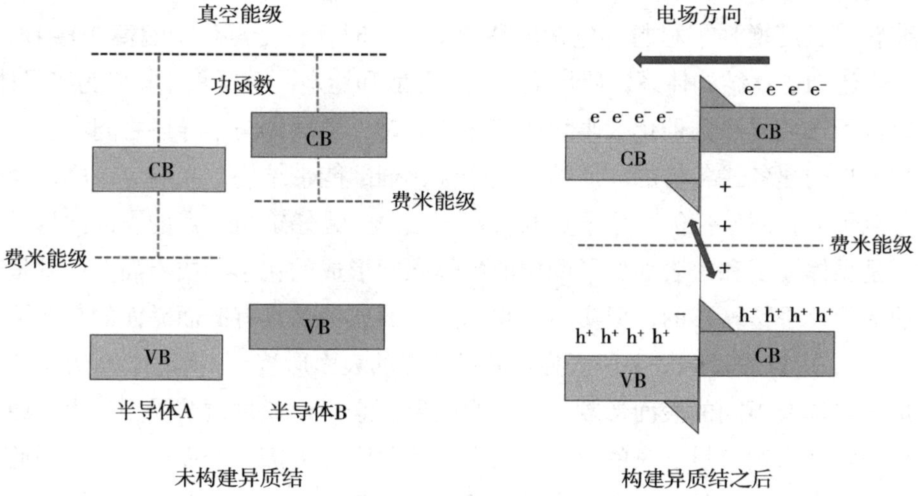


**图 3.4　S–方案异质结结构**[31]

量子点修饰的半导体微米或纳米颗粒是一类新的功能性纳米材料，其由于量子约束效应、丰富的表面结合特性、可见光区域的宽而强的吸收光谱、独特的结构、光学和电子特性，以及大的表面体积比等特征，引起了人们的极大兴趣。此外，由于量子点具有优异的光捕获能力、独特的光诱导电子转移行为，用量子点修饰的半导体纳米颗粒已广泛用于光催化，用于降解气相和水相中的有机污染物。金属氧化物量子点本质上还是金属氧化物，与半导体基底复合后，可组成不同类型的异质结结构。金属氧化物量子点凭借独特的物理化学性质，在光催化能源转换和环境治理中应用广泛。因此，选取合适的金属氧化物半导体与半导体基底，可以构建所需的异质结结构。金属氧化物量子点，例如 $SnO_2$、$Fe_3O_4$、CuO、$WO_3$ 等，均有广泛报道。

## 第二节　金属氧化物量子点材料的制备和表征

量子点表面存在具有悬挂键的不饱和配位原子，是理想的电子阱和反应活性位点，有优异的化学活性，但同时高表面能使量子点具有不稳定性，在制备与催化反应过程中易发生团聚现象[34-40]。此外，量子点的高比表面积使其在一系列物理和化学过程中常作为主要活性组分。其中，量子点和其他维度材料复合是常见的改性手段，以量子点/2D 异质结为例，量子点的高表面积和短的有效电荷转移长度增强了材料的电荷转移效率。同时，量子点位于超薄 2D 纳米片上，构建 0D/2D 结构体系，使量子点更加分散和稳定。金属氧化物多为半导体，在以量子点形式修饰催化剂半导体基底的同时，半导体与半导体之间在复合的过程中将构建各式各样的异质结，改变催化剂的能带结构、光响应范围以及光生载流子氧化还原性能。量子点的改性方法之一是修饰量子点的表面。量子点表面是晶体原子和由表面原子配位的配体之间形成的化学异质界面。尽管量子点的形状几乎是球形的，但实际上它们的表面通常是具有截面晶面的自然平坦区域[41]。可以通过合成手段人为控制量子点的表面形貌，不同的合成方法合成的量子点具有不同的表面形貌。从微观的层面来说，通过调节晶型、表面原子结合与配体来调节量子点的形貌，其中配体黏附在大部分表面原子上，因此对量子点的表观性质具有决定性影响，例如改变激发态寿命或改变催化活性表面区域。为了获得具有高结晶性的量子点改性异质结构，高温热处理是必不可少的。然而，高温处理容易导致量子点的聚集，同时高表面能也容易导致量子点发生团聚，降低材料的光催化性能。因此，在开发新型金属氧化物量子点修饰基底材料的同时，探索更多样化的合成策略来克服上述不足是一项长期而艰巨的任务。以下是对目前主流金属氧化物量子点以及修饰半导体基底方法的总结。

## 一、直接研磨法

直接研磨法是指通过行星球磨机将相应金属氧化物原料进行物理研磨，得到小尺寸的纳米量子点。这种方法得到的量子点颗粒分布均匀，且对原料的要求较低，只需要原料具有一定的稳定性即可，适用于大多数的金属氧化物量子点制备。例如 2018 年，Zhao 等人[42]制备了一种 $WO_3$ 金属氧化物量子点，负载在 Mg 掺杂的 ZnO 基底上。$WO_3$ 是一种颇有应用前的景纳米材料，具有无毒、成本低、稳定性高和可响应可见光等优点。与常规半导体光催化剂不同，$WO_3$ 不仅可以吸收可见光，还可以在光照时储存光生电子并在没有光源的情况下释放这些电子，具有光记忆能力，使光催化复合材料在光源移除后仍能保持催化活性。由于 $WO_3$ QDs 比 $WO_3$ 纳米颗粒具有更好的性能，在半导体基底上负载 $WO_3$ QDs 将更有利于提高催化材料的光催化活性，并赋予其光学记忆性能。

$WO_3$ 作为一种窄带隙半导体（2.4～2.8eV），与宽带隙 ZnO（3.37eV）半导体基底构成异质结后，可有效拓宽催化剂整体的光响应范围。

$WO_3$ QDs 的制备过程如下。首先，在氮气气氛保护下，使用行星球磨机以 500 r・$min^{-1}$ 的转速机械充分研磨 $WO_3$ 粉末 20 h，钢球与 $WO_3$ 粉末的重量比为 50∶1。其次，将研磨所得的 $WO_3$ 粉末和去离子水超声处理，获得分散良好的悬浮液。随后，将混合溶液搅拌并超声处理 20 h。最后，离心获得 $WO_3$ QDs（直径为 2～4 nm）分散液。分散液的 TEM 图如图 3.5 所示，其中分散液的浓度约为 0.08g・$L^{-1}$。随后使用制备完成的 Mg 掺杂的 ZnO（Mg-ZnO，记为 GOMZ）超声分散在无水乙醇中，滴加入 $WO_3$ QDs 分散液，将混合液进行长时间的超声搅拌，使 $WO_3$ QDs 与 Mg-ZnO 混合均匀。将混合液干燥后，得到 GOMZ 负载的 $WO_3$ QDs 光催化剂（记为 WQGOMZ$x$，$x$ 为 GOMZ 负载量，单位为克）。

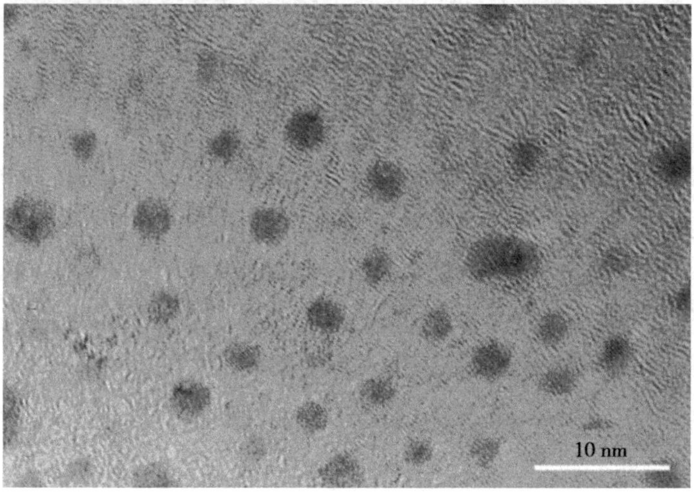


**图 3.5　$WO_3$ QDs 分散液的 TEM 图**[42]

Zhao 等人[42]通过 XRD、SEM、TEM、XPS 等表征手段探究了催化剂的结构、组成与物理性质。图 3.6 为催化剂的 XRD 图，由于 $WO_3$ QDs 的负载量极小，XRD 中无法分析出 $WO_3$ QDs 的存在，这种现象在量子点材料表征分析中是常见的。因此，HRTEM 是分析量子点结构的主要手段。通过 HRTEM 探测量子点的晶格条纹，可得知量子点的物相构成。但该方法仅提供定性分析，无法对量子点进行定量分析。若要准确分析材料中 $WO_3$ QDs 的具体含量，可使用电感耦合等离子体原子发射光谱对 W 进行定量分析。

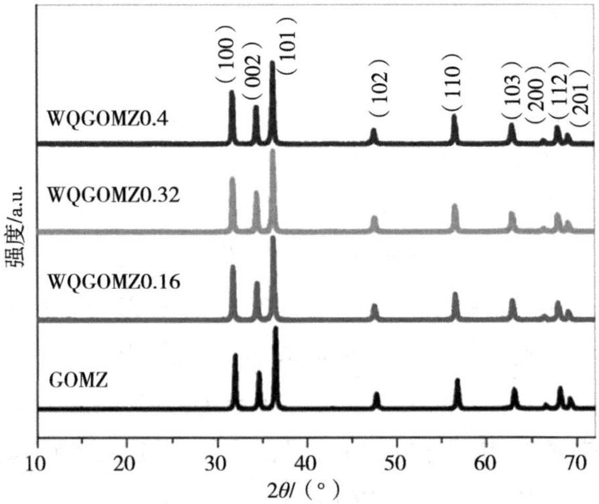


**图 3.6 不同 Mg-ZnO 负载 $WO_3$ QDs 光催化剂的 XRD 图**[42]

## 二、回流法

回流法是一种常见的金属氧化物量子点的制备方法。这种油浴回流制备量子点法可用于制备多种阳离子缺陷型金属氧化物量子点。Shi 等人采用一种简单、低成本、大规模的回流法成功制备了 $Cu_xO$ 与 $Fe_xO$ 两种阳离子缺陷型金属氧化物量子点，并负载在 $TiO_2$ 基底上[43]。总的来说，CuO 和 $Fe_2O_3$ 量子点是在加热条件下由金属盐和碱的化学反应形成的，之后一些量子点被 D（+）葡萄糖还原为 $Cu_2O$ 和 FeO。该反应的化学反应方程式为：

$$FeCl_3+3NaOH = Fe(OH)_3+3NaCl$$

$$2Fe(OH)_3 = Fe_2O_3+3H_2O$$

$$2Fe_2O_3+C_6H_{12}O_6 = 4FeO+CH_2OH(CHOH)_4COOH$$

$$CuCl_2+2NaOH = Cu(OH)_2+2NaCl$$

$$Cu(OH)_2 = CuO+H_2O$$

$$4CuO+C_6H_{12}O_6 = 2Cu_2O+CH_2OH(CHOH)_4COOH$$

具体的 $Cu_xO$ QDs 制备方法如下。将 $CuCl_2$ 溶液于 90℃油浴回流 1 h 并不断搅拌。由于葡萄糖具有还原性，可将 $Cu^{2+}$ 还原为 $Cu^+$，随后，将 NaOH 与

D（+）葡萄糖的溶液依次加入上述悬浮液中，使部分 $Cu^{2+}$ 还原为 $Cu^{+}$，并通过控制葡萄糖的配比来控制最终产物中的 $Cu^{+}/Cu^{2+}$ 比例。对产物进行离心，用去离子水与乙醇洗涤产物。最后，将所得固体粉末在 110℃的烘箱中干燥 12 h。在制备 $Cu_xO$ QDs 的同时，可将半导体基底分散在 $CuCl_2$ 溶液中共同油浴回流，以获得相应的基底负载 $Cu_xO$ QDs 催化剂。在制备过程中，将 $CuCl_2$ 溶液替换成 $FeCl_3$ 溶液，则获得 $Fe_xO$ QDs。

$TiO_2$、$Cu_xO$ QDs/$TiO_2$ 与 $Fe_xO$ QDs/$TiO_2$ 的 TEM 图如图 3.7 所示。从图中可以看出，所有 $TiO_2$ 块体都呈现出光滑表面，块体尺寸分布范围为 0.1 ~ 1 μm。从图 3.7a 和图 3.7b 中未观察到表面光滑度存在显著差异，排除了热处理可能带来的影响。从图 3.7c 和图 3.7d 可以观察到 $TiO_2$ 的光滑表面上，出现了许多直径为 5 ~ 8 nm 的小黑点且呈高度分散的状态，这证实了 $Cu_xO$ QDs 已经成功地分散在 $TiO_2$ 块上。从图 3.7e 和图 3.7f 中的 $Fe_xO$ QDs/$TiO_2$ TEM 图也可以发现类似的现象，尺寸为 4 ~ 7 nm 的 $Fe_xO$ QDs 均匀地分散在 $TiO_2$ 块的光滑表面上。因此，从 TEM 图中可以证明 $Cu_xO$ QDs 与 $Fe_xO$ QDs 成功制备，并且均匀地分布在 $TiO_2$ 块体表面，这种形貌有利于增大催化剂的比表面积，从而增强催化剂的有效吸附位点与活性位点。

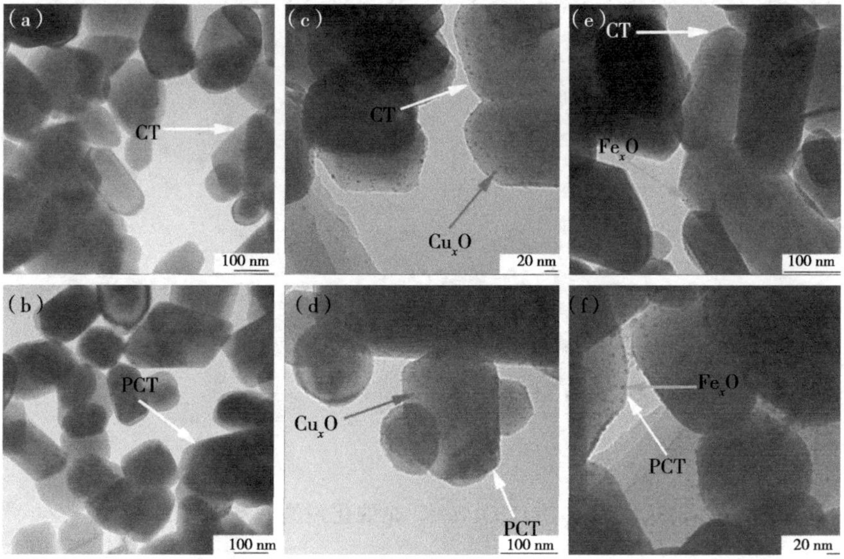


图 3.7　$TiO_2$ 热处理前后（a-b），$Cu_xO$ QDs/$TiO_2$ 热处理前后（c-d），以及 $Fe_xO$ QDs/$TiO_2$ 热处理前后（e-f）的 TEM 图（CT 指未经热处理的 $TiO_2$，PCT 指热处理后的 $TiO_2$）[43]

## 三、牺牲模板法

为了获得具有高结晶性的量子点改性异质结构，高温热处理是必不可少的。然而，高温处理将造成量子点的聚集。因此，迫切需要一种可能的技术来抑制高温下量子点的聚集。通过碳材料的空间限制效应，可实现在高温下稳定微小尺寸金属纳米颗粒的制备。可以通过在原料中混合入含碳材料作为涂层来实现高结晶量子点，以防止团聚。

例如 Hong 等人通过高温下的牺牲涂层策略合成了高度结晶的 NiO QDs 改性 $TiO_2$[44]。原位引入的由尿素衍生的石墨氮掺杂碳为实现高结晶度的 Ni 量子点提供了空间限制效应。具体步骤如下。首先，采用程序升温法合成了 NiO QDs/$TiO_2$ 异质结。将 $TiO_2$、尿素和不同重量百分比的 $Ni(NO_3)_2 \cdot 6H_2O$ 混合。研磨 30 min 后，将均匀的化合物在 773K 的静态 $N_2$ 气氛下以 5 $K \cdot min^{-1}$ 的加热速率加热 2 h，然后以与上述相同的加热速率在 1073 K 下退火 2 h，以制备氮掺杂碳涂层以及去除牺牲碳涂层，合成流程图如图 3.8 所示。牺牲模板法在高温下处理金属氧化物量子点时，碳材料的空间限制效应可抑制量子点团聚，同时赋予其良好的结晶度。具有高结晶度的光催化剂具有较少的光生载流子复合中心，这可以抑制光生载流子复合。

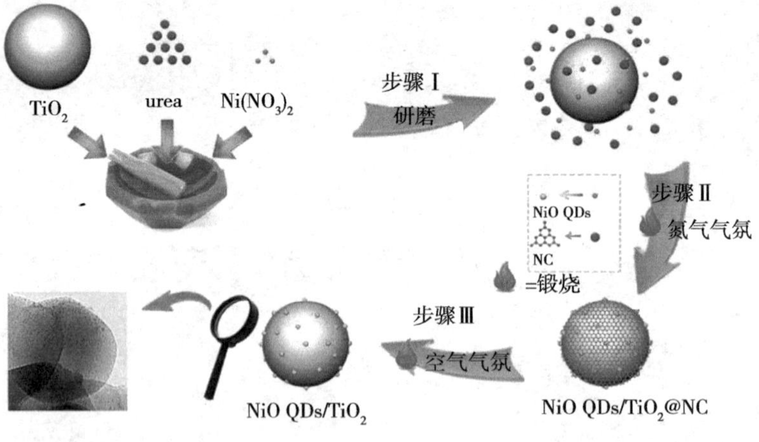


图 3.8　NiO QDs/$TiO_2$@NC 光催化剂的制备流程图[44]

TEM 图可以直观展示 NiO QDs 的形貌。从图 3.9 中看出 NiO QDs/$TiO_2$@NC 样品主要由直径为 50～200 nm 的纳米颗粒组成。根据 HRTEM 图（图 3.9d），材料的晶格条纹间距为 0.35 nm，为锐钛矿的（101）晶面。并且从图中可看出，大块 $TiO_2$ 颗粒被许多直径约为 2 nm 的量子点覆盖，并有间距为 0.24 nm 的晶格条纹，对应于 NiO（200）晶面，证实了 NiO QDs 的高结晶度。如图 3.9g–i 所示，根据 Ti、O 和 Ni 的元素分布，可以看出 Ni 均匀地分布在块体 $TiO_2$ 表面。TEM 图证明了 NiO QDs 的成功制备，其粒径约为 2 nm，无团聚现象，成功地负载在 $TiO_2$ 基底上。

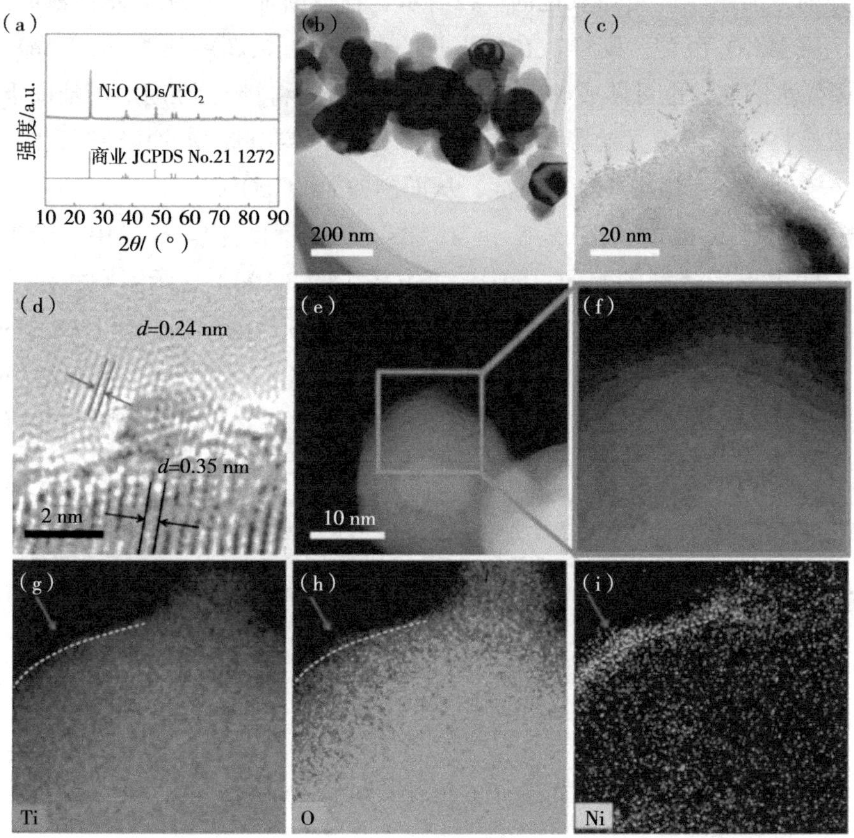


图 3.9 NiO QDs/$TiO_2$@NC 催化剂的 XRD 图（a）、TEM 图（b）、HRTEM 图（c–d）、高角环形暗场透射图（e–f）与元素分布 EDS 图（g–i）[44]

## 四、超声辅助法

超声辅助法也被广泛应用于制备金属氧化物量子点。Huang 等人通过超声法，将 $Mn_3O_4$ QDs 锚定在氮掺杂部分剥离的多壁碳纳米管上（$Mn_3O_4$ QDs/N–p–MCNTs）[45]。

为了制备 $Mn_3O_4$ QDs/MCNTs 或 $Mn_3O_4$ QDs/N-p-MCNTs，将 MCNTs 或 p-MCNTs 分散的水溶液（1mg · $mL^{-1}$）放入玻璃瓶中。将 $NH_3$ 的水溶液（2 mL，25 wt %）添加到 p-MCNT 溶液中。随后，将 30 mL $KMnO_4$ 水溶液（1 mg · $mL^{-1}$）与 p-MCNTs 溶液混合。然后将肼水合物（1.0 mL，99%）缓慢添加到反应混合物中，并将反应混合物在 85℃下超声处理 3 h。冷却至室温后，使用蒸馏水作为洗涤试剂通过真空过滤获得沉淀，然后进行冷冻干燥。肼水合物与 $KMnO_4$ 水溶液分别是强还原剂与强氧化剂，在肼水合物逐渐加入 $KMnO_4$ 水溶液的同时，将会生成 $Mn_3O_4$ 沉淀。同样，在叔丁胺的存在下直接超声处理 $Mn(OAc)_2$ 和氧化石墨烯水溶液，也可形成 $Mn_3O_4$ QDs/RGO 复合材料[46]。在超声的辅助下，沉淀的成核将会受到极大的影响，并且超声的功率与沉淀物的粒径有直接关系。在超声辅助下将产生小粒径的沉淀，从而制备 $Mn_3O_4$ QDs。

图 3.10 显示了 $Mn_3O_4$ QDs/N-p-MCNTs 的形态和结构。样品中 MCNT 上分布均匀的黑点为分散的 $Mn_3O_4$ QDs。直方图（图 3.10d）显示了颗粒尺寸的分布。催化剂的平均粒径为 1.93 ± 0.54 nm。超过 49% 的催化剂具有 1.7 nm 的颗粒尺寸。TEM 图（图 3.10a 和图 3.10b）显示了 0.200 nm、0.204 nm、0.237 nm 和 0.246 nm 的条纹间距，对应于尖晶石 $Mn_3O_4$ 的（213）、（220）、（004）和（202）

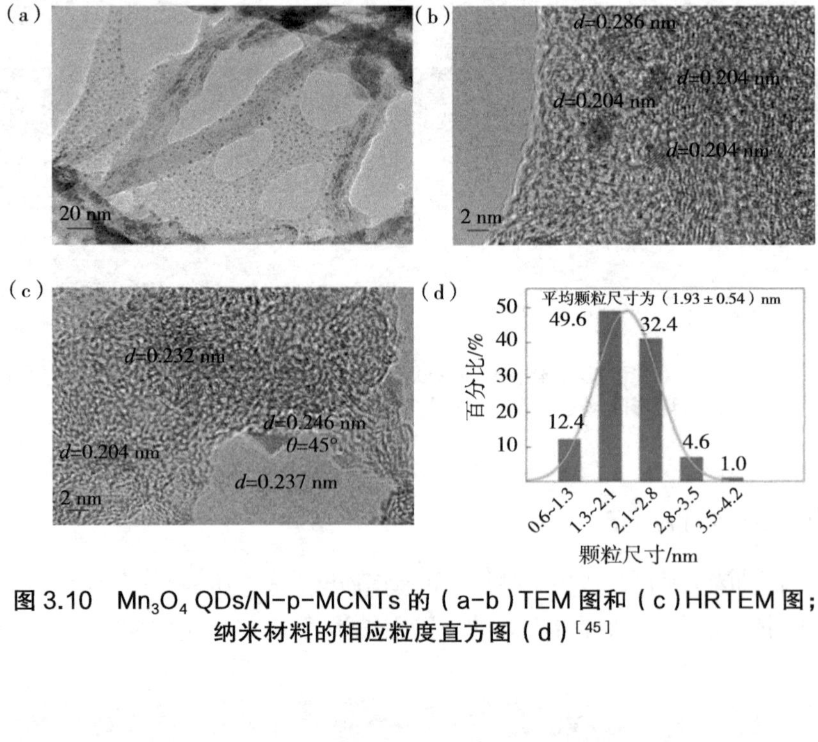


**图 3.10　$Mn_3O_4$ QDs/N-p-MCNTs 的（a-b）TEM 图和（c）HRTEM 图；纳米材料的相应粒度直方图（d）[45]**

晶面。此外，(202)和(004)晶面之间的角度为45°(图3.10c)，这与理论值一致。这些结果表明成功合成了均匀锚定在部分剥离的CNT骨架上的$Mn_3O_4$ QDs。

## 五、水热法

研究人员广泛使用水热法合成金属氧化物量子点。例如，Sun等人通过水热法合成了BiO QDs负载在还原氧化石墨烯(reduced graphene oxide，RGO)上，其可作为一种光催化析氢与二氧化碳还原催化剂[47]。合成BiO QDs/RGO的具体方法如下。首先，将油酸根离子加入反应溶液中与$Bi^{3+}$络合，形成油酸铋络合物，由于油酸的疏水作用，油酸铋络合物可以进一步聚集成更大的油酸铋颗粒。然后，溶液中过量的油酸根离子与油酸双酯络合物相互作用，形成亲水性胶束，头部极性基团分散在水溶液中。在该前驱体体系中加入水溶性氧化石墨烯(graphene oxide，GO)后，油酸铋络合物胶束优先吸附在GO纳米片的亲水表面。在随后的水热过程中，这些吸附的油酸铋络合物胶束与羟基自由基反应，在RGO表面原位形成BiO QDs，合成路线图如图3.11所示。

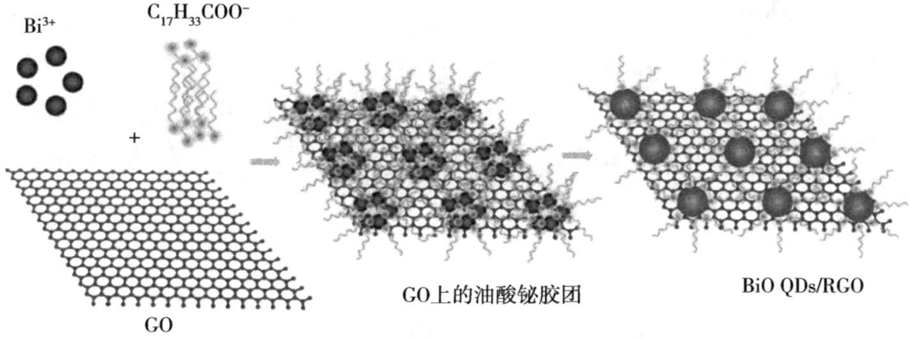


**图3.11 BiO QDs/RGO的合成路线**[47]

Sun等人[47]通过XRD、TEM与XPS表征手段证明了BiO QDs的成功制备与复合，如图3.12所示。低倍率TEM图显示BiO QDs均匀地分布在RGO片的表面上。HRTEM图显示了材料的0.316 nm和0.325 nm晶格条纹，对应BiO的(101)与(003)晶面，证明了BiO QDs具有高结晶度。BiO QDs/RGO样品的XRD图可证明材料中存在BiO的六方相，基于Scherrer公式，计算出BiO平均晶粒尺寸为2.7 nm，为量子点材料。此外，在18.3°附近的峰是RGO的(002)

衍射峰。图 3.12d 为纯 BiO QDs 和 BiO QD/RGO 样品的 Bi 4f 峰 XPS 图。与纯 BiO QDs 相比，BiO QDs/RGO 中 Bi 4f 特征峰位于更高的电子结合能处，表明 RGO 和 BiO QDs 之间通过 Bi–O 键存在化学相互作用，证明了 BiO QDs/RGO 的成功复合。

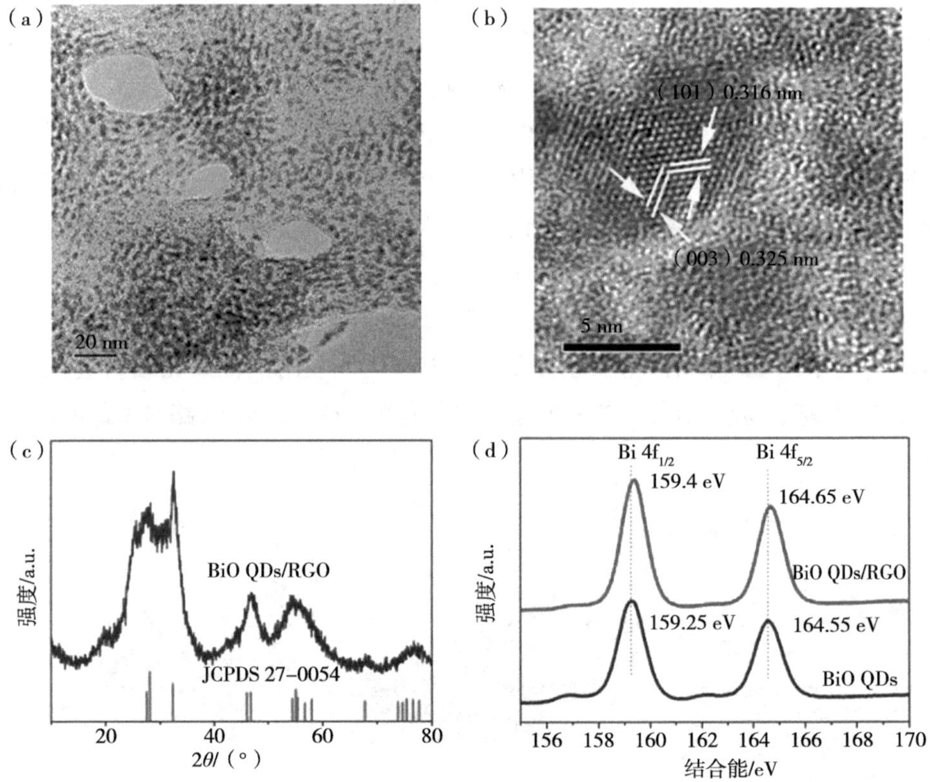


**图 3.12　BiO QDs/RGO 光催化剂的 TEM 图（a）、HRTEM 图（b）、XRD 图（c）与 Bi 4f 峰 XPS 精细图（d）**[47]

相似的方法也可应用于制备 $Bi_4MoO_9$ QDs/$Bi_2MoO_6$ NSs 的 0D/2D 异质结上[48]。具体的制备过程如下。将 $(NH_4)_6Mo_7O_{24}\cdot 4H_2O$ 超声溶解在去离子水中，在磁力搅拌下将 $Bi(NO_3)_3\cdot 5H_2O$ 完全溶解在 $HNO_3$ 溶液中。然后，在搅拌下将硝酸铋溶液滴加到钼酸铵溶液中。另外，通过 NaOH 水溶液将混合物的 pH 从 2 调节到 10。将混合物转移到聚四氟乙烯内衬的不锈钢高压釜中，并在 160℃下水热处理 24 h。将反应器冷却至室温，过滤产物并用去离子水洗涤数次并干燥，得到浅黄色的 $Bi_4MoO_9$ QDs/$Bi_2MoO_6$ NSs 最终产物。不同钼酸铋的形成机理如图 3.13 所示。大多数已发表的文章表明，钼酸铋生成不同相的原因在很大程度上取决于反应溶液的 pH[49–51]。酸性条件有利于形成 $Bi_2MoO_6$ 的正交结构，而碱性介质通常有利于生成高 Bi/Mo 复合材料（如立方 $Bi_4MoO_9$ 或 $Bi_{3.64}Mo_{0.36}O_{6.55}$）。$Bi(NO_3)_3 \cdot 5H_2O$ 是一种强酸弱碱盐，在强酸溶液中可电离成 $Bi^{3+}$ 和 $NO_3^-$。因此，在制备过程中首先将 $Bi(NO_3)_3 \cdot 5H_2O$ 溶解在 $HNO_3$ 溶液中，但当溶液的 pH 为弱酸性时，逐渐加入 NaOH 溶液（pH<6），由于 $Bi^{3+}$ 水解为 $Bi_2O_2(OH)^+$，溶液从透明悬浮液变为乳白色悬浮液。然后，水解产物将与 $MoO_4^{2-}$ 反应，形成无定形的 $Bi_2MoO_6$。随后，非晶态 $Bi_2MoO_6$ 在水热过程中逐渐转变为正交 $Bi_2MoO_6$。$Bi_2MoO_6$ NSs 独特的导电性增加了量子点和纳米片之间的有效电荷转移，并且 $Bi_2MoO_6$ NSs 表面与 $Bi_4MoO_9$ QDs 相同的 Bi–O 四面体结构使相结稳定，相似的化学成键环境使相似化学成分的半导体基底与半导体量子点紧密接触，有利于提高材料的光催化活性。

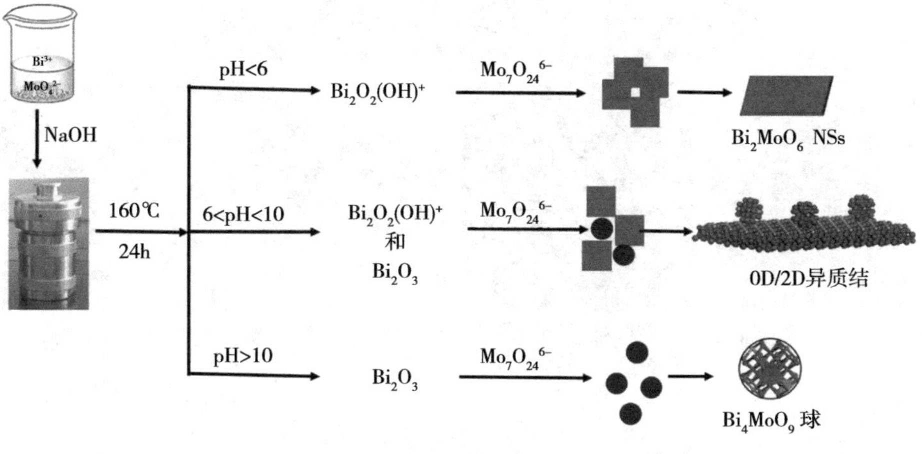


**图 3.13　不同钼酸铋复合材料的制备示意图**[48]

Peng 等人[48]通过 TEM 研究了所制备的钼酸铋的形貌和结构（图 3.14）。如图 3.14b 所示，片状 $Bi_2MoO_6$ 长度在 800 nm 和 3.0μm 之间。从广义定义来看，纯 $Bi_4MoO_9$ 呈现直径约为 100 nm 的不规则球形颗粒（图 3.14c），可视为准量子点。从图 3.14d 中可以清楚地看出，异质结由片和嵌入片中的纳米颗粒组成。为了进一步确认组成，通过 SAED 分析对异质结进行了表征。图 3.14e 为在图 3.14d 中标记点 1 的区域上沿（010）方向截取的 SAED 图，表明该区域为 $Bi_2MoO_6$ 单晶。（002）和（200）晶面之间的夹角为 90.0°，与 $Bi_2MoO_6$ 的结构一致。图 3.14f 为在图 3.14d 中标记点 2 的区域上沿（110）晶面方向截取的 SAED 图，表明该区域的颗粒也是单晶。此外，(1–11) 晶面和（1–1–1）晶面之间的角度为 69.5°，表明 $Bi_4MoO_9$ 的立方结构与 $Bi_{3.64}Mo_{0.36}O_{6.55}$ 的结构相似。$Bi_4MoO_9$ QDs/$Bi_2MoO_6$ NSs 异质结的 HRTEM 图如图 3.14d 所示，负载在 2D NSs 上的量子点高度分散，尺寸为 3 ~ 5 nm（图 3.14g），远小于纯 $Bi_4MoO_9$ 球体的量子点。清晰地展现了 0.308 nm 和 0.325 nm 的两种晶格条纹，这两个晶格距离可分别归属于正交 $Bi_2MoO_6$ 的（131）晶面和立方 $Bi_4MoO_9$ 的（111）晶面。该研究通过电镜表征手段证明了 $Bi_4MoO_9$ QDs/$Bi_2MoO_6$ NSs 异质结的成功制备。

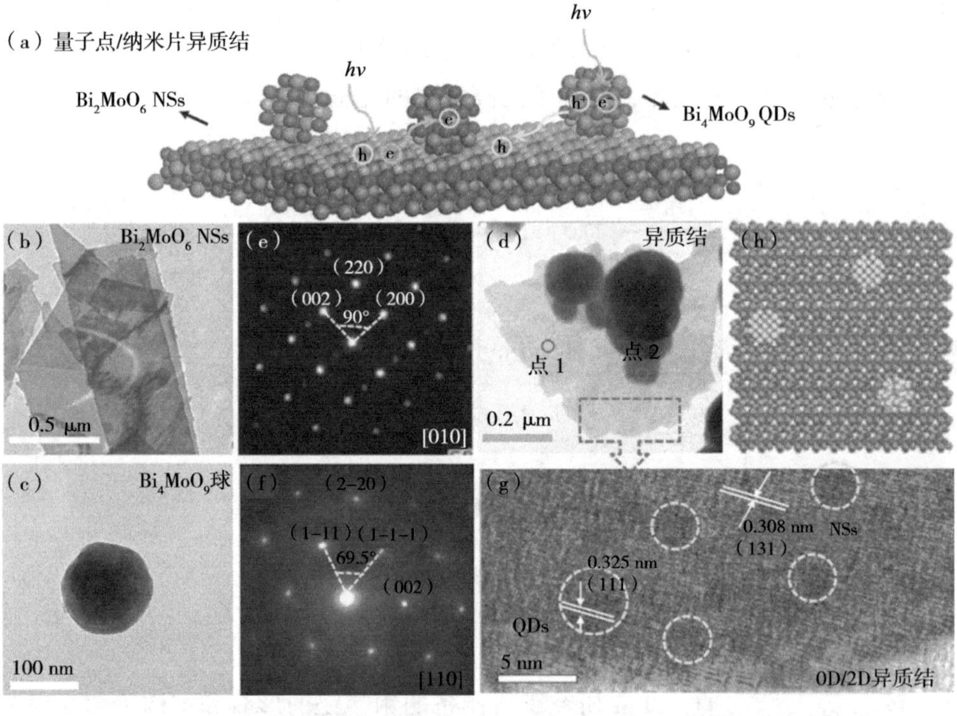


**图 3.14 (a) $Bi_4MoO_9$ QDs/$Bi_2MoO_6$ NSs 的 0D/2D 异质结的结构示意图；(b–d) $Bi_2MoO_6$ NSs、$Bi_4MoO_9$ 球和 $Bi_4MoO_9$ QDs/$Bi_2MoO_6$ NSs 的 0D/2D 异质结的 TEM 图；(e–f) 在 (d) 中标记的点 1 和点 2 的 SAED 图；(g) $Bi_4MoO_9$ QDs/$Bi_2MoO_6$ NSs 的 HRTEM 图[48]**

在异质结结构中，半导体表面之间的距离直接影响到二者的相互作用和电荷输送过程，因此，量子点和衬底结构之间的有效接触是非常重要的，由于半导体与半导体之间缺乏化学键结合，量子点直接在衬底结构上沉淀不利于半导体与半导体之间发生紧密结合。量子点与衬底材料共生长的制备方法，一方面简化了量子点改性功能材料的工艺，另一方面加强了量子点与基底材料的结合，有效地提高了材料的光生载流子分离效率。然而，这种共生长制备法将涉及有关衬底上量子点的位置、形状和尺寸等类似问题。此外，这种策略可能会使催化机制复杂化，因为共生长的过程中通常会导致多种成分的杂化，甚至相互渗透，因此正确认识光催化反应体系中的有效催化活性中心是一个很大的挑战。通常，原位生长（如水热沉积）大大简化了复合材料的制备过程。此外，量子点和衬底结构之间产生的化学键有效增强了量子点材料的稳定性，使催化剂可以多次洗涤或超声处理，提高催化剂在持续催化能力，延长催化剂在实际应用中的寿命，从而减少催化剂成本。

## 六、共沉淀法

共沉淀法是指在溶液中均匀混合两种或多种前驱体离子，通过改变 PH、加入沉淀剂等方法同时使前驱体离子发生沉淀。由于离子在溶液中分散均匀，产物化学成分均一、粒度小且分布均匀。该方法操作简单，耗时短，耗能小，产品纯度高，但该方法前驱体离子原料选择与反应条件要求严格，各反应物间的沉淀条件要求相似，不适用于多体系组分的应用，且易团聚，不易控制形貌。Vattikuti 等人[52]通过乙酸锌和 $SnCl_2$ 的简单原位共热解获得了 $SnO_2$-ZnO QDs/g-$C_3N_4$ 复合材料。首先，将制备好的 g-$C_3N_4$ 分散在乙醇溶液中，当 g-$C_3N_4$ 片的溶液与乙酸锌或 $SnCl_2$ 溶液混合时，$Zn^{2+}$ 或 $Sn^{2+}$ 通过静电相互作用选择性地与官能团结合。由于 g-$C_3N_4$ 是高度分散的，$Zn^{2+}$ 或 $Sn^{2+}$ 过量，因此所有的 g-$C_3N_4$ 纳米片都被 $Zn^{2+}$ 或 $Sn^{2+}$ 饱和吸附。在管式炉中的共热解过程中，$Zn^{2+}$ 或 $Sn^{2+}$ 自发地转化为 ZnO 或 $SnO_2$ 纳米颗粒，这些纳米颗粒通过附着在 g-$C_3N_4$ 表面的官能团（如 -OH 或 -COOH）结合到 g-$C_3N_4$ 的表面。例如，$Zn(OH)_2$ 与 g-$C_3N_4$-OH 或 g-$C_3N_4$-COOH 反应，形成 Zn-O-g-$C_3N_4$ 或 Zn-O-OC-g-$C_3N_3$。此外，由于 MOF 结构中每种成分的周期性分布，也可以用 MOF 作为模板来制备均匀的金属氧化物量子点，具体流程图如图 3.15 所示。例如，Yang 等人[53]报道了通过 MOF-5 的热解可以获得多孔碳涂层的 ZnO QDs。这些金属氧化物量子点通常插入或涂覆在 MOF 衍生的碳材料中，以避免在高温下对 MOF 进行退火而导致团聚。

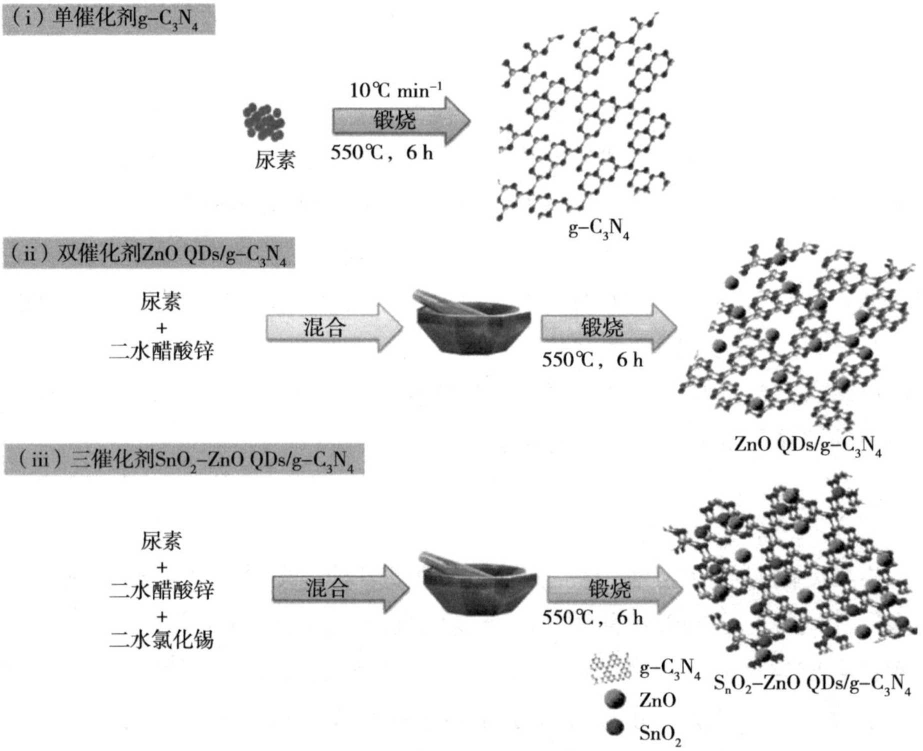


**图 3.15　$SnO_2$-ZnO QDs/g-$C_3N_4$ 复合材料的制备流程图**[52]

## 七、溶胶-凝胶法

溶胶-凝胶法合成过程简单，易于操作，可控性好，可以通过控制反应时间、温度等参数来调节产品的质量和数量，但由于合成过程复杂，难以同时进行多个反应，不适合大规模生产。通过溶胶-凝胶法可制备金属氧化物量子点。Gao 等人通过溶胶-凝胶法将 $SnO_2$ QDs 成功负载在石墨烯框架上[54]。首先制备了 $SnO_2$ QDs 的溶胶溶液，将 $SnCl_2 \cdot 2H_2O$（67.7 mg）和硫脲（$CH_4N_2S$，22.6 mg）溶于去离子水（3 mL）中，并在室温下剧烈磁力搅拌以形成乳液悬浮液。在该反应过程中，将溶液置于密封瓶中，连续搅拌 1～2 天，从而获得黄色透明的 $SnO_2$ QDs 胶体溶液。将 7.5 mL $SnO_2$ QDs 溶胶溶液与 50 mg（3 mg·mL$^{-1}$）氧化石墨烯水溶液混合，并用高功率磁力搅拌。在连续搅拌 24 h 后，将悬浮液在 180℃ 下进行水热反应 12～24 h。然后，冷却并冷冻干燥后获得所制备的气凝胶。最后，在氮气气氛中 300℃下煅烧 2 h 获得目标产物。具体制备流程如图 3.16 所示。

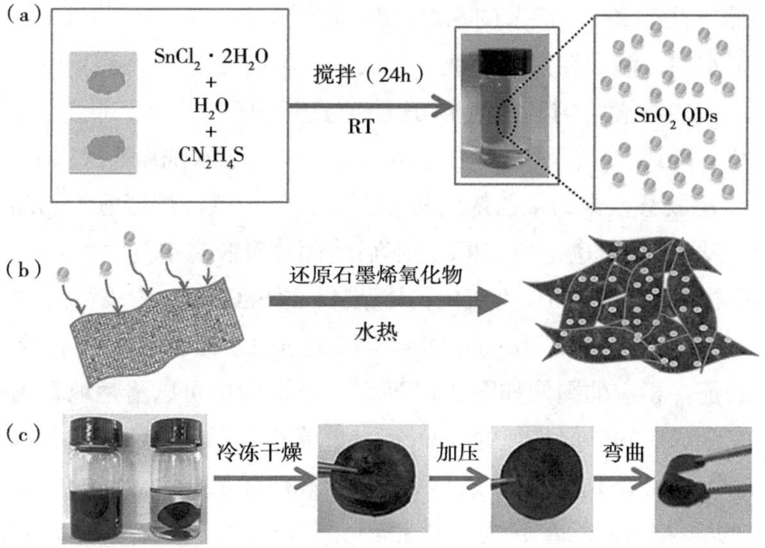


**图 3.16　石墨烯框架包裹 $SnO_2$ QDs 制备流程图**[54]

## 八、微波辅助法

与化学沉淀法、溶胶－凝胶法、水热法、溶剂热法等其他合成方法相比，微波辐射法具有操作简单、有效、合成路线低、耗时少（约 10 h）、可大规模生产的特点，是一种有潜力的合成方法。金属氧化物量子点可通过微波辅助法制备。Zhou 等人[55]采用简单的微波辐照法制备了 $Co_3O_4$ QDs/石墨烯复合材料。首先，将 69mg 制备好的石墨烯纳米片分散在 20 mL 去离子水和 30 mL 乙醇的混合溶剂中，超声处理 30 min。然后将 1g $Co(CH_3COO)_2 \cdot 4H_2O$ 溶解在上述溶液中，并加入 5mL 25% $NH_3 \cdot H_2O$。将该混合物超声处理约 10 min 以形成均匀的粗浆。最后将悬浮液转移到带有回流设备的微波炉中，并通过功率为 500 W 的微波辐射在 81℃下加热 5 min。用蒸馏水和无水乙醇通过多次漂洗离心循环收集黑色产物，并在 60℃下真空干燥过夜，得到目标产物。

Geng 等人[56]通过乙醇–$H_2O$ 混合溶剂，使用微波辅助法合成了 $SnO_2$ QDs。首先，将 $SnCl_2 \cdot 2H_2O$ 加入 0.05 M 乙醇–$H_2O$ 混合物中。手动摇动溶液后，溶液变成乳白色半透明状，然后将其转移至聚四氟乙烯内衬容器，使用微波合成器在 180 ℃下用微波照射 30 min，白色产物洗涤干燥后得到 $SnO_2$ QDs。Parthibavarman 等人[57]在没有任何表面活性剂和后退火处理的情况下，通过一步微波辐照方法制备 Ag 掺杂的 $SnO_2$ QDs 光催化剂。首先，将 $SnCl_4 \cdot 5H_2O$ 溶解在去离子水中，制成锡羟基溶液。其次，将不同浓度的 $AgNO_3$ 加入上述溶液中并搅拌均匀。逐滴均匀滴加 $NH_4OH$ 溶液直到 pH 达到 10，此时 $NH_4OH$ 的作用为沉淀剂。得到白色沉淀，离心并用乙醇和去离子水洗涤 5 次以上以去除 $Cl^-$ 和 $NH_4^+$。将溶胶移入聚四氟乙烯内衬容器中，使用微波炉照射 15 min。在该反应过程中，发现溶胶的温度为 70℃。然后将固体凝胶在空气中于 80℃干燥 10 h 得到目标产物。纯 $SnO_2$ QDs 为灰色，掺杂 Ag 的 $SnO_2$ QDs 为浅黄色。

通过 TEM 和 HRTEM 对 $SnO_2$ QDs 与掺杂 Ag 的 $SnO_2$ QDs 样品的形态和粒度进行了表征，相应的图像如图 3.17 所示。从图像中可以清楚地看到所制备的量子点是完全球形的。但是纯的 $SnO_2$ QDs 非常小，很难看清（图 3.17a），而掺杂 Ag 的 $SnO_2$ QDs 是均匀且分散良好的（图 3.17b），直径为 2.9 ~ 5.1 nm。纯 $SnO_2$ QDs 的晶格条纹间距为 0.33 nm（图 3.17c），掺杂 Ag 的 $SnO_2$ QDs 的 HRTEM 图存在间距为 0.26 nm 和 0.33 nm 的晶格条纹，分别对应于 Ag 和 $SnO_2$ 的（111）和（110）晶面间距（图 3.17d）。从 HRTEM 观察到的 SAED 图表明纯 $SnO_2$ QDs 和掺杂 Ag 的 $SnO_2$ QDs 都是四方晶体结构。SAED 图对应 $SnO_2$ 的独特的（110）、（101）、（200）和（211）晶面（图 3.17e）。图 3.17f 为掺杂 Ag

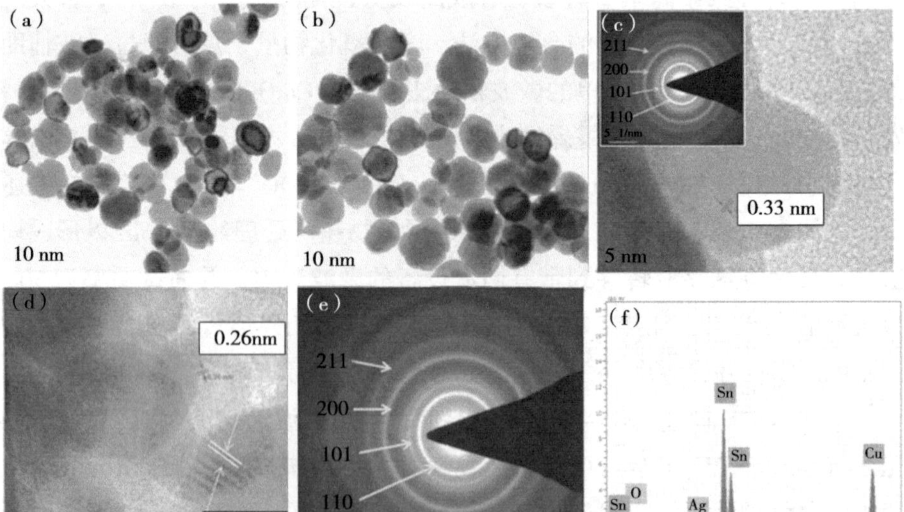


图 3.17　$SnO_2$ QDs 与掺杂 Ag 的 $SnO_2$ QDs 的 TEM 图（a-b）、HRTEM 图（c-d），以及掺杂 Ag 的 $SnO_2$ QDs 的 SAED 图（e）和 EDS 图（f）[57]

的 $SnO_2$ QDs 的 EDS 图，证实了掺杂的 $AgSnO_2$ QDs 的形成，且只存在 Ag、Sn 和 O 三种元素。电镜表征结果表明，Ag 以掺杂方式存在于 $SnO_2$ 晶格之中。

## 第三节　金属氧化物量子点材料的应用

### 一、金属氧化物量子点材料在环境保护方面的应用

随着工业化的进程，生产生活中产生的废水需要进行处理，达到标准才能排入环境中。光催化氧化反应常常应用在废水处理中，许多研究以抗生素、有机染料、重金属离子等常见污染物作为污染模型，例如 TC、土霉素、阿司匹林、RhB、$Cr^{6+}$ 等，通过光催化氧化技术，将这些有机大分子氧化成小分子甚至完全矿化，氧化得到完全无害的 $CO_2$ 与 $H_2O$。将光催化氧化技术应用于处理废水，可降低企业的废水处理成本，具有巨大的使用前景。

Mg 掺杂 ZnO 负载 $WO_3$ QDs 光催化剂（记为 WQGOMZ$x$，其中 $x$ 表示 $WO_3$ QDs 掺杂比例）可应用于光催化降解废水中。Zhao 等[42]人使用 RhB 溶液作为废水模型，研究了该催化剂在降解 RhB 废水方面的性能。图 3.18 显示了在可见光照射下，单体催化剂与不同量子点改性配比的复合材料的光催化效率以及相应的 $k$ 值曲线图。由于光催化剂对不同浓度的废水模型的光催化降解性能有明显区别，因此在暗反应结束后，将 RhB 溶液浓度补充到照射前的初始状态，以消除催化剂吸附性能影响光催化性能的可能。与 Mg 掺杂 ZnO 材料（记为 GOMZ）相比，所有在 $WO_3$ QDs 改性后的催化剂都具有更高的光催化活性。其中，单体材料在 40 min 内降解了 37.8% 的 RhB，降解速率（$k$ 值）为 0.0115 $min^{-1}$。而 WQGOMZ0.32 在 40 min 内降解了 96.1% 的 RhB，$k$ 值达到 0.07575 $min^{-1}$，是改性前的 6.58 倍。然而，添加过量的 $WO_3$ QDs 后，光催化活性反而降低。这是由于过量的 $WO_3$ QDs 会导致发生在 ZnO 颗粒表面的量子点团聚。此外，过量的 $WO_3$ QDs 也可以用作光生载流子复合中心，从而降低复合材料的光催化活性。这些结果表明，$WO_3$ QDs 的引入可以显著提高 GOMZ 的光催化活性。

为了进一步促进光催化技术在实践中的应用，开发在自然阳光照射下具有高催化活性和强稳定性的光催化剂具有重要意义。由于 $WO_3$ 具有独特的光存储能力，在催化剂中引入 $WO_3$ QDs 后，复合材料催化剂也具有一定的光储存能力。光能储存实验分析表明，WQDGOMZ$x$ 在失去光照后主要具有光催化活性

（图 3.18c），表明该材料既能储存光照后的部分光电子，又能在黑暗中释放电子。为了推进光催化处理废水的商业化，Zhao 等人还研究了在真实太阳光下 GOMZ 和 WQDGOMZ*x* 的光催化活性。可以观察到，GOMZ 和 WQDGOMZ*x* 都表现出非常好的光催化性能，在 9 h 内降解了 92.8% 的 RhB。值得一提的是，WQDGOMZ*x* 在夜间仍然保持着光催化活性。很明显，由于 $WO_3$ QDs 的光储存能力，WQDGOMZ*x* 在白天和晚上都保持了非常高的光催化稳定性。这些结果进一步表明，WQDGOMZ*x* 具有非常好的光催化活性和光储能能力，具有商业化的潜力。

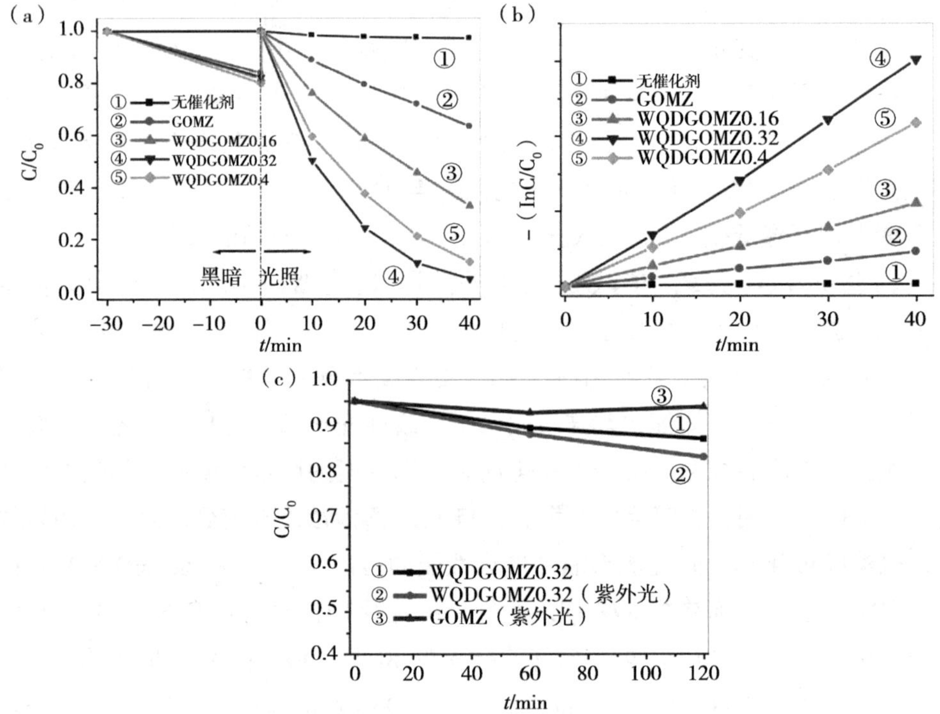


**图 3.18　WQDGOMZ*x* 及 GOMZ 对 RhB 溶液的光催化降解性能图（a）、*k* 值图（b）以及光催化储存能力对比图（c）**[42]

除了 RhB 这种常见的有机染料污染物以外，MB 也是一种有机染料污染物，被广泛用于纺织工业。选择 MB 作为代表性有机物质来评估所合成的光催化剂的光催化活性也是可取的。图 3.19 显示了在模拟阳光下 $TiO_2$、$Cu_xO/TiO_2$ 和 $Fe_xO/TiO_2$ 对 MB 的光催化降解结果。众所周知，光催化降解有机污染物的流程是：先将污染物吸附在催化剂的表面，随后自由基或空穴与吸附的污染物发生氧化反应，将污染物氧化成小分子或直接氧化成 $CO_2$ 与 $H_2O$。催化剂对污染物的吸附至关重要，直接影响光催化降解性能。$Cu_xO/TiO_2$ 和 $Fe_xO/TiO_2$ 表现出比其他样品（小于 10%）更好的吸附性能（吸附百分比大于 15%），因此块体 $TiO_2$ 对 MB 的光催化分解活性都较低。通过锚定 $Cu_xO$ 或 $Fe_xO$ 量子点提高了块体 $TiO_2$ 的光催化活性，光照 2 h 后，$Cu_xO$/PCT 和 $Fe_xO$/PCT 的 MB 降解率分别提高超过 90%。显然，$Cu_xO$ 和 $Fe_xO$ 量子点在提高 $TiO_2$ 基底的光催化降解 MB 废水能力方面发挥了重要作用。

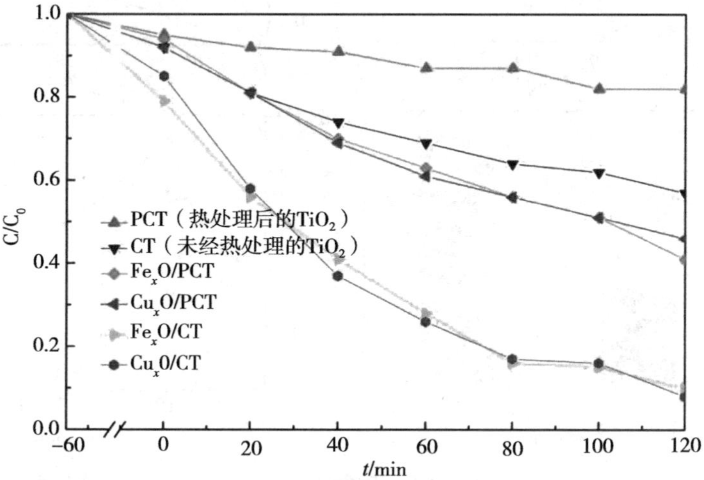


**图 3.19　模拟阳光照射下 MB 溶液样品的降解曲线**[43]

RhB、MB 与 MO 均为常见的用作废水污染物模型的大分子有机化合物。Chen 等人[58]研究了 Ni 掺杂 $SnO_2$ QDs 催化剂对 RhB 与 MO 的光催化降解效率，结果如图 3.20 所示。从图 3.20a 中可以看出，在模拟太阳光照射 28 min 后，纯 $SnO_2$ QDs 样品对 RhB 的降解率为 52.8%，而当 Ni-$SnO_2$-1 样品用作光催化剂时，降解率为 91.5%。结果表明，Ni 掺杂后，$SnO_2$ QDs 样品的光催化性能明显提高，表明掺杂技术有利于提高 $SnO_2$ QDs 光催化降解能力。在图 3.20d 中，Ni-$SnO_2$-1 样品对 MO 的光降解也表现出优异的催化能力，明显优于纯 $SnO_2$ QDs 样品。这些结果表明，在 $SnO_2$ 中掺杂 Ni 后，$SnO_2$ QDs 的光催化活性得到了明显提高。拟合了 RhB 在 $SnO_2$ 和 Ni-$SnO_2$-1 样品中的光降解速率常数（$k$），发现 Ni-$SnO_2$-1 样品光催化能力明显高于纯 $SnO_2$ QDs 样品。Ni-$SnO_2$-1 样品光催化能力的提高可归因于以下因素：① Ni-$SnO_2$-1 样品的带隙变窄，并且 Ni 掺杂使光生电荷的复合概率较低；②超小颗粒尺寸（小于 5 nm）的 $SnO_2$ 的高比表面积有利于反应物的有效富集并为反应提供更多的反应中心。

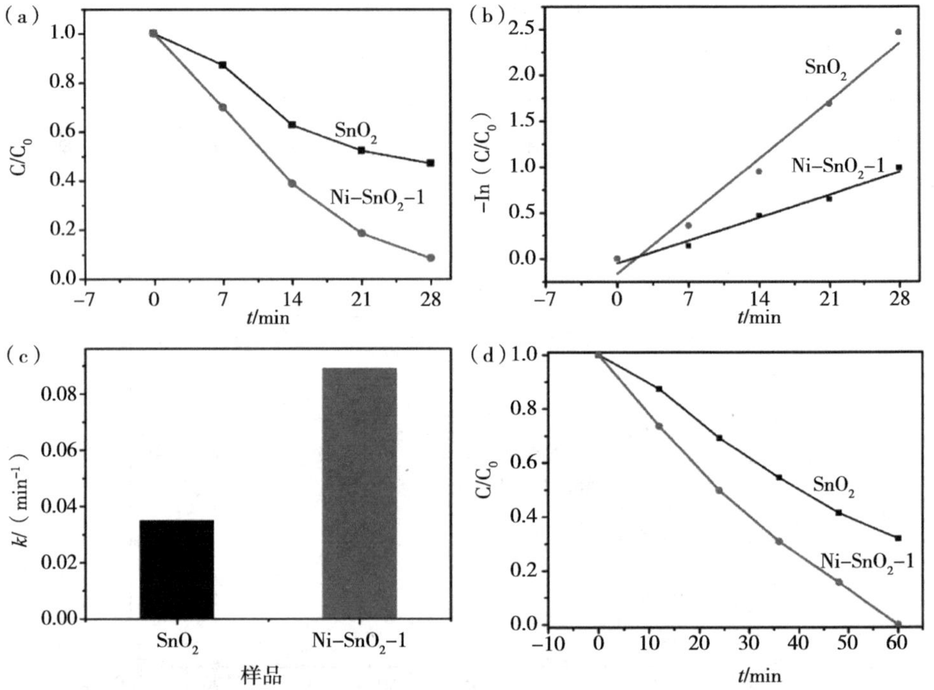


**图 3.20　$SnO_2$ 和 Ni-$SnO_2$-1 样品对 RhB 的光催化活性（a）、一阶动力学图（b）、光降解速率常数（c），以及对 MO 的光催化活性（d）**[58]

对于原位合成的 $Bi_4MoO_9$/$Bi_2MoO_6$ 0D/2D 异质结材料及其单体材料，如图 3.21a 所示，在黑暗中 30 min 内，所有样品都能达到 RhB 的吸收平衡[48]。与 $Bi_2MoO_6$ 片和 $Bi_4MoO_9$ 球相比，0D/2D 异质结表现出最高的吸收能力。图 3.21b 显示了不同钼酸铋样品上 RhB 浓度（$C/C_0$）随光照时间的变化。为了进行比较，也在相同的条件下对所制备的样品进行直接 RhB 光降解。显然，RhB 在可见光照射下的直接光解可以忽略不计。在钼酸铋材料中，0D/2D 异质结仍然表现出最高的光催化活性，可以在 180 min 内完全降解 RhB 染料。此外，其效率高于 $Bi_2MoO_6$ 片和 $Bi_4MoO_9$ 球的机械混合物，表明 0D/2D 异质结的光催化活性优于单个 $Bi_2MoO_6$ 片和 $Bi_4MoO_9$ 球对应物。然而，在相同的可见光照射时间内，RhB 在原始 $Bi_4MoO_9$ 球和 $Bi_2MoO_6$ 片上的降解效率分别仅为约 12% 和 20%。RhB 光降解动力学符合一级动力学，ln（$C_0'$ /$C_t$）与 $k$ 呈线性关系，其中 $C_0'$ 和 $C_t$ 表示辐照前后 RhB 的浓度，$t$ 表示辐照时间，$k$ 表示表观速率常数。所有样品在 $Bi_2MoO_6$ 片、0D/2D 异质结和 $Bi_4MoO_9$ 球处的计算速率常数分别为 $6.01\times10^{-4}\ min^{-1}$、$1.36\times10^{-2}\ min^{-1}$ 和 $9.97\times10^{-3}\ min^{-1}$。显然，0D/2D 异质结的 $k$ 值是原始 $Bi_2MoO_6$ 片的 23 倍，是原始 $Bi_4MoO_9$ 球的 14 倍。$Bi_2MoO_6$ 具有合适的带隙（2.5 ~ 2.8 eV），可用于捕获可见光，这样的特性使 $Bi_2MoO_6$ 成为降解染料的优秀光催化剂基底。

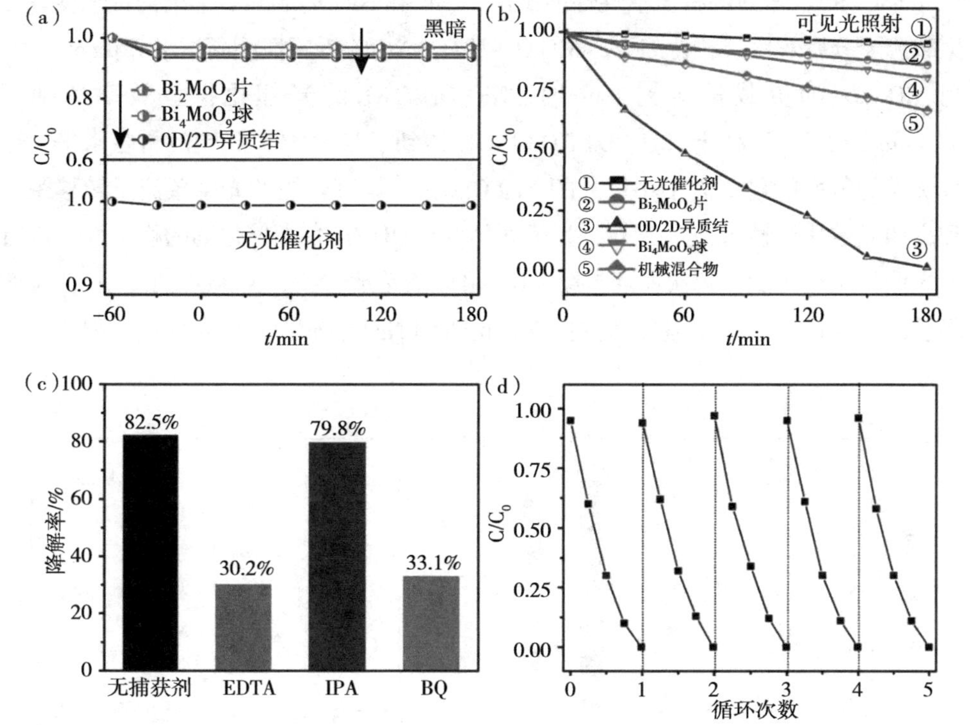


**图 3.21 光催化剂的暗吸收-解吸曲线和在没有光催化剂的情况下的直接光解曲线（a），光催化降解 RhB（b），降解 RhB 的活性物质捕获实验（c），以及光催化剂稳定性实验（d）**[48]

注：图中“↓”表示此处线条从上至下依次为 $Bi_2MnO_6$ 片、$Bi_4MnO_9$ 球、0D/2D 异质结。

## 二、金属氧化物量子点材料在能源转换方面的应用

常见的光催化还原反应有光催化析氢（HER）、光催化还原二氧化碳（$CO_2RR$）与光催化氮还原（NRR），无论是哪种反应，其产物 $H_2$、$CH_4$、CO、CHCOOH、$C_2H_6$、$NH_3$ 等小分子都是具有很高应用价值的，有利于减少碳排放，达到碳中和目标。光催化还原反应具有很好的应用价值。

## （一）金属氧化物量子点在析氢方面的应用

光催化析氢（HER）是一种过程简单、意义明确的还原反应。$TiO_2$ 基底负载 NiO QDs 可应用于 HER 反应中[44]。图 3.22 为 $TiO_2$ 基底负载 NiO 量子点系列催化剂的光催化析氢速率图与循环实验图。块体 $TiO_2$ 的制氢速率为 1.2 μmol · $h^{-1}$，而对于 $TiO_2$@NC 和 NiO/$TiO_2$，它们的光催化析氢速率分别约为 1.7 μmol · $h^{-1}$ 和 1.8 μmol · $h^{-1}$。增强的析氢活性性能是由于 NC 和 NiO 形成异质结结构带来良好光生载流子分离效率。相比之下，NiO QDs/$TiO_2$@NC 的析氢性能高达 13.7 μmol · $h^{-1}$。当 NiO QDs 的负载量达到 2.5% 时，NiO QDs/$TiO_2$ 的光催化析氢效率达到了 67.8 μmol · $h^{-1}$，远高于 NiO QDs/$TiO_2$@NC，达到了与 Pt/$TiO_2$ 相同的析氢水平。这种优异的氢性能可归因于小尺寸的 NiO QDs，其具有较短的光生载流子转移距离和高的光催化活性位点。此外，为了评估 NiO QDs/$TiO_2$ 光催化剂的稳定性，进行了光催化循环测试，每次循环持续 3 h。可以清楚地看到，NiO QDs/$TiO_2$ 在 3 次循环后没有表现出任何明显的活性损失，这表明 NiO QDs/$TiO_2$ 在光催化过程中具有较好的稳定性。

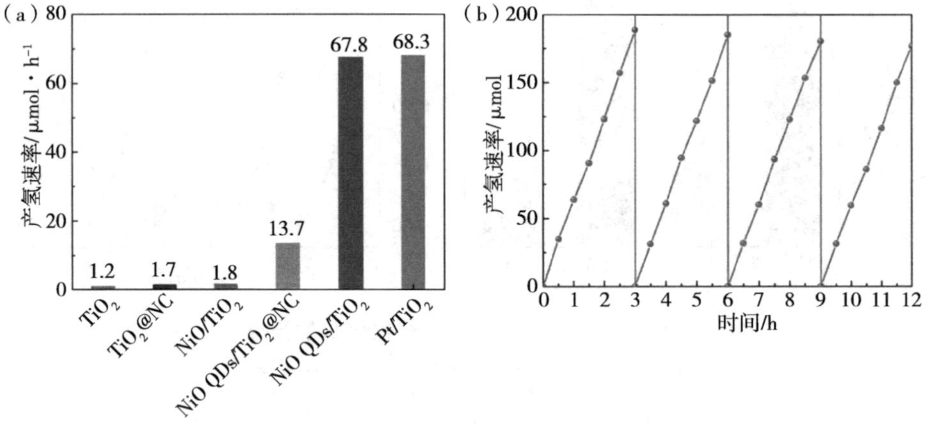


**图 3.22 $TiO_2$ 基底负载 NiO QDs 系列催化剂的光催化产氢速率（a）与循环实验曲线图（b）[44]**

在模拟阳光照射下，$CeO_2$–CuO QDs/ 石墨烯、$CeO_2$ 还原的石墨烯（$CeO_2$–RGO）和大块 $CeO_2$ 的光催化制氢性能如图 3.23a 所示[59]。在 3 种光催化剂中，$CeO_2$–CuO QDs/ 石墨烯的析氢活性最高，约为 2481 μmol · $g^{-1}$ · $h^{-1}$，远优于其他样品。然后进行光催化析氢循环实验测试，以确认 $CeO_2$–CuO QDs/ 石墨烯的稳定性和耐久性。在图 3.23b 所示的 4 个制氢循环中，$H_2$ 气体的产生量相对于辐照时间线性增加，相应的速率几乎保持不变，表明所制备的材料是一种优异的光催化剂。这可归因于 4 个因素：①分级生物形态结构可有效捕光；② $CeO_2$ 和 CuO QDs 之间的强耦合，即光生电子可以通过 p–n 型异质结结构进行有效的分离，减少它们的复合，从而促进界面电荷转移；③石墨烯的存在，其作为固态电子介质，促进了电荷分离并抑制了光激发电子–空穴对的复合；④在复合物中 $Ce^{3+}$ 中心的丰富氧空位在导带边缘以下产生中间能级，在太阳光照射下，电子可以激发到中间能级，缩小了带隙实际宽度，从而提高光催化制氢活性。

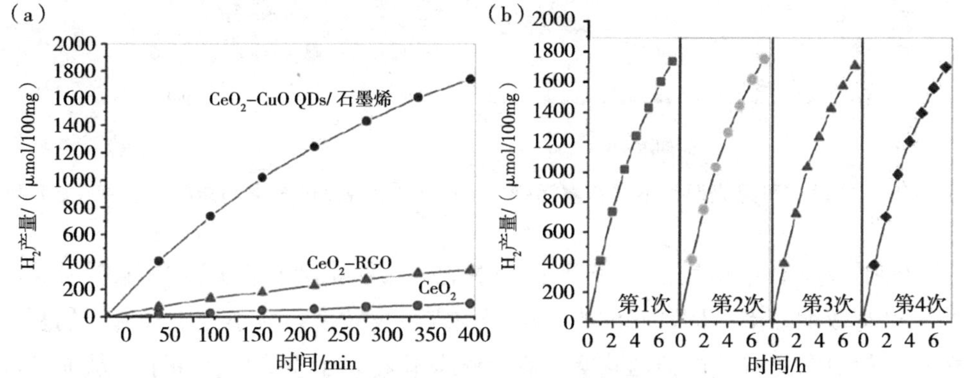


**图 3.23 （a）$CeO_2$–CuO QDs/ 石墨烯、$CeO_2$–RGO 和大块 $CeO_2$ 的光催化产氢量，以及（b）$CeO_2$–CuO QDs/ 石墨烯的光催化析氢循环实验**[59]

将连续离子层吸附反应（successive ionic layer adsorption and reaction，SILAR）工艺制备的螺旋状 $SnO_2$ 纳米结构（记为 SLS）主体基底负载了 $BiVO_4$ QDs 的光催化剂（记为 BVO–SLS *x*）应用于光催化析氢中，如图 3.24a 所示[60]。在可见光照射 2 h 的情况下，SLS 样品中仅检测到极少的氢气产生量。在负载 $BiVO_4$ QDs 后，复合材料的催化活性显著提高了。在不同 SILAR 处理周期的 BVO–SLS *x* 中，以 Pt 为助催化剂的 BVO–SLS 15 活性最高（1.16 $\mu mol \cdot h^{-1} \cdot cm^{-2}$）。此外，由于低导带位置，大块 BVO（记为 BVO–B）样品显示出最低的析氢活性，其等于或略低于质子还原电势。由于过低电势，光生电子不能在热力学上与质子反应产生氢。对于 $BiVO_4$ 和 $SnO_2$，低的导带位置决定了它们不适合进行析氢反应。减小的颗粒尺寸使 $BiVO_4$ 的带隙加宽了 0.2 eV，表明 $BiVO_4$ QDs 的导带位置将高于单体 $BiVO_4$ 的导带位置，高于质子还原电势，因此 $BiVO_4$ QDs 可实现光催化析氢反应。此外，已知 $SnO_2$ 的费米能级略低于 $BiVO_4$ 的费米能级，因此当 $SnO_2$ 与 $BiVO_4$ 耦合时，由于在具有不同费米能级的半导体的界面处发生能级重排，$SnO_2$ 的导带位置将向上移动。因此，如图 3.24b 所示，在可见光下，$BiVO_4$ QDs 中产生的电子会转移到 SLS 的导带，然后被 Pt 捕获，在 Pt 上质子被还原为氢，而空穴会被甲醇捕获。

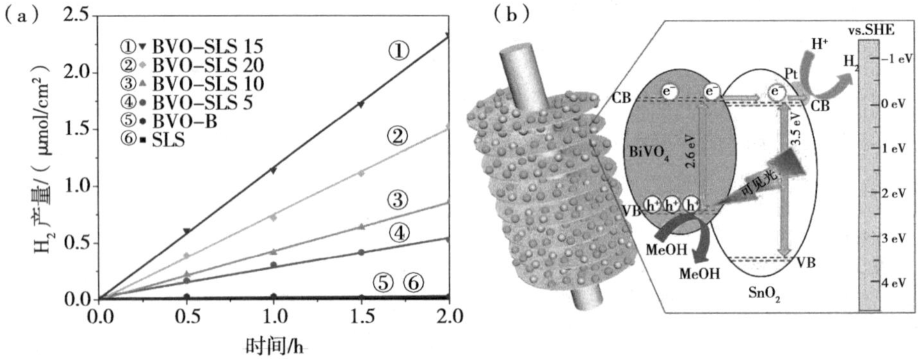


**图 3.24 样品在可见光照射下的析氢活性（a）和光生载流子分离和转移示意图（b）**[60]

使用金属氧化物量子点修饰半导体基底光催化剂并将其应用于析氢反应中，可有效增强半导体基底的光生电子空穴分离效率，减小光生载流子的复合概率，使更多的有效电荷活化吸附在金属氧化物量子点表面的质子，从而还原产生氢气分子。因此，将金属氧化物量子点应用于修饰半导体基底光催化剂在析氢领域是一种有潜力的改性手段。

（二）金属氧化物量子点在二氧化碳还原方面的应用

BiO QDs/RGO 光催化剂在光照条件下，可同时应用于 HER 与 $CO_2RR$ 中，这种双功能催化剂能进一步增加了太阳光的利用率[47]。BiO QDs/RGO 样品在 $CO_2RR$ 中释放的 $H_2$ 和 $CH_4$ 随辐照时间线性增加（图 3.25b）。此外，实验中发现 $CO_2RR$ 实验中产生的 $H_2$ 量没有减少，甚至略高于相同条件下纯水裂解产生的 $H_2$（图 3.25a），表明该材料在反应体系中的 HER 与 $CO_2RR$ 过程是非竞争性的。在 BiO QDs/RGO 样品的 $CO_2RR$ 实验中，$H_2$、$CH_4$ 和 CO 的产量分别为 102.5 $\mu mol \cdot g^{-1} \cdot h^{-1}$、21.75 $\mu mol \cdot g^{-1} \cdot h^{-1}$ 和 4.5 $\mu mol \cdot g^{-1} \cdot h^{-1}$。在相同条件下 BiO QDs 单体的光催化性能如图 3.25c 所示，与纯水裂解（654.5 $\mu mol \cdot g^{-1} \cdot h^{-1}$）相比，BiO QDs 单体上 $CO_2RR$ 产氢速率达到了 394.5 $\mu mol \cdot g^{-1} \cdot h^{-1}$。这一结果表明，BiO QDs 单体催化剂上，HER 与 $CO_2RR$ 相互竞争。在相同的光催化条件下，使用 RGO 单体作为催化剂无 $H_2$ 和 $CH_4$ 产物。BiO QDs/RGO 的非竞争性水分解和 $CO_2$ 还原实验证明了两个要点。一个要点是，BiO QDs/RGO 样品中的光

生电子量远高于纯水裂解反应溶液中的 $H^+$ 浓度。为了证明这一点，Sun 等人[47]在 Ar 饱和反应池中在酸性条件（pH 为 4.5）下进行了析氢实验。研究发现，BiO QDs/RGO 催化剂上的 $H_2$ 释放量随着光照时间线性增加，并在 12 h 内达到 2540 μmol · $g^{-1}$ 的高产率（图 3.25d），表明 BiO QDs/RGO 中的光生电子浓度很高。另一个要点是，由于在 $CO_2$RR 实验中 HER 反应效率不受影响，HER 与 $CO_2$RR 的主要反应位点是不同的。图 3.25e 为 $TiO_2$ QDs/RGO 用于纯水分解和 $CO_2$RR 的光催化性能，从中可以看出，在 $TiO_2$ QDs/RGO 中，HER 与 $CO_2$RR 发生相互竞争现象。此外，还发现光生电子对 $CO_2$RR 的选择性达到 27%。在相同条件下，BiO QDs/RGO 样品中的该值为 47%。在 300 nm 带通滤波器下，BiO QDs/RGO、BiO QDs 单体和 $TiO_2$ QDs/RGO 的表观量子效率分别为 4.2%、2% 和 0.28%（图 3.25f）。总的来说，使用 BiO QDs 修饰 RGO 基底，可以同时显著提高 HER 与 $CO_2$RR 反应的效率并且二者不相互影响，这样的反应体系有助于提高催化剂的量子效率，提高催化剂的实用性。

Li 等人[61]通过简单的络合氧化法将 CuO QDs 包裹在 MIL-125（Ti）金属有机骨架的孔隙中，构建了 g-$C_3N_4$ 复合 CuO@MIL-125（Ti）异质结催化剂［记为 g-$C_3N_4$/CuO@MIL-125（Ti）］，作用于光催化 $CO_2$RR 中，结果如图 3.26 所示。研究发现 CuO QDs 和 g-$C_3N_4$ 纳米片的负载量影响光还原产物的类型。当使用 MIL-125（Ti），没有负载 CuO QDs 和 g-$C_3N_4$ 纳米片为催化剂时，光催化反应的主要产物是 CO，且产量较小，仅为 22.8 μmol · $g^{-1}$。使用 2.5% 的 g-$C_3N_4$/MIL-125（Ti），主要反应产物也是 CO，但产率提高到 271.3 μmol · $g^{-1}$。当使用 1%CuO@MIL-125（Ti）光催化剂时，反应产物中除了 CO 外，还有少量的 $CH_3OH$（50.2 μmol · $g^{-1}$）。在催化体系中加入铜基催化剂，可将 $CO_2$ 选择性催化氢化为 $CH_3OH$。相较于 1% CuO@MIL-125（Ti）光催化剂，2.5% g-$C_3N_4$/1% CuO@MIL-125（Ti）光催化剂对 $CO_2$ 的光催化还原产物不仅包括 CO 和 $CH_3OH$，还包括 $CH_3CHO$ 和 $CH_3CH_2OH$，产率分别达到 180.1 μmol · $g^{-1}$、997.2μmol · $g^{-1}$、531.5μmol · $g^{-1}$ 和 1505.7 μmol · $g^{-1}$，如图 3.26 所示。该研究中材料对 CO、$CH_3OH$、$CH_3CHO$ 和 $CH_3CH_2OH$ 的选择性分别为 3.4%、18.9%、20.3% 和 57.4%。g-$C_3N_4$ 负载量对光催化活性也存在影响。不同 g-$C_3N_4$ 负载量对产物 CO 和 $CH_3OH$ 的影响很小，但 $CH_3CHO$ 和 $CH_3CH_2OH$ 随着 g-$C_3N_4$ 负载量的增加（从 1.5 wt % 增加到 2.5 wt %）而逐渐增加，在 2.5 wt % 时达到最高产率（531.5 和 1505.7 μmol · $g^{-1}$），之后产率随着 g-$C_3N_4$ 的增加而逐渐降低。

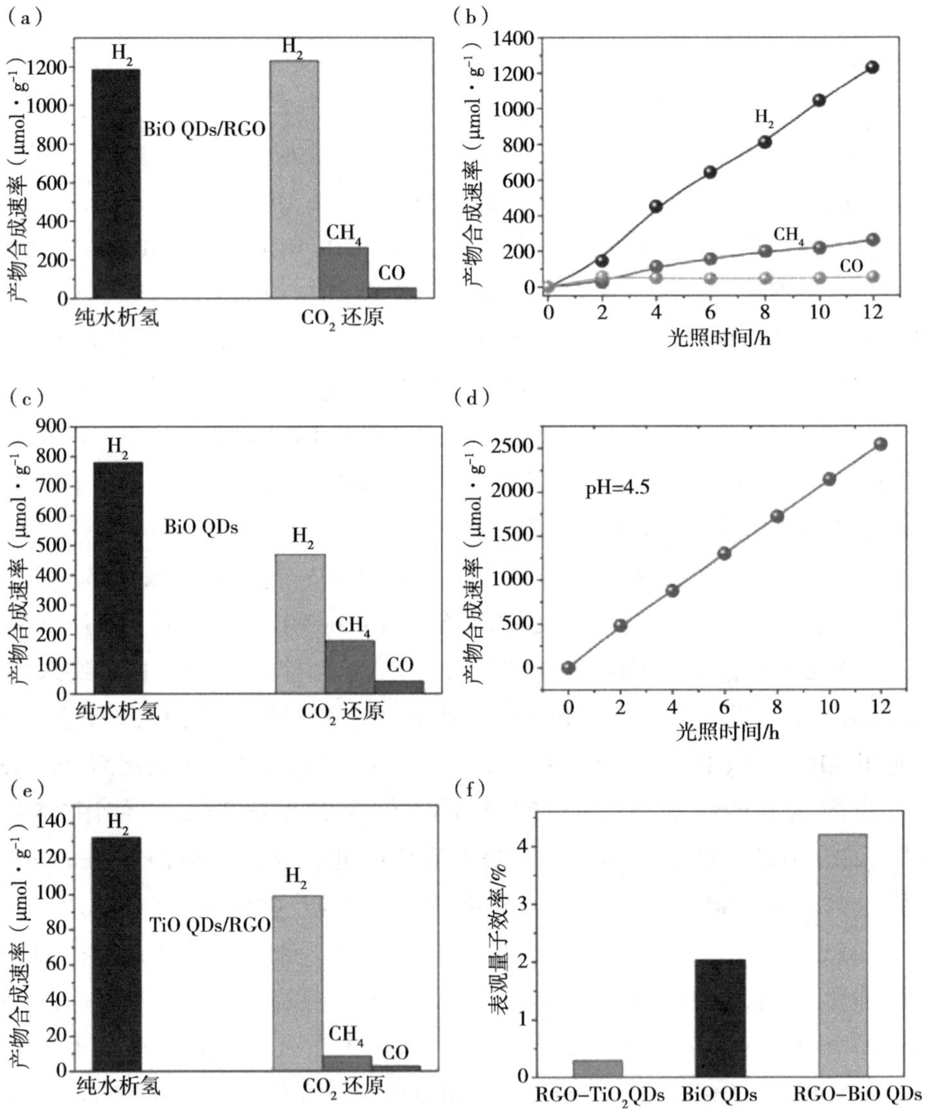


**图 3.25　制备的不同样品在模拟太阳光照射下的光催化性能：(a) BiO QDs/RGO 在光催化反应 12 h 后的 HER 和 $CO_2RR$ 性能；(b) BiO QDs/RGO 的 $CO_2RR$ 产物合成速率变化；(c) BiO QDs 单体在光催化反应 12 h 后的 HER 与 $CO_2RR$ 性能；(d) 在酸性条件下 BiO QDs/RGO 的 HER 产物合成速率变化；(e) $TiO_2$ QDs/RGO 在光催化反应 12 h 后的 HER 与 $CO_2RR$ 性能；(f) 不同样品在 300nm 光照射下的表观量子效率[47]**

CuO QDs 的负载量在 1 wt % 时具有最高的光催化活性。实验结果表明增大 $g-C_3N_4$ 负载量可以拓展可见光的响应范围并抑制光生电子和空穴的复合，有效地提高光催化活性。然而，过量的 $g-C_3N_4$ 掩盖了 MIL-125（Ti）和 CuO QDs 的表面，降低了光催化剂的光激发能力，从而削弱了光催化活性。并且 CuO QDs 是 $CO_2$ 光催化制备甲醇、乙醇和乙醛的关键成分。此外，$CO_2$ 的光催化还原过程主要发生在 CuO QDs 上。

通过光催化还原技术手段，使用可再生资源太阳能将水分解为 $H_2$，或将温室气体 $CO_2$ 还原成 CO、$CH_4$、$CH_3OH$ 等高化学经济价值的含碳产物，是一种将太阳能资源转化成化学能的理想催化手段。但由于目前的研究中普遍存在光催化性能低、量子利用率差等缺点，这一方法难以实现商业化。通过厘清催化剂的设计理念，改变催化反应条件以及设计催化反应仪器，可有效推进光催化剂商业化进程，促进达成碳中和。

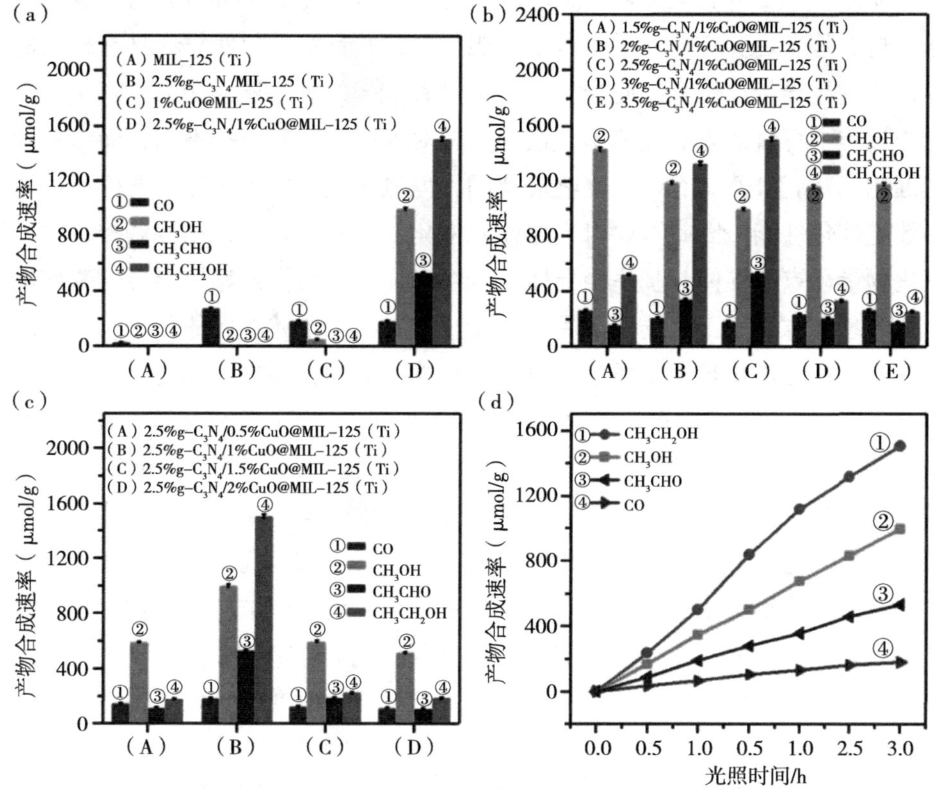


**图 3.26　不同光催化剂的催化反应产物测定；(a) 不同组分对比；(b) 不同 $g-C_3N_4$ 含量对比；(c) 不同 CuO 含量对比；(d) 2.5% $g-C_3N_4$/1% CuO@MIL-125 (Ti) 催化剂的活性随时间变化的趋势**

# 第四节　本章小结

在光催化反应领域中，光催化剂的种类五花八门，金属氧化物量子点由于其特殊物理化学性质在众多光催化剂种类中占据一席之地。金属氧化物量子点保留了金属氧化物半导体能带结构性质，且较小的颗粒半径使其同时具有量子点的独特电子和光学性质。这种特殊的性质使金属氧化物量子点在修饰半导体光催化剂基底的应用上从反应热力学和反应动力学两个方面协同增强复合材料的光催化性能。

首先，从光催化反应热力学角度来说，催化剂的价带顶位置高于光催化氧化反应所需的氧化电位、导带底位置低于光催化还原反应所需的还原电位，是确保光催化反应发生的先决条件。宽带隙的半导体基底（例如 $TiO_2$ 与 NiO 等半导体材料）是满足反应热力学电位的理想材料，并且宽带隙使材料具有较低的价带顶位置与导带顶位置，使光生载流子具有较强的氧化还原能力。宽带隙结构同样影响了材料的光响应范围，这种材料对太阳光的利用率不高；而窄带隙的光催化剂基底虽然具有可见光响应范围，但氧化还原能力不足，同样无法取得高效光催化性能。因此需要对半导体光催化剂基底进行能带结构调控。将金属氧化物量子点半导体与基底半导体复合组成异质结结构是调控半导体基底能带结构的理想方法。正确选取金属氧化物量子点与半导体基底的化学组成，准确设计出合适光催化热力学反应的复合材料能带结构，在扩大光响应范围的同时满足反应热力学电位需求，考虑热力学匹配步骤，是设计光催化剂的首要条件。

其次，从光催化反应动力学角度来说，催化剂的物理性质决定了光生电子-空穴对的分离效果、反应分子的吸附及活化效果。在满足反应热力学电位匹配的基础上，从反应动力学角度设计催化剂是直接提高光催化性能的重要因素。金属氧化物量子点的形貌、粒径、晶型等关键物理结构参数在一定程度上影响着复合材料的物化性质，例如比表面积、光响应范围以及表面亲疏水性能等关键参数。因此量子点的制备方法与流程是通过改变制备的量子点物化性质来影响光催化剂复合材料的总体性能。金属氧化物量子点体积小，具有高比表面积与表面阴阳离子缺陷。高表面积使其具有高比表面能；表面缺陷是天然的电子阱，促进电子转移与光生载流子分离。因此金属氧化物量子点是理想的吸附与活化位点，在吸附反应分子的同时原位发生反应。增强吸附作用与促进光生载流子分离的反应动力学，可提高材料的光催化性能。总之，在半导体基底引入金属氧化物量子点，首先修饰基底的能带结构，在增强材料光响应范围的同时满足相应反应的电位需求，其次增强反应分子的吸附与活化作用并促进材料的光生电子和空穴的分离过程。

基于以上理论，本章总结了金属氧化物量子点的广泛制备策略及优势与缺陷，用于光催化能源转换相关应用，包括光催化降解染料与抗生素、光催化析氢、光催化二氧化碳还原等领域，为读者提供金属氧化物量子点设计制备以及应用思路。基于目前金属氧化物量子点修饰功能材料的研究进展，本章对量子点的制备方法原理以及表征手段进行了进一步的分类和分析。此外，在改性的功能材料中，对比了原半导体基底与量子点改性材料的光催化性能以及协同增强机理。尽管在过去十年中，用于光催化能源转换相关应用的金属氧化物量子点修饰功能材料的制备取得了重大进展，但仍然存在不足之处，例如光子利用率低、光催化性能低、催化剂稳定性不足等。这些不足驱使研究者们在设计催化剂结构与制备流程中探究解化剂的制备机理与材料改性作用机理，依靠理论研究设计制备出高性能高稳定性的优秀光催化剂。

## 参考文献


[1] 朱必成．g-$C_3N_4$ 的吸附和光催化活性：第一性原理计算和实验研究［D］．武汉：武汉理工大学，2019.

[2] ACHARYA R, PARIDA K. A review on $TiO_2$/g-$C_3N_4$ visible-light-responsive photocatalysts for sustainable energy generation and environmental remediation［J］. Journal Of Environmental Chemical Engineering, 2020, 8（4）: 103896.

[3] AKHUNDI A, ZAKER MOSHFEGH A, HABIBI-YANGJEH A, et al. Simultaneous dual-functional photocatalysis by g-$C_3N_4$-based nanostructures［J］. ACS ES&T Engineering, 2022, 2（4）: 564-585.

[4] TAGHIZADEH-LENDEH P, SARRAFI A H M, ALIHOSSEINI A, et al. Synthesis and characterisation ZnO/$TiO_2$ incorporated activated carbon as photocatalyst for gas refinery effluent treatment［J］. Polyhedron, 2024, 247: 116715.

[5] WANG D, XU Y, YU W, et al. Modulating charge carrier transfer channel by 2D/2D Schottky heterojunction of $Ti_3C_2$/$BiOIO_3$ for effective photocatalytic degradation of typical antibiotics［J］. Separation and Purification Technology, 2024, 337: 126393.

[6] PHILLIPS A W, PARAMESWARAN R, LICHTER E, et al. Gold-decorated silicon nanowire photocatalysts

for intracellular production of hydrogen peroxide [ J ]. ACS Appl Mater Interfaces, 2021, 13 ( 13 ) : 15490–15500.

[ 7 ] ZHOU X, FANG Y, CAI X, et al. In Situ photodeposited construction of Pt–CdS/g–$C_3N_4$–$MnO_x$ composite photocatalyst for efficient visible–light–driven overall water splitting [ J ]. ACS Appl Mater Interfaces, 2020, 12 ( 18 ) : 20579–20588.

[ 8 ] YANG D, ZHAO X, CHEN Y, et al. Synthesis of g–$C_3N_4$ nanosheet/$TiO_2$ heterojunctionsinspired by bioadhesion and biomineralization mechanism [ J ]. Industrial & Engineering Chemistry Research, 2019, 58 ( 14 ) : 5516–5525.

[ 9 ] ZHANG J, CHEN X, BAI Y, et al. Boosting photocatalytic water splitting by tuning built–in electric field at phase junction [ J ]. Journal of Materials Chemistry A, 2019, 7 ( 17 ) : 10264–10272.

[ 10 ] XING Y, YIN L, ZHAO Y, et al. Construction of the 1D covalent organic framework/2D g–$C_3N_4$ heterojunction with high apparent quantum efficiency at 500 nm [ J ]. ACS Appl Mater Interfaces, 2020, 12 ( 46 ) : 51555–51562.

[ 11 ] WU G, GAO Y, ZHENG B. Template–free method for synthesizing sponge–like graphitic carbon nitride with a large surface area and outstanding nitrogen photofixation ability induced by nitrogen vacancies [ J ]. Ceramics International, 2016, 42 ( 6 ) : 6985–6992.

[ 12 ] ZIARATI A, ZHAO J, AFSHANI J, et al. Advanced catalyst for $CO_2$ photo–reduction: from controllable product selectivity by architecture engineering to improving charge transfer using stabilized Au clusters [ J ]. Small, 2023, 19 ( 24 ) : e2207857.

[ 13 ] ZHANG P, ZHAO L, WANG Z, et al. Fabrication of $MoS_2$QDs/$Ag_3PO_4$ photocatalyst for efficient visible light catalysis [ J ]. Research on Chemical Intermediates, 2023, 49 ( 11 ) : 5029–5043.

[ 14 ] ZHANG P, WANG Z, ZHAO L, et al. Facile fabrication of magnetic C–$TiO_2$NBS/g–$C_3N_4$/$Fe_3O_4$ composites and the photocatalytic performance under simulated sunlight irradiation [ J ]. JOM, 2023, 75 ( 11 ) : 4507–4514.

[ 15 ] ZHANG G, HUANG S, LI X, et al. Internal electric field engineering of bifunctional 2D/2D heterojunction photocatalyst for cooperative $H_2$ production and alcohol conversion [ J ]. Applied Catalysis B: Environmental, 2023, 331: 122725.

[ 16 ] ZHAI H, TAN P, JIANG M, et al. Electronic regulation of Pt single–atom catalysts via local coordination state adjustment for enhanced photocatalytic performance [ J ]. ACS Catalysis, 2023, 13 ( 12 ) : 8063–8072.

[ 17 ] 高艳华. 金属氧化物半导体结构调控及光催化选择氧化反应研究 [ D ]. 青岛：青岛大学，2023.

[ 18 ] LI L, ZHANG P, LI N, et al. Application of g–$C_3N_4$–based photocatalysts for N2 photofixation [ J ]. Journal of Environmental Chemical Engineering, 2024, 12 ( 2 ) : 112142.

[ 19 ] XU C, JIN Z, CUI J, et al. One step grinding method to prepare $BiFeO_3$/ $\alpha$ –$Fe_2O_3$ type– Ⅱ heterojunction for enhancing phenolic wastewater degradation [ J ]. Materials Science in Semiconductor Processing, 2023, 155: 107242.

[ 20 ] NAGAKAWA H, NAGATA M. Elucidating the Factors Affecting Hydrogen Production Activity Using a CdS/$TiO_2$ Type–II Composite Photocatalyst [ J ]. ACS Omega, 2021, 6 ( 6 ) : 4395–4400.

[ 21 ] WANG C, XIONG J, WEN Z, et al. Integrated Ni ( OH ) $_2$–$TiO_2$–$Cu_2O$ hybrids with a synergic impact of the p–n heterojunction/cocatalyst for enhanced photocatalytic hydrogen production [ J ]. Industrial &

Engineering Chemistry Research, 2023, 62 (29): 11402–11413.

[22] WEN Q, LI D, GAO C, et al. Synthesis of dual p–n heterojunction of Ni/Mn–MOF–74/CdS@$Co_3O_4$ photocatalyst as a photoassisted fenton–like catalyst for removal of tetracycline hydrochloride [J]. Inorganic Chemistry, 2023, 62 (49): 20412–20429.

[23] FENG X, CHEN H, JIANG F, et al. One–pot fabrication of a double Z–scheme $CeCO_3OH$/g–$C_3N_4$/$CeO_2$ photocatalyst for nitrogen fixation under solar irradiation [J]. Catalysis Science & Technology, 2019, 9(11): 2849–2857.

[24] LI Y, WANG Y, WANG W, et al. Covalent–coupled $Zn_{0.4}Cd_{0.6}S$ with g–$C_3N_4$ as a sheet–on–sheet Z–scheme photocatalyst for water splitting [J]. Industrial & Engineering Chemistry Research, 2023, 62 (8): 3538–3545.

[25] XUE W, HU X, LIU E, et al. Novel reduced graphene oxide–supported $Cd_{0.5}Zn_{0.5}S$/g–$C_3N_4$ Z–scheme heterojunction photocatalyst for enhanced hydrogen evolution [J]. Applied Surface Science, 2018, 447: 783–794.

[26] WANG J, WANG J, LI N, et al. Direct Z–Scheme 0D/2D Heterojunction of $CsPbBr_3$ Quantum Dots/$Bi_2WO_6$ Nanosheets for Efficient Photocatalytic $CO_2$ Reduction [J]. ACS Appl Mater Interfaces, 2020, 12 (28): 31477–31485.

[27] GAO Y, FU C, HU W, et al. Designing direct Z–scheme heterojunctions enabled by edge–modified phosphorene nanoribbons for photocatalytic overall water splitting [J]. The Journal of Physical Chemistry Letters, 2022, 13 (1): 1–11.

[28] WAKJIRA T L, GEMTA A B, KASSAHUN G B, et al. Bismuth–based Z–scheme heterojunction photocatalysts for remediation of contaminated water [J]. ACS Omega, 2024, 9 (8): 8709–8729.

[29] WU F, ZHOU C, TAI G, et al. ZIF–67/BiOCl Z–scheme heterojunction photocatalyst for photodegradation of organic dyes and antibiotics [J]. ACS Appl Nano Mater, 2023, 6 (19): 17814–17825.

[30] BAMIDURO G J, ZAHRAN E M. Pd@$Bi_2Ru_2O_7$/$BiVO_4$ Z–scheme heterojunction nanocomposite photocatalyst for the degradation of trichloroethylene [J]. ACS Appl Mater Interfaces, 2023, 15 (51): 59337–59347.

[31] XU Q, ZHANG L, CHENG B, et al. S–scheme heterojunction photocatalyst [J]. Chem, 2020, 6 (7): 1543–1559.

[32] BARIKI R, PRADHAN S K, PANDA S, et al. Hierarchical UiO–66 (–$NH_2$) /$CuInS_2$ S–scheme photocatalyst with controlled topology for enhanced photocatalytic $N_2$ fixation and $H_2O_2$ production [J]. Langmuir, 2023, 39 (22): 7707–7722.

[33] ZHANG X, ZHA X, LUO Y, et al. $In_2O_3$ nanoparticle/$Bi_4O_5Br_2$ nanosheet S–scheme heterojunctions with iInterfacial oxygen vacancies for photocatalytic degradation of tetracycline [J]. ACS Appl Nano Mater, 2023, 6 (13): 11877–11887.

[34] TAN L, LI P, SUN B, et al. Stabilities related to near–infrared quantum dot–based solar cells: the role of surface engineering [J]. ACS Energy Letters, 2017, 2 (7): 1573–1585.

[35] YANG X, LI Y, CHEN G Y, et al. $ZnSnO_3$ quantum dot/perylene diimide supramolecular nanorod heterojunction photocatalyst for efficient phenol degradation [J]. ACS Appl Nano Mater, 2022, 5 (7): 9829–9839.

[36] LI C, ZOU X, LIN W, et al. Graphitic carbon nitride/CdSe quantum dot/iron carbonyl cluster composite for

enhanced photocatalytic hydrogen evolution [ J ]. ACS Appl Nano Mater, 2021, 4 ( 6 ) : 6280–6289.

[ 37 ] CHAKRABORTY I N, ROY P, PILLAI P P. visible light–mediated quantum dot photocatalysis enables olefination reactions at room temperature [ J ]. ACS Catalysis, 2023, 13 ( 11 ) : 7331–7338.

[ 38 ] LI L, ZHANG R, HOU P, et al. boosting hydrogenation of graphene quantum dot–modified photocatalysts: specific functionalized modulation at active sites [ J ]. ACS Catalysis, 2023, 13 ( 16 ) : 10824–10834.

[ 39 ] AMBADE R B, ALI M, LEE K H, et al. nitrogen and sulfur co–doped carbon quantum dot–engineered $tio_2$ graphene on carbon fabric for photocatalysis applications [ J ]. ACS Appl Nano Mater, 2023, 6 ( 17 ) : 15782–15794.

[ 40 ] QIN Y, CHEN X, ZHAO Z, et al. assembled quantum dot porous clusters for enhanced photocatalytic reduction of quinone to hydroquinone [ J ]. ACS Catalysis, 2024, 14 ( 3 ) : 1243–1251.

[ 41 ] LIM S J, MA L, SCHLEIFE A, et al. Quantum dot surface engineering: toward inert fluorophores with compact size and bright, stable emission [ J ]. Coordination Chemistry Reviews, 2016, 320–321: 216–237.

[ 42 ] ZHAO H, FANG Q, CHEN C, et al. $WO_3$ quantum dots decorated GO/Mg–doped ZnO composites for enhanced photocatalytic activity under nature sunlight [ J ]. Applied Organometallic Chemistry, 2018, 32 ( 9 ) : e4449.

[ 43 ] CHEN J W, SHI J W, WANG X, et al. Hybrid metal oxides quantum dots/$TiO_2$ block composites: Facile synthesis and photocatalysis application [ J ]. Powder Technology, 2013, 246: 108–116.

[ 44 ] HONG W, ZHOU Y, LV C, et al. NiO quantum dot modified $TiO_2$ toward robust hydrogen production performance [ J ]. ACS Sustainable Chemistry & Engineering, 2018, 6 ( 1 ) : 889–896.

[ 45 ] HUANG Z, QIN X, GU X, et al. $Mn_3O_4$ quantum dots supported on nitrogen–doped partially exfoliated multiwall carbon nanotubes as oxygen reduction electrocatalysts for high–performance Zn–Air batteries [ J ]. ACS Appl Mater Interfaces, 2018, 10 ( 28 ) : 23900–23909.

[ 46 ] LUO Y, FAN S, HAO N, et al. An ultrasound–assisted approach to synthesize $Mn_3O_4$/RGO hybrids with high capability for lithium ion batteries [ J ]. Dalton Transactions, 2014, 43 ( 41 ) : 15317–15320.

[ 47 ] SUN S, WATANABE M, WANG P, et al. synergistic enhancement of $H_2$ and $CH_4$ evolution by $CO_2$ photoreduction in water with reduced graphene oxide–bismuth monoxide quantum dot catalyst [ J ]. ACS Appl Energy Mater, 2019, 2 ( 3 ) : 2104–2112.

[ 48 ] PENG Y, LIU Q, ZHANG J, et al. enhanced visible–light–driven photocatalytic activity by OD/2D phase heterojunction of quantum dots/nanosheets on bismuth molybdates [ J ]. The Journal of Physical Chemistry C, 2018, 122 ( 7 ) : 3738–3747.

[ 49 ] ZHANG L, XU T, ZHAO X, et al. Controllable synthesis of $Bi_2MoO_6$ and effect of morphology and variation in local structure on photocatalytic activities [ J ]. Applied Catalysis B: Environmental, 2010, 98 ( 3 ) : 138–146.

[ 50 ] DAI Z, QIN F, ZHAO H, et al. Time–dependent evolution of the $Bi_{3.64}Mo_{0.36}O_{6.55}$/$Bi_2MoO_6$ heterostructure for enhanced photocatalytic activity via the interfacial hole migration [ J ]. Nanoscale, 2015, 7 ( 28 ) : 11991–11999.

[ 51 ] REN J, WANG W, SHANG M, et al. Heterostructured bismuth molybdate composite: preparation and improved photocatalytic activity under visible–light irradiation[ J ]. ACS Appl Mater Interfaces, 2011, 3( 7 ): 2529–2533.

[ 52 ] VATTIKUTI S V P, REDDY P A K, SHIM J, et al. Visible–light–driven photocatalytic activity of $SnO_2$–

ZnO quantum dots anchored on g–$C_3N_4$ nanosheets for photocatalytic pollutant degradation and $H_2$ Production [ J ] . ACS Omega, 2018, 3 ( 7 ) : 7587–7602.

[ 53 ] YANG S J, NAM S, KIM T, et al. Preparation and exceptional lithium anodic performance of porous carbon–coated ZnO quantum dots derived from a metal–organic framework [ J ] . Journal of the American Chemical Society, 2013, 135 ( 20 ) : 7394–7397.

[ 54 ] GAO L, WU G, MA J, et al. $SnO_2$ quantum dots@graphene framework as a high–performance flexible anode electrode for lithium–ion batteries [ J ] . ACS Appl Mater Interfaces, 2020, 12 ( 11 ) : 12982–12989.

[ 55 ] ZHOU X, SHI J, LIU Y, et al. Microwave irradiation synthesis of $Co_3O_4$ quantum dots/graphene composite as anode materials for Li–ion battery [ J ] . Electrochim Acta, 2014, 143: 175–179.

[ 56 ] GENG J, MA C, ZHANG D, et al. Facile and fast synthesis of $SnO_2$ quantum dots for high performance solid–state asymmetric supercapacitor [ J ] . Journal of Alloys and Compounds, 2020, 825: 153850.

[ 57 ] PARTHIBAVARMAN M, SATHISHKUMAR S, JAYASHREE M, et al. microwave assisted synthesis of pure and Ag doped $SnO_2$ quantum dots as novel platform for high photocatalytic activity performance [ J ] . Journal of Cluster Science, 2019, 30 ( 2 ) : 351–363.

[ 58 ] CHEN D, HUANG S, HUANG R, et al. Convenient fabrication of Ni–doped $SnO_2$ quantum dots with improved photodegradation performance for Rhodamine B [ J ] . Journal of Alloys and Compounds, 2019, 788: 929–935.

[ 59 ] QIAN J, CHEN Z, CHEN F, et al. exploration of $CeO_2$-CuO quantum dots in situ grown on graphene under hypha assistance for highly efficient solar–driven hydrogen production [ J ] . Inorganic Chemistry, 2018, 57 ( 23 ) : 14532–14541.

[ 60 ] XIE M, ZHANG Z, HAN W, et al. Efficient hydrogen evolution under visible light irradiation over $BiVO_4$ quantum dot decorated screw–like $SnO_2$ nanostructures [ J ]. Journal of Materials Chemistry A, 2017, 5 ( 21 ): 10338–10346.

[ 61 ] LI N, LIU X, ZHOU J, et al. Encapsulating CuO quantum dots in MIL–125 ( Ti ) coupled with g–$C_3N_4$ for efficient photocatalytic $CO_2$ reduction [ J ] . Chemical Engineering Journal, 2020, 399: 125782.

# 第四章　金属硫化物量子点材料的制备及应用

## 第一节　引言

如今，随着光催化技术的不断发展，越来越多的化学材料被广泛应用在光催化领域中。目前研究较为广泛的光催化材料是过渡金属氧化物、金属硫化物以及新型光催化剂材料。金属硫化物作为二维材料，因其特殊结构而具有优异的机械、电学及光学性能，在光催化领域展现出广泛的应用前景[1-8]。但许多金属硫化物容易光腐蚀，其中含有一些重金属，如 CdS、PbS，而且这些重金属是高毒性元素，对人类的健康和环境有害。为了解决金属硫化物半导体材料在光催化领域应用中的不足，研究人员将注意力转向了“零维”的量子点。量子点作为一种小尺寸的半导体纳米晶体，具有以下特点：①可见光吸收范围大，太阳能利用率高；②多激子产生，即通过吸收单个光子产生多个电子-空穴对，产生更多电荷；③由于尺寸小，电荷传输距离短，促进光生载流子的分离和转移；④具有大的量子尺寸效应和量子限制效应，颗粒大小可以调节到半导体所需的能带结构和光吸收范围，易于实现导带 / 价带和电子 / 空穴收集相之间的能级匹配，从而最大限度地利用太阳能；⑤可见光区域吸收系数高，光电转换能力强。此外，大的比表面积增强了量子点的反应性和对环境的敏感性，并允许通过官能化实现表面化学的广泛可调性。在具有宽禁带的半导体异质结中，量子点作为光敏剂，可以促进光生载流子的分离和转移，拓宽可见光的利用[9-12]。量子点可作为光催化剂、助催化剂或光敏剂与其他材料结合，为提高传统半导体光催化效率开辟了新路径，并将为该领域带来更广阔的发展前景[13]。

1932 年，研究发现一些硅酸盐玻璃的红色或黄色可能与 CdSe 和 CdS 的微观夹杂物有关[14]。直到 1985 年研究才发现，这些颜色的变化与 CdS 或 CdSe 量子点中的量子限制所确定的能量状态有关。20 世纪 90 年代，研究者首次成功合成 CdS QDs。从那以后，涉及量子点的独特纳米级材料结构、光学和电学特性的研究稳步增加。硫化物量子点是以二元、三元或多元过渡金属配体和硫源组成的更小颗粒的纳米尺寸晶体。在过去的二十年中，二元Ⅱ-Ⅵ族和Ⅲ-Ⅴ型发光量子点因其独特的尺寸依赖性光学和电子特性而备受关注。当它们的尺寸减小到低于玻尔激子半径时，它们会显示出量子限制效应，并且带隙会根据物理尺寸变化而发生变化。Ⅱ-Ⅵ族硫化物量子点有 ZnS、CdS、$AgS_2$、PbS、HgS、$WS_2$、$MoS_2$、FeS QDs 等。其中，ZnS（$E_g$=3.72 eV）和 CdS（$E_g$=2.42 eV）是重要的宽带隙半导体。三元硫化物量子点由于其优异的性质而受到广泛关注，例如可调节的带隙、高量子产率、大的吸收系数、低毒性、易于溶液加工，以及通过碰撞电离效应产生多个电子的可能性。Ⅰ-Ⅲ-Ⅵ族硫化物量子点在可见光区带隙宽度较小。例如，$CuInS_2$ QDs、$AgInS_2$ QDs 的带隙分别为 1.5 eV 和 1.87 eV。尺寸相关的光学和发射性质是三元Ⅰ-Ⅲ-Ⅵ族量子点最重要的特征[15-21]。此外，量子点的形状、晶体结构、缺陷、杂质和萃取相互作用可以影响三元Ⅰ-Ⅲ-Ⅵ族硫化物量子点的吸收和发射性能[22]。本章就金属硫化物量子点的制备方法及其表征、在环境保护方面和能源转化方面的应用进行简单描述。

## 第二节　金属硫化物量子点材料的制备及表征

人们已经研究了许多光催化剂量子点，包括含金属材料（例如金属氧化物量子、金属硫化物量子点）和不含金属材料（例如氧化石墨烯量子点、氮化碳量子点）等，并将其用于节能减排，保护环境。在过去的几年里，金属硫化物量子点因其独特的光电特性、低毒性、环境友好、低成本和易于加工等特性，引起了科研人员的广泛关注。由于这些优异的特性，金属硫化物量子点可用于各种高性能应用，包括光催化降解废水、光催化固氮、光催化二氧化碳还原、光催化析氢、太阳能电池、传感器、发光二极管、药物输送、生物成像等。

近年来许多报道描述了在水性和有机溶剂中有效生产高质量金属硫化物量

子点的合成方法。本节对金属硫化物量子点的不同制备方法及其表征技术进行了一般描述。

## 一、水热法

水热法可以很好地控制金属硫化物的成分和孔隙率。该方法能有效控制颗粒的尺寸和形貌。它需要相对较低的温度，从而避免了高温工艺遇到的问题。具有接近熔点的高蒸气压的材料也可以使用该技术合成。但是这种方法的主要缺点之一是需要昂贵的高压灭菌器，且并不可能观察到钢管内晶体的生长。

例如 Zhang 等人[23]使用水热方法成功地在石墨烯纳米片上合成了小尺寸的均匀分散的 ZnS QDs（图 4.1）。方法是将 GO 加入去离子中，超声处理形成均匀的分散溶液，然后加入一定量的醋酸锌于上述溶液中，超声 1 h 形成均相溶液。此后，将氨水滴入溶液中（pH 为 9）。然后，将硫化钠溶解于去离子水中，并在磁力搅拌下加入上述溶液中搅拌 1 h。充分混合后，将溶液转移至高压釜（100 mL）中，加热至 140℃保持 10 h。高压釜自然冷却至室温后，将所得水凝胶用乙醇和去离子水洗涤数次，然后冷冻干燥。

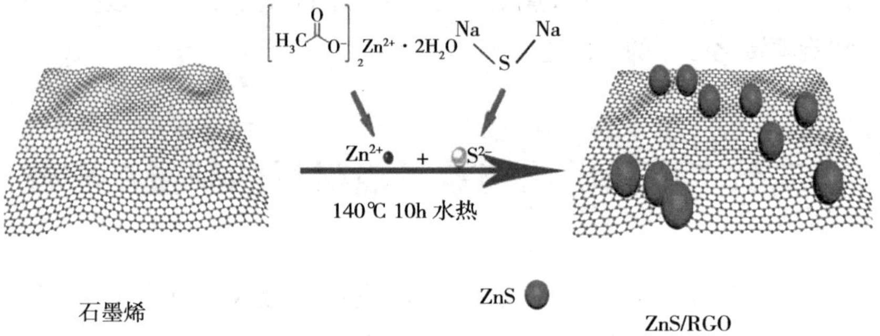


**图 4.1　ZnS/RGO 复合材料的合成工艺**[23]

通过 TEM 和 HRTEM 对 ZnS/RGO 复合材料的形貌和结构进行了表征。图 4.2a 和图 4.2b 证实 ZnS 纳米颗粒均匀分散在 RGO 纳米片上。然而，纯 ZnS 纳米粒子存在严重的团聚现象。图 4.2c 和图 4.2d 证实了复合材料具有由 10 nm 级的 ZnS 纳米颗粒和 RGO 纳米片组成的稳定结构。二维石墨烯可用作 ZnS 纳米粒子的支撑基底。二维机构可以有效防止 ZnS 纳米颗粒的团聚和石墨烯的堆积，同时提高纳米复合材料的电子导电性。间距为 0.31 nm 的晶格条纹对应于 ZnS 纳米晶体（JCPDS，05-0566）的（001）晶面。采用 ZnS/RGO 复合材料结构作为锂离子电池和钠离子电池负极材料，可以提高倍率性能和循环稳定性。

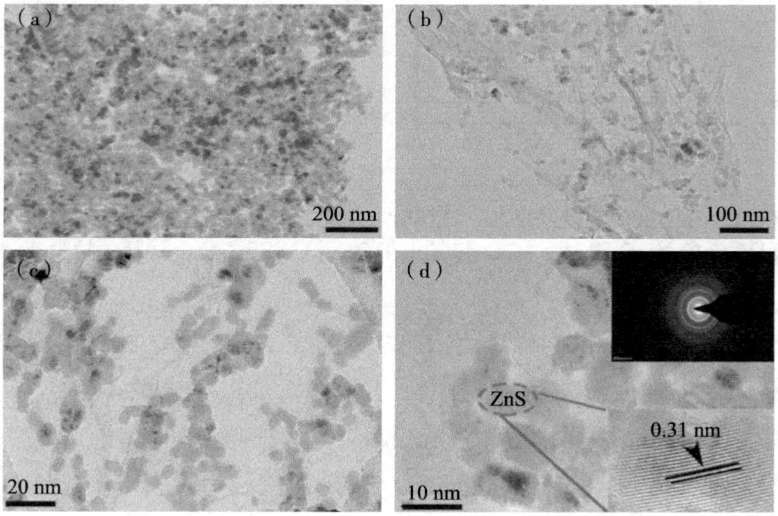


**图 4.2 （a）ZnS 的 TEM 图；（b）ZnS/RGO 复合材料的 TEM 图；（c）ZnS/RGO 复合材料的 HRTEM 图；（d）ZnS/RGO 复合材料的 HRTEM 图（插图为 SAED 图）[23]**

图 4.3a 显示了合成的 ZnS/RGO 复合材料样品的 XRD 图。位于 28.50°、47.50°和 56.30°的三个主要衍射峰对应于 ZnS 的（111）、（220）和（311）晶面（JCPDS，05-0566）[24-25]。没有检测到明显的杂质典型衍射峰，表明 ZnS 的纯度较高。GO 的 XRD 曲线在 10.60°处有一个尖锐的衍射峰，对应于 GO 的（002）晶面。相比之下，RGO 的衍射峰移动到 22°，因为原料 GO 被有效剥离[24]。拉曼光谱主要用于表征碳质材料的结构变化。在拉曼光谱中，碳材料分别具有两个特征峰，即 D 峰（晶体结构无序度的 $A_{1g}$ 模式）和 G 峰（$sp^2$ 杂化的石墨碳原子的 $E_{2g}$ 模式）[26-27]。强度比（$I_D/I_G$）可以用来表征碳材料的无序程度。如图 4.3b 所示，GO 的 D 峰和 G 峰分别位于约1341 $cm^{-1}$ 和约1604 $cm^{-1}$ 处。在复合材料的拉曼曲线中，G 峰从约1598 $cm^{-1}$ 移动到约1593 $cm^{-1}$，这表明 ZnS QDs/RGO 复合材料中 GO 被还原。ZnS/RGO 复合材料的强度比约为 1.66（GO 强度比约为 0.88），表明水热过程中 $CO_2$、CO 和 $H_2O$ 的排放增加了碳腔和无序度。

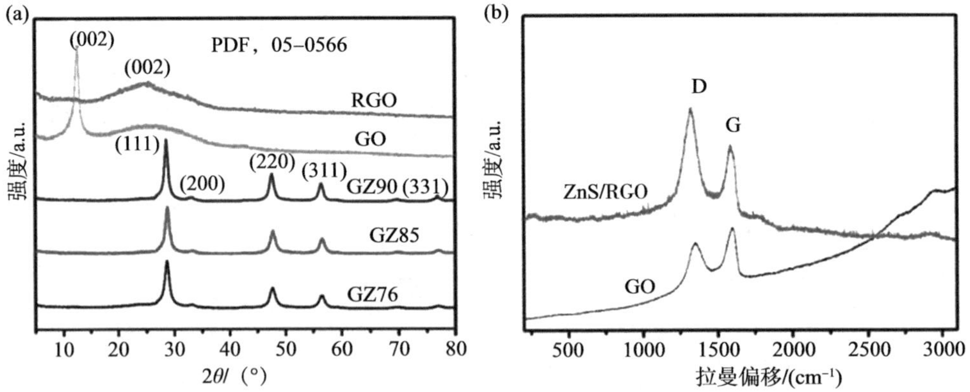


**图 4.3 （a）ZnS/RGO（记为 GZ76、GZ85、GZ90，数字表示 ZnS 的百分比）复合材料、GO 和 RGO 的 XRD 图；（b）GO 和 ZnS/RGO（GZ85）复合材料的拉曼光谱图**[23]

笔者所在课题组[28]同样采用水热法制备了 $MoS_2$ QDs/$TiO_2$，用于降解废水中的染料和抗生素。首先制备得 $MoS_2$ QDs，将 $MoS_2$ 粉末以 4 g · $L^{-1}$ 分散在异丙醇中并置于冰水浴中。采用冰浴液相超声剥离法超声处理 7.5 h。之后，将样品在平均温度下孵育 48 h，得到 $MoS_2$ QDs 悬浮液。为除去未剥离的 $MoS_2$ 大颗粒，以 8000 rpm 高速离心 30 min，得到 $MoS_2$ QDs。然后将钛酸四丁酯（tetrabutyl orthotitanate，TBOT）与 7.25 g 无水草酸一起溶解在 65 mL N,N–二甲基甲酰胺中。之后，逐渐加入含有 $MoS_2$ QDs 的溶液，同时连续搅拌 60 min，然后放入高压釜中并在 170℃下保持 10 h。收集所得沉淀，用乙醇和水清洗，并在 80℃下干燥 3 h。为了去除任何残留的有机物并提高材料的结晶度，所得样品在空气中于 600℃以 2℃ · $min^{-1}$ 的速率煅烧 3 h，最后制得 $MoS_2$ QDs/$TiO_2$（图 4.4）。

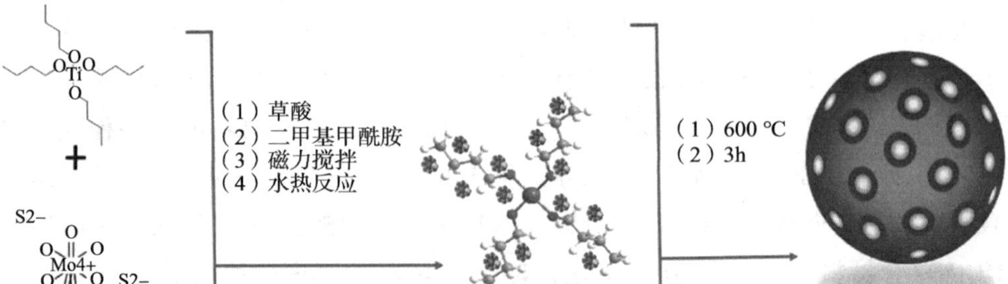


**图 4.4 $MoS_2$ QDs/$TiO_2$ 纳米复合材料的制备过程**[28]

进一步通过 XRD、FTIR 证明 $MoS_2$ QDs 成功负载在 $TiO_2$ 上。图 4.5a 显示了 $MoS_2$ QDs-*x*/$TiO_2$（*x* 表示掺杂比例）的 XRD 图。$TiO_2$ 的 XRD 图中，$2\theta$ 为 25°~75°处的特征峰归属于（101）、（004）、（200）、（105）、（211）、（204）、（116）、（220）和（215）晶面[29-30]。

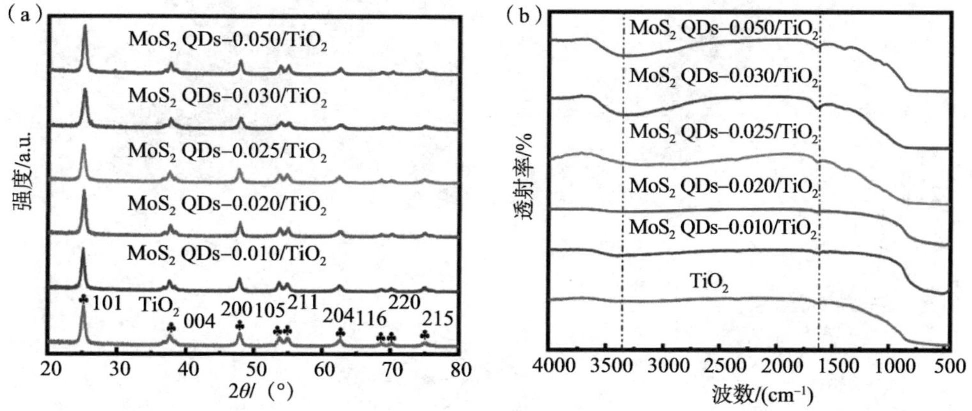


**图 4.5　$MoS_2$ QDs-*x*/$TiO_2$ 的（a）XRD 图和（b）FTIR 图[28]**

$MoS_2$ QDs/$TiO_2$ 的 XRD 图中衍射峰位置与纯 $TiO_2$ 相同。由于 $MoS_2$ QDs 的添加量相对较少，复合材料的 XRD 图上没有出现衍射峰。使用 FTIR 技术来检查复合材料的表面基团，所有样品在 450~550 $cm^{-1}$ 范围内都有明显的吸收峰，延长了 Ti-O-Ti 键的振动峰，如图 4.5b 所示。1630 $cm^{-1}$ 以外的吸收峰对应于 $TiO_2$。该材料具有较大的表面 OH 收缩和弯曲振动峰。与 $TiO_2$ 相比，$MoS_2$ QDs/$TiO_2$ 在 3430 $cm^{-1}$ 处的特征峰强度明显强于 $MoS_2$ QDs 掺杂量增加的纯介孔 $TiO_2$。另外 1630$cm^{-1}$ 以外的吸收峰对应于 $TiO_2$，该材料具有丰富的表面·OH 的收缩和弯曲振动峰。与 $TiO_2$ 相比，随着掺杂量的增加，$MoS_2$ QDs/$TiO_2$ 在 3430 $cm^{-1}$ 处的特征峰强度明显强于纯介孔 $TiO_2$。因此，这些信息证明 $MoS_2$ QDs 复合到了 $TiO_2$ 材料上。

使用 SEM 和 TEM 表征催化剂的形貌。TEM 图证实所制备的催化剂保持了优异的球形结构（图 4.6a-e）。所制备样品的晶格条纹如图 4.6d-e 所示。结果显示，制备的样品由晶格间距为 0.357 nm 的 $TiO_2$ [（101）晶面] 和晶格间距为 0.215 nm 的 $MoS_2$ [（006）晶面] 组成。从 SEM 图可以看出（图 4.6f-g），在煅烧后，所制备的 $MoS_2$ QDs/$TiO_2$ 仍然保持优异的球形结构，证明 $MoS_2$ QDs/$TiO_2$ 具有良好的稳定性，并且存在均匀分布的 Ti、Mo、

S 和 O（图 4.6h-k）。这些结果表明实验成功制备了球形 $MoS_2$ QDs/$TiO_2$ 光催化剂。

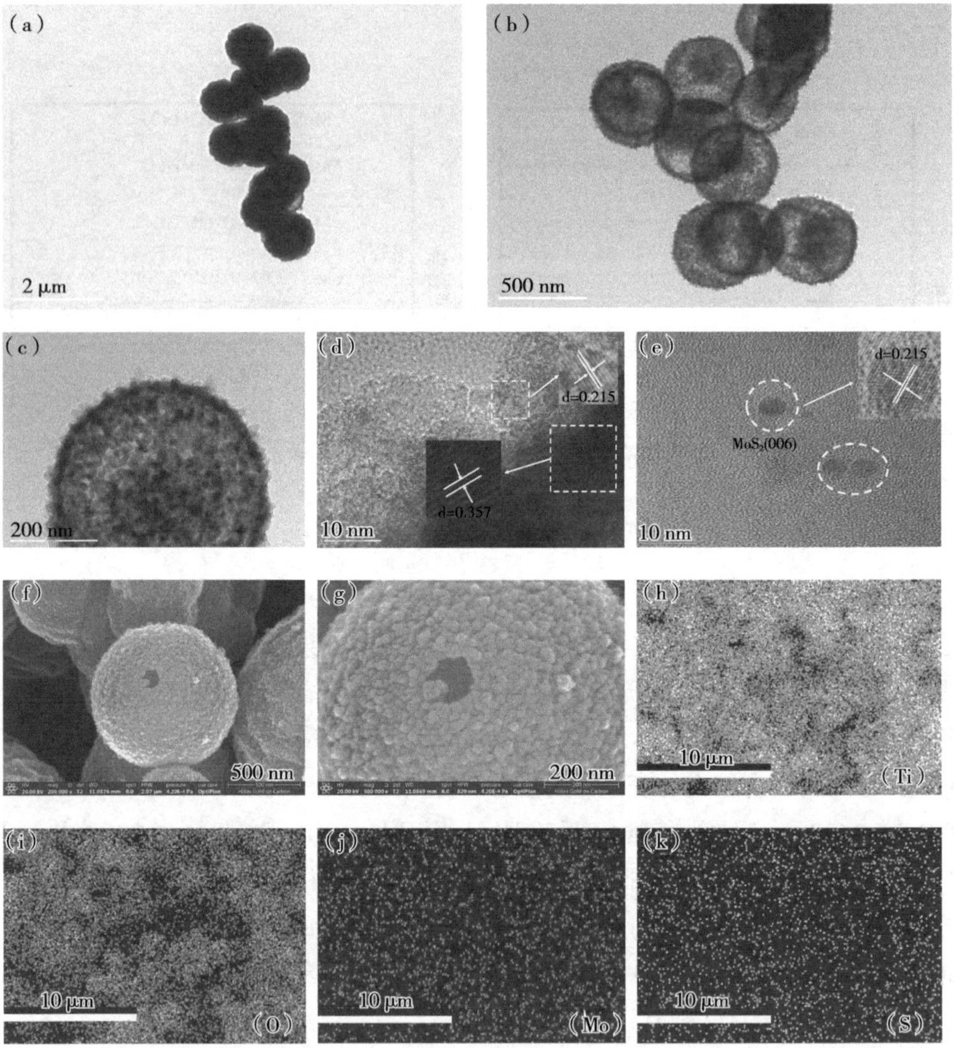


图 4.6　$MoS_2$ QDs/$TiO_2$ 的不同放大倍率 TEM 图（a-d）、$MoS_2$ QDs 的 TEM 图（e）、$MoS_2$ QDs/$TiO_2$ 的不同放大倍率 SEM 图（f-g）以及 $MoS_2$ QDs/$TiO_2$ 元素分析 EDS 图（h-k）[28]

## 二、溶胶-凝胶法

溶胶凝胶法是制备半导体量子点材料的一种新方法。溶胶是胶体颗粒或聚合物在溶剂中的稳定分散体。它能更好地控制固体的合成，是一种湿化学技术，多用于制备玻璃和陶瓷材料。该方法的优点是可以更好地控制结构，例如粒度和孔隙率，提高结合纳米材料的性能。该方法通过形成薄涂层，确保面层与基材之间具有良好的附着力，保留相对较高的纯度，提供了对构图的良好控制。该方法的优点是可以在较低的温度下进行，不需要特殊或昂贵的设备；缺点是处理的时间很长，会使用一些有机溶剂，其中一些可能有毒。

2021 年，Sonker 等人[31]采用简单的溶胶–凝胶方法，在低温下制备了 CdS QDs。典型样本的合成路线是：首先取 10 mmol 乙酸镉和 10 mmol 硫脲在乙醇中制备的溶液，随后滴加聚乙烯醇溶液，并在 60℃下连续反射 1 h，进行 CdS QDs 的生长（图 4.7）。他们使用密度泛函理论方法研究了 CdS QDs 的结构、电子和振动性质，此外，使用 HRTEM 来证实其结构和性质，并与之前的结果获得了良好的一致性。

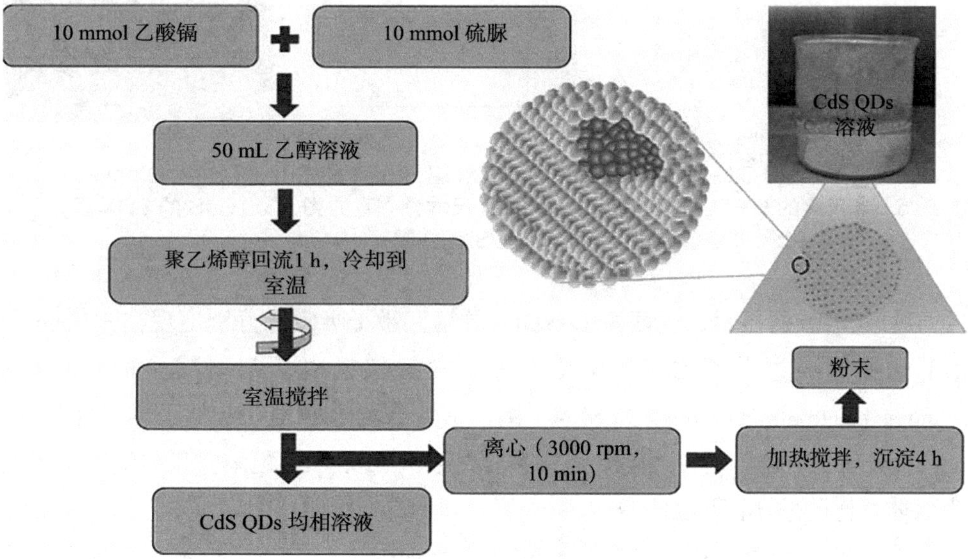


**图 4.7　溶胶–凝胶法合成 CdS QDs 的工艺流程图[31]**

采用 TEM 进行形貌特征分析，如图 4.8 所示。从图 4.8a 中看出，CdS QDs 是六边形形态。图 4.8b 和图 4.8c 显示了 CdS QDs 的 HRTEM 图，从图可知材料与报道的（111）、（220）和（311）晶面间距匹配。合成颗粒的最小直径约为 2.1 nm。直方图的尺寸分布绘制（图 4.8d）中显示大多数颗粒在 4 nm 和

5 nm之间。图4.8e显示了CdS QDs的能量色散X射线光谱（energy dispersive X-ray spectroscopy，EDX），在样品中，Cd为567.32，S为67.18。CdS平面的性质由图4.8f所示的SAED图确定。

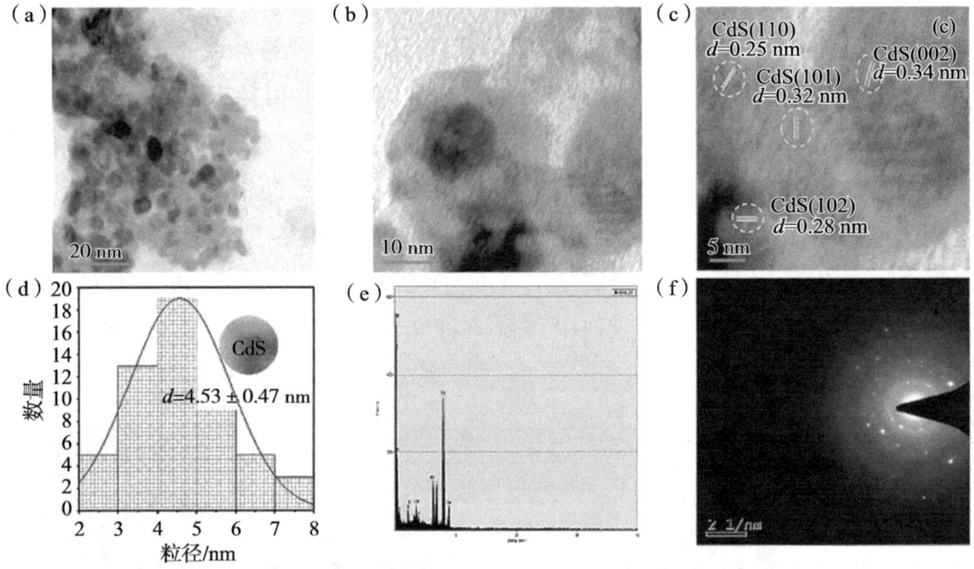


图4.8 （a）CdS QDs在20 nm的TEM图，（b和c）Cds QDs在10 nm和5 nm尺度的HRTEM图，（d）CdS QDs尺寸分布直方图，（e）CdS的EDX图，（f）CdS的SAED图[31]

PL光谱数据显示，这两个CdS QDs的第一激子吸收峰分别出现在360 nm和423 nm处。通过分析CdS QDs尺寸的场发射扫描电子显微镜（field emission scanning electron microscope，FESEM）图，估计这两个CdS QDs的平均尺寸为3.3 nm和5.5 nm（图4.9a中的插图）。图4.9a表明，CdS QDs的陷阱发射随着量子点表面体积比的减小而增加。

进一步使用动态光散射（dynamic light scattering，DLS）技术对CdS QDs粒度进行了分析（图4.9b）。通过粒度分析仪（NanoTM 90）检查溶解在乙醇中的CdS QDs的粒度，然后根据相应的数据绘制DLS图（图4.9b）。从粒度分布曲线发现粒度范围在2.2 nm和7.4 nm之间。这是由于DLS拉伸了被有机和无机纳米颗粒包围的CdS QDs的流体动力学直径。所开发的样品的单一DLS峰显示CdS QDs纳米颗粒的高度区分，并且它们在性质上是单分散的。

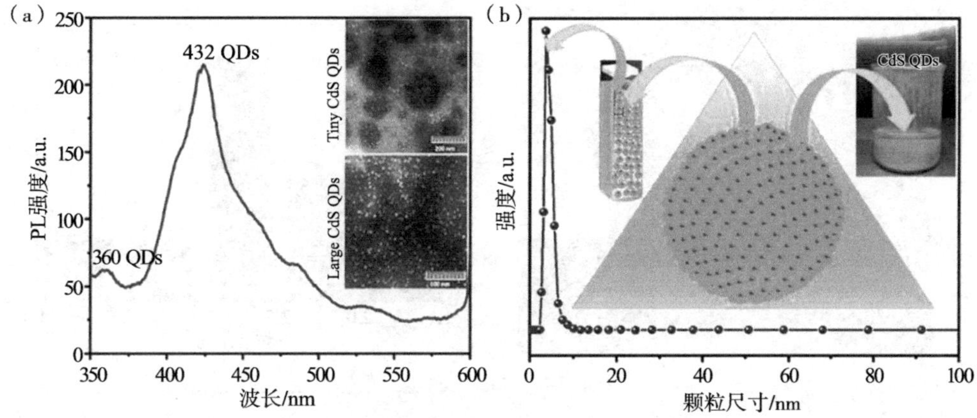


**图 4.9 （a）CdS QDs 的 PL 光谱图；（b）从粒度分析仪获得的粒度分布曲线的 DLS 图**[31]

## 三、溶剂热法

溶剂热法与水热法原理相似，区别在于溶剂热法以有机溶剂代替水作为反应介质。溶剂热法，因操作简单、通用性强、安全性好，因此被广泛应用于硫化物量子点的实验室制备过程中。缺点是，观察晶体生长和材料合成的过程，要求耐高温、高压的钢材及耐腐蚀的内衬，技术难度大、温压控制严格、成本高、安全性差，并且加热时密闭反应釜中流体体积膨胀，能够产生极大的压强，存在安全隐患，不适合批量化生产。

例如，Jindal 等人[32] 用溶剂法在 160℃保持 6 h 的高压釜中，以乙酸铜、乙酸铟为阳离子前驱体，硫代乙酰胺为硫源，十八烷基胺为封端剂，乙醇为溶剂，硫代乙酰胺分解释放硫离子，形成 $CuInS_2$ 纳米晶体。随后加入溶解在乙醇中的乙酸锌，并在 200℃下进一步反应 8 h 以制备 $CuInS_2$/ZnS QDs 用于增强光学性能。

采用 TEM 和 SEM 研究 $CuInS_2$ 和 $CuInS_2$/ZnS QDs 的形貌和颗粒分布，如图 4.10 所示。$CuInS_2$（图 4.10a）和 $CuInS_2$/ZnS QDs（图 4.10c）的 TEM 图表明颗粒接近球形，并且形状均匀。$CuInS_2$ 和 $CuInS_2$/ZnS QDs 的粒径分布如图 4.10b 和图 4.10d 所示，计算得出 $CuInS_2$ 和 $CuInS_2$/ZnS QDs 的平均粒径分别为 2.63 nm 和 3.9 nm。从图 4.10a 的插图中可知，$CuInS_2$ QDs 的 SAED 图呈现出三个均匀的亮环，揭示了 $CuInS_2$ QDs 的多晶性质。此外，$CuInS_2$/ZnS QDs 的 SAED 图（图 4.10c 的插图）显示了与 ZnS 衍射峰相对应的附加环。

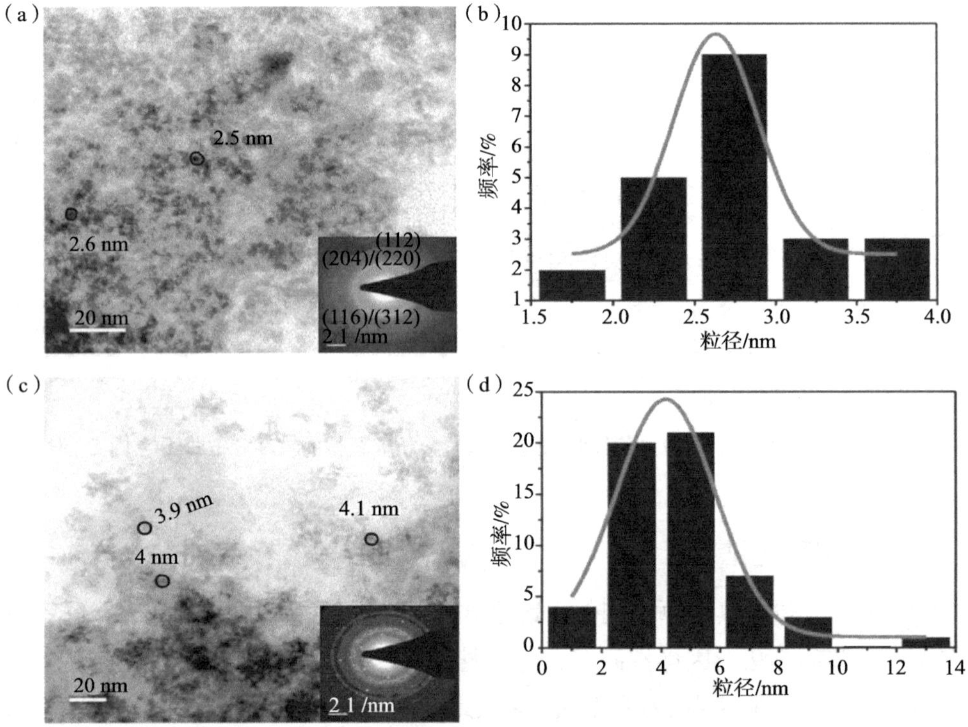


图 4.10 (a) $CuInS_2$ QDs 的 TEM 图，(b) $CuInS_2$ QDs 的粒径分布，(c) $CuInS_2$/ZnS QDs 的 TEM 图，(d) $CuInS_2$/ZnS QDs 的粒径分布[32]

采用 XRD 研究半导体材料的晶相。$CuInS_2$ 和 $CuInS_2$/ZnS QDs 的 XRD 图如图 4.11 所示。$CuInS_2$ 的光谱显示，$2\theta$ 值为 27.98°、46.67° 和 55.03° 的各种衍射峰，分别对应于（112）、（204）/（220）、（116）/（312）的晶面。这些峰与黄铜矿 $CuInS_2$（ICSD：01-085-1575）非常匹配。$CuInS_2$/ZnS QDs 的衍射峰偏移至较高的 $2\theta$ 值为 28.37°、47.17° 和 55.8° 处，并且图案对应于 ZnS 闪锌矿相的（111）、（220）和（311）晶面（ICSD：01-077-2100）。这些证据证明了 $CuInS_2$/ZnS QDs 的成功制备。

## 四、激光烧蚀合成法

激光烧蚀是一个相对较为复杂的过程。首先将激光穿透样品的表面，然后这些自由电子与样品的原子碰撞。与自下而上的方法相比，激光烧蚀方法更加环保，因为化学配体的使用量和还原剂残留更少。除仪器成本高以外，其他试剂都比较廉价。该方法可以很好地控制颗粒尺寸，可提供具有良好单分散性的

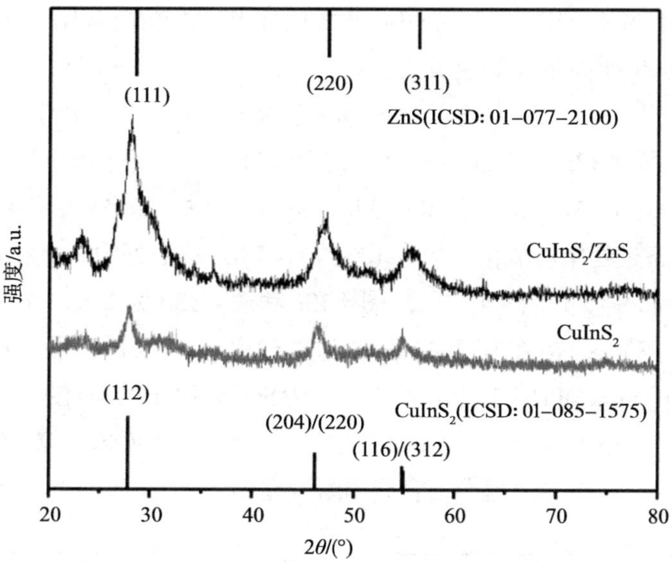


图 4.11　$CuInS_2$、$CuInS_2$/ZnS QDs 的 XRD 图谱[32]

颗粒。此外，由于通过激光烧蚀可以在短时间内（通常数十分钟）将颗粒尺寸减小为纳米结构，因此与自下而上的方法相比，激光烧蚀法制备金属硫化物量子点更省时。缺点是量子点纳米片的生产速度较慢、能源消耗高、激光设备成本高，且若一次疗程中使用激光的时间越长，消融效率就会降低。

Xu 等人[33]使用一种基于飞秒激光烧蚀和超声辅助液体剥离的快速简单的方法来合成高质量的 $MoS_2$ QDs 和 $WS_2$ QDs（图 4.12）。在此过程中有两个关键步骤。首先，通过飞秒激光烧蚀将大块 $MoS_2$ 和 $WS_2$ 粉末切割成小的多层 $MoS_2$ 和 $WS_2$ 纳米颗粒。其次，通过超声波剥离过程将产生的多层 $MoS_2$ 和 $WS_2$ 纳米颗粒剥离成量子点。两个步骤完成后，得到含有 $MoS_2$ QDs 和 $WS_2$ QDs 的淡黄

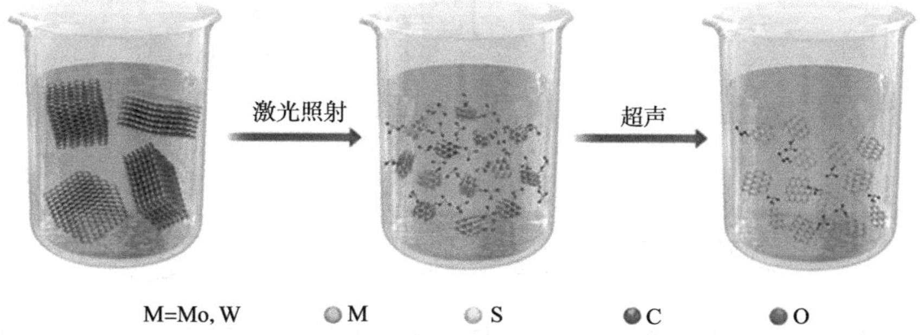


图 4.12　基于飞秒激光烧蚀和超声辅助液体剥离的过渡金属量子点合成过程示意图[33]

色溶液。由于 $MoS_2$ QDs 和 $WS_2$ QDs 表面具有丰富的功能基团，在紫外光照射下，它们显示出明亮的蓝绿色发光。

Xu 等人[33]使用 XPS 探索了 $MoS_2$ QDs 和 $WS_2$ QDs 样品的化学结构。Mo 的高分辨率光谱（图 4.13a）在 231 eV、233 eV 和 234.5 eV 处显示出三个特征峰，分别对应于 2H–$MoS_2$ 的 $Mo^{4+}$ $3d_{5/2}$ 和 $Mo^{4+}$ $3d_{3/2}$。此外，$Mo^{6+}$ 的存在表明 $MoS_2$ QDs 中的 Mo 边缘在制备过程中被氧化[34–35]。166.5 eV 和 168.3 eV 处的 S 峰对应于 2H–$MoS_2$ 中的 $S^{2-}$ $2p_{3/2}$ 和 $S^{2-}$ $2p_{1/2}$（图 4.13b）。图 4.13c 和图 4.13d 为 $WS_2$ QDs 的 XPS 谱图，谱图中 S–W–S 的结构在整个制备过程中都得到了保持。图 4.13c 中的 S 峰（166.5 eV 处的 $2p_{3/2}$ 和 168.3 eV 处的 $2p_{1/2}$）为 $S^{2-}$。W 原子的 4f 能级的峰如图 4.13d 所示。33.7 eV、35.2 eV 和 37.3 eV 处的谱带分别对应于 W $4f_{7/2}$、W $4f_{5/2}$ 和 W $5p_{3/2}$。这些信息表明，在制造过程中，官能团附着在 $MoS_2$ QDs 和 $WS_2$ QDs 的表面。

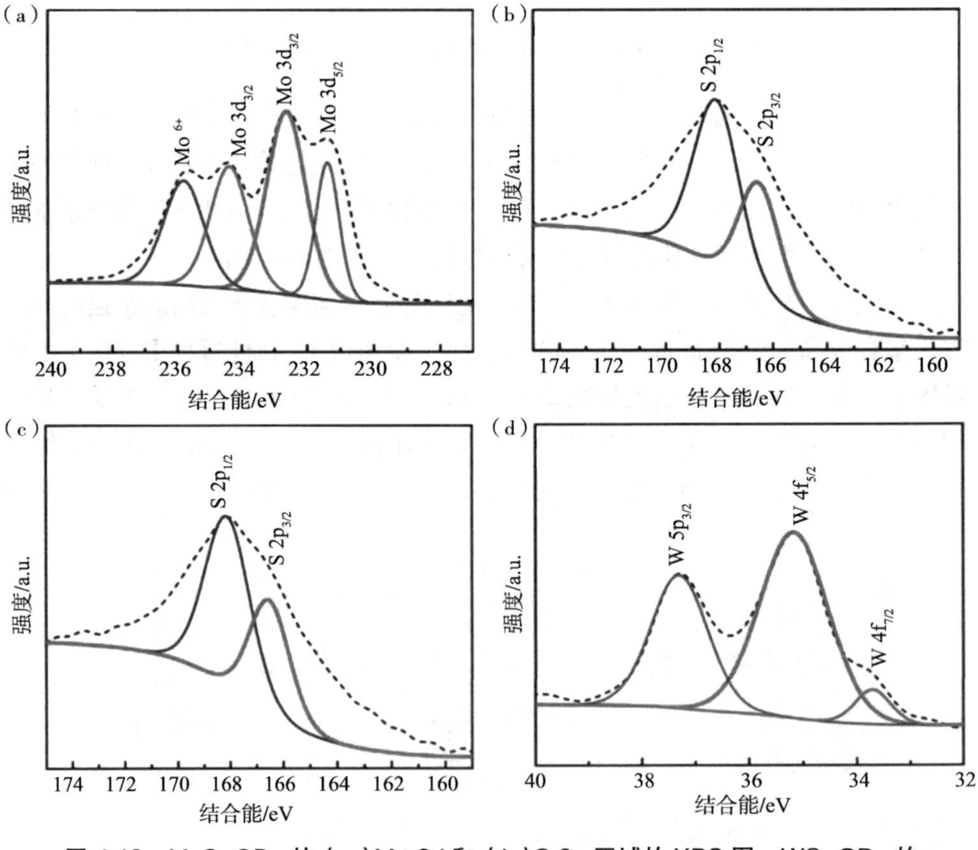


图 4.13 $MoS_2$ QDs 的（a）Mo 3d 和（b）S 2p 区域的 XPS 图；$WS_2$ QDs 的（c）S 2p 和（d）W 5p、W4 f 区域的 XPS 图[33]

用 UV-vis、光致发光激发（photoluminescence excitation，PLE）光谱和 PL 光谱来研究 $MoS_2$ QDs 和 $WS_2$ QDs 的光学性质。所制备的 $MoS_2$ QDs 和 $WS_2$ QDs 在可见光下呈淡黄色（图 4.14a 和图 4.14c 左插图所示），而在紫外光（395 nm）照射下可以观察到蓝绿色光致发光发射（图 4.14a 和图 4.14c 中的右侧插图）。如图 4.14a 所示，$MoS_2$ QDs 在 275 nm 处显示出光学吸收峰，边缘延伸至约 450 nm。$WS_2$ QDs 具有几乎相同的吸收光谱。同时，$MoS_2$ QDs 和 $WS_2$ QDs 的最强发射发生在 400 nm 光激发下的 480 nm 处，位移为 80 nm。图 4.14b 和图 4.14d 显示所制备的 $MoS_2$ QDs 和 $WS_2$ QDs 都表现出激发依赖性的光致发光行为，这可能是由量子点丰富的表面官能团引起的。

## 五、共沉淀法

共沉淀法是指在两种或两种以上离子的均匀溶液中，通过沉淀反应制备均

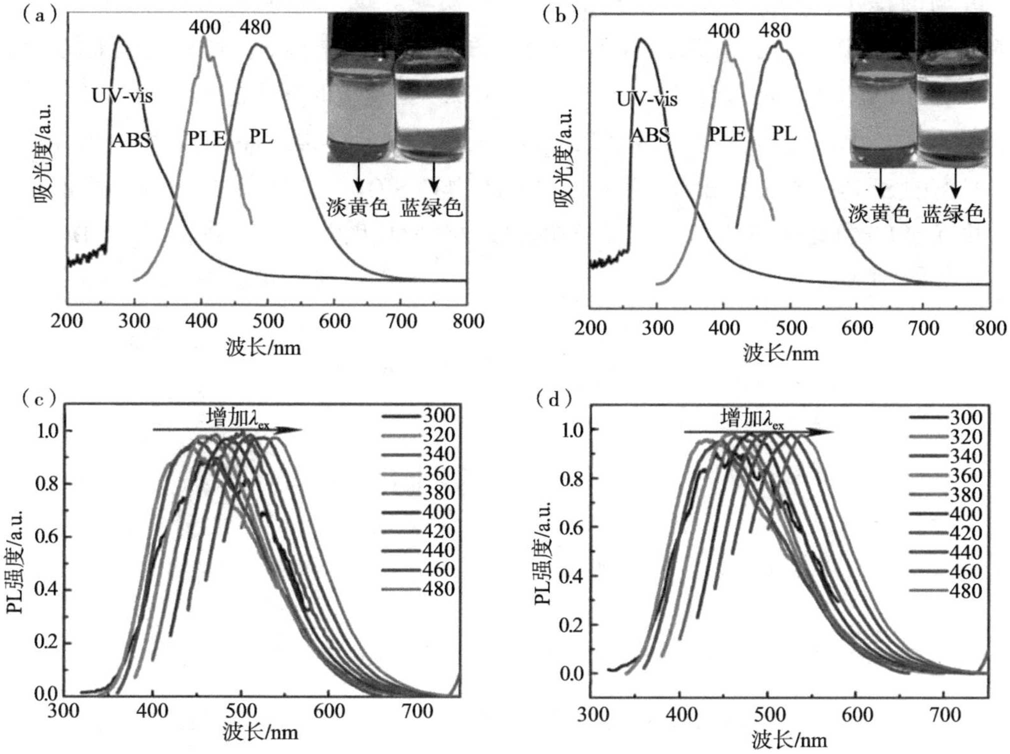


**图 4.14 （a，b）$MoS_2$ QDs 和 $WS_2$ QDs 的 UV-vis 图、PLE 光谱图和 PL 光谱图；（c-d）$MoS_2$ QDs 和 $WS_2$ QDs 分别在 300～480 nm 波长下激发时的激发依赖性光致发光发射行为** [33]

匀的组分。它是合成某些含有两种或多种元素的材料的重要方法。在该方法中，只需在室温和高温的惰性气氛下添加碱，即可由盐水溶液制备纳米颗粒，可以在较低的反应温度下进行，反应时间较短。该方法的优点是：可以控制纳米粒子尺寸；制备过程基本绿色环保；只需在室温和高温的惰性气氛下添加碱，即可由盐水溶液制备纳米颗粒；可以在较低的反应温度下进行，反应时间较短。缺点是：在此过程中，一些不需要的杂质也可能与分析物共沉淀；纳米颗粒的形状分布可能不可控；尺寸可能不规范；由于高过饱和条件，产品通常不溶；盐可能具有相似的溶解度；容易团聚。

例如，Zhang[36]等人摒弃需要在PbS QDs表面上涂抹硫化镉（CdS）来防止氧化，且工艺复杂，不适合大规模生产的传统方法，改用在水溶液中使用原位共沉淀的$Pb_{4-n}Cd_nO_4$双金属簇合成了稳定的三元$Pb_{1-x}Cd_xS$ QDs（图4.15）。$Pb_{4-n}Cd_nO_4$双金属簇是在室温下制备用配体［谷胱甘肽（glutathione；GSH）］封端的稳定PbS系列量子点的优异构建模块。反应初期（5 min内）CdS和$Pb_{1-x}Cd_xS$ QDs核主要在碱性GSH和$Na_2S$的混合溶液中形成。然后新生成的$S^{2-}$不断与$Pb_{4-n}Cd_nO_4$团簇反应形成$Pb_{1-x}Cd_xS$ QDs。当反应时间超过12 h时，几乎所有的$Pb^{2+}$都被完全消耗，形成$Pb_{1-x}Cd_xS$ QDs。此时，从CdS核分解并从GSH解离的$S^{2-}$与残留的$Cd^{2+}$反应，形成副产物CdS QDs。因此，通过在水中原位共沉淀$Pb_{4-n}Cd_nO_4$双金属簇可以成功合成单分散且稳定的三元$Pb_{1-x}Cd_xS$ QDs。

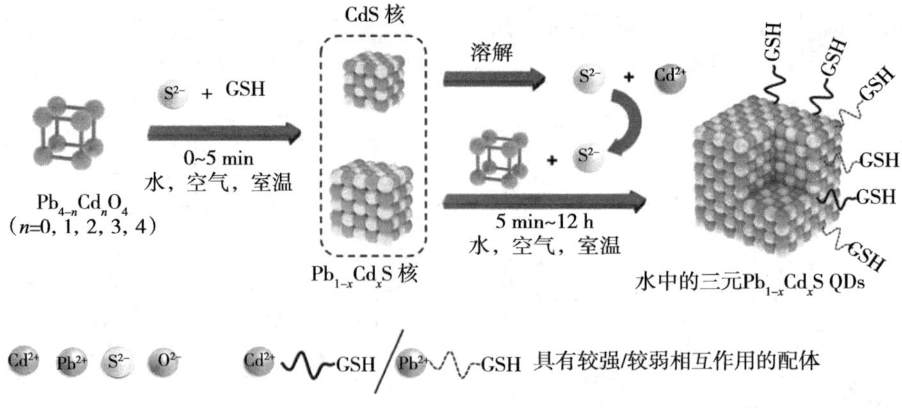


**图4.15 由$Pb_{4-n}Cd_nO_4$结构单元合成的单分散$Pb_{1-x}Cd_xS$ QDs的自组装共沉淀过程**[36]

根据三元$Pb_{1-x}Cd_xS$ QDs的TEM图（图4.16a）可知，所有纳米粒子都是高度单分散的立方体，边长为4.0 ± 0.2 nm（$\delta \leqslant 5\%$），这是直接在水中合成的最先进的 PbS 系列量子点。XRD 图（图 4.16b）显示了几个宽的衍射峰，这归因于 $Pb_{1-x}Cd_xS$ QDs 的小尺寸。仅通过 XRD 图很难确定产物是 PbS@CdS 还是 $Pb_{1-x}Cd_xS$ QDs。因此用高角环形暗场像扫描透射电子显微镜（high-angle annular dark-field scanning transmission electron microscope，HAADF-STEM）分析晶体结构（图 4.16c）。根据原子对比度的差异，所获得的量子点既不是 PbS@CdS 核 – 壳结构，也不是 PbS QDs 和 CdS QDs 的混合物。面间距离约为 3.41 Å（1 Å=0.1nm），正好介于闪锌矿 CdS（3.36 Å）和方铅矿 PbS（3.43 Å）（111）晶面晶格间距之间，所获得样品的 HAADF-STEM 图和 EDS 图（图 4.16d）表明 Pb 和 Cd 元素明显均匀分布。因此，单分散纳米晶是三元 $Pb_{1-x}Cd_xS$ QDs。根据三元 $Pb_{1-x}Cd_xS$ QDs 在 808 nm 处的吸收，它可以被 808 nm 激光激发并发射 1100 nm 近红外二区荧光（图 4.16e）。

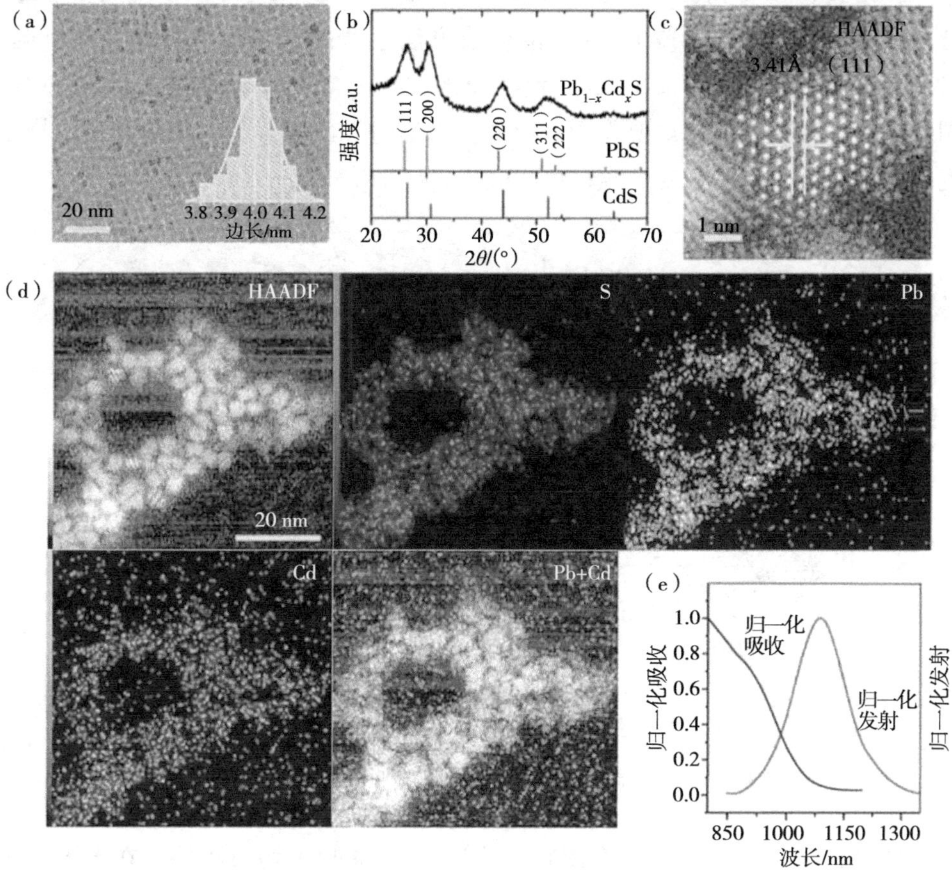


图 4.16　三元 $Pb_{1-x}Cd_xS$ QDs 的（a）TEM 图（插图为粒度分布直方图），（b）XRD 图，（c）HAADF-STEM 图，（d）HAADF-STEM 图与 EDS 图，（e）PL 光谱图和 UV-vis 图[36]

## 六、生物合成法

利用生物体合成固态材料是一个新兴的研究领域。随着量子点在生物医学应用中的发展，生物合成纳米材料由于其生物相容性、低能耗、经济和可调特性而吸引了研究人员的注意。零维半导体量子点（0.10 nm）由于其在生物医学应用（诊断和治疗）中的潜在用途而受到极大关注。其优点是绿色环保，相对其他方法来说耗时较短，以植物提取物、酶、细菌、真菌等天然材料为基础。缺点是它基于植物，这意味着来源有限，此外，除非在控制下进行，否则可能会导致其他问题，特别是在使用细菌和真菌时，还有就是纳米晶尺寸难以控制。

2021 年，Tudu 等人[37]使用圣罗勒（Tulsi）叶提取物（以下缩写为 TLE）合成了 CdS QDs（图 4.17）。这样的合成方法生产的量子点，具有尺寸可调、发射光谱可控和荧光寿命更长等特点。研究表明，TLE 中的植物化学成分对控制颗粒大小和形态具有重要作用。此外，封端的 CdS QDs 的带隙随着提取物浓度的增加而增加，但相反，颗粒尺寸减小。

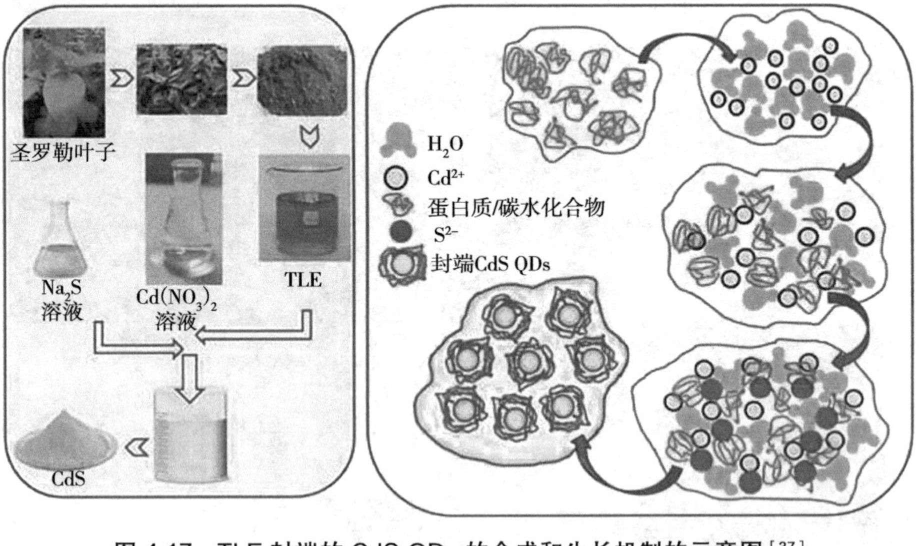


**图 4.17　TLE 封端的 CdS QDs 的合成和生长机制的示意图[37]**

典型的合成路线如下。将彻底清洗过的 Tulsi 叶子切成小块，在室温下干燥并细粉化。将约 4 g 这种粉末在水中煮沸 20 min。冷却至室温后，反复过滤以去除任何颗粒物。获得透明的棕色溶液作为 TLE，然后将其冷藏以供进一步合成。首先，制备两种溶液，即 0.01mol · $L^{-1}$ Cd($NO_3$)· 2.4$H_2O$ 水溶液 50 mL（溶液 A）和在 50 mL 水中的 0.01mol · $L^{-1}$ $Na_2S$ 水溶液 50 mL（溶液 B）。为了合成纯 CdS，将溶液 B 滴加到溶液 A 中，并在室温下持续搅拌溶液 17 h。慢慢地出现黄色的胶体溶液，然后将溶液在 80℃下再加热 7 h，得到橙色沉淀物，将该沉淀物过滤并用水和丙酮反复洗涤。最后，将滤液在 70℃的空气中干燥 6 h，得到纯 CdS 样品（记为 CdS–0）。为了合成 TLE 封端的 CdS 样品，分别制备溶液 A 和溶液 B。在 TLE 封端的 CdS 样品的典型合成中，最初将 3 mL TLE 加入溶液 A 中。合成的其余部分与 CdS–0 的描述相同。由此产生的样品记为 CdS–3。类似地，通过改变 TLE 的量来合成其他 TLE 封端的样品（CdS–5 表示 TLE 为 5 mL，CdS–10 表示 TLE 为 10 mL）。用研钵和研杵将所有干燥的样品粉末化以供进一步使用。

SEM 结果显示（图 4.18a），颗粒高度团聚，这在 CdS 晶体中是很常见的，但很明显，团聚随着 TLE 量的增加而减少，这表明提取物中植物化学成分的存在防止了团聚。在高 TLE 量的情况下，样品的 SEM 图显示出几乎球形的纳米颗粒。因此，TLE 浓度对样品的形貌有明显的影响。通过 EDX 分析确定样品的元素组成。图 4.18b 显示出了作为代表性的 CdS–0 和 CdS–3 的 EDX 图。元素分析证实了所有样品中 Cd 和 S 的化学计量比为 1∶1，与预期一致。

如图 4.19a 所示，合成的 CdS 样品中有许多吸收峰和吸收带。在较低波数区域，即 700 $cm^{-1}$ 以下，观察到 Cd–S 拉伸振动。在纯 CdS 纳米颗粒中，在 618 $cm^{-1}$ 和 467 $cm^{-1}$ 处观察到属于 Cd–S 拉伸的中等强度吸收峰。3431 $cm^{-1}$ 和 1629 $cm^{-1}$ 处的中等强度和宽吸收带被归属于 $H_2O$ 分子的 O–H 拉伸振动。880 $cm^{-1}$ 和 803 $cm^{-1}$ 处的非常弱的吸收峰属于 $H_2O$ 分子的 O–H 平面外弯曲振动。在合成样品 CdS–3、CdS–5 和 CdS–10 中发现的峰位置的轻微变化，表明叶提取物中存在的生物分子与 CdS 纳米颗粒表面相互作用。在合成样品中，峰值位置有一些边缘位移的光谱清楚地表明了提取物作为封端剂对 CdS 样品的影响。XRD 数据表明（图 4.19b），样品在 26.30°、43.52°和 51.48°左右观察到三个主要的宽衍射峰，它们对应于 CdS 的六方结构，并分别归属于（002）、（110）和（112）晶面。没有检测到来自其他结晶形式的 CdS 或杂质的衍射峰，这表明合成的 CdS 样品是纯的和单相的。

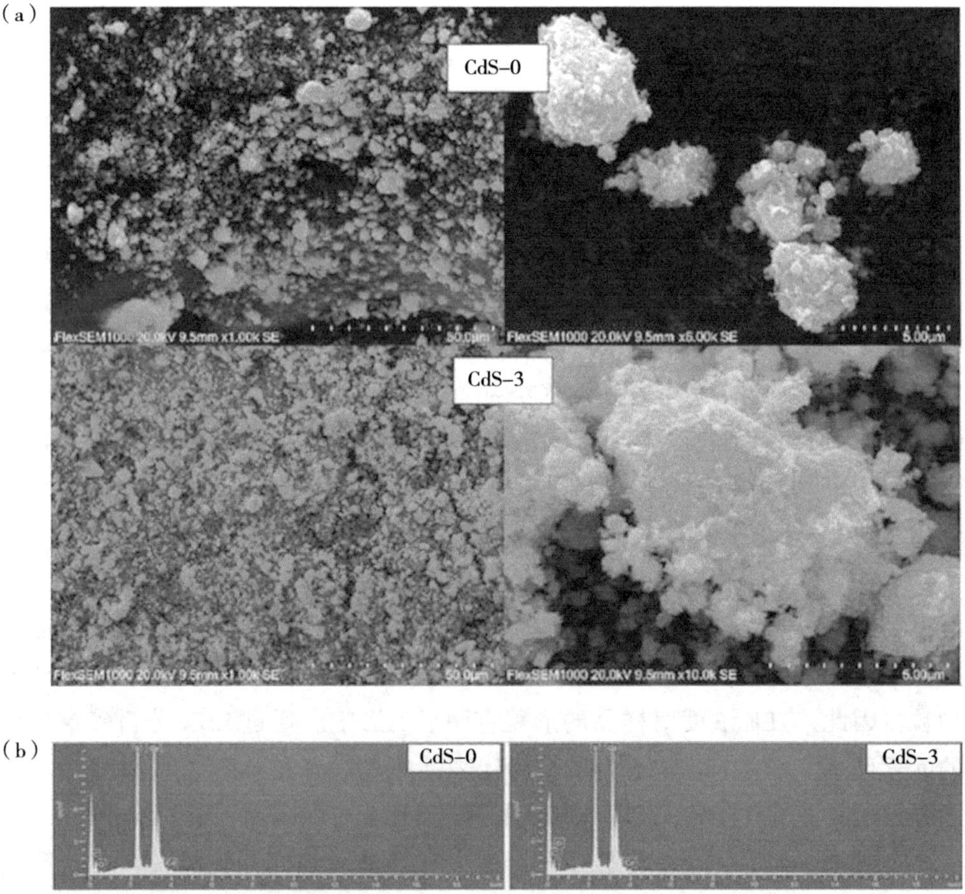


图 4.18 （a）CdS-0 和 CdS-3 样品的 SEM 图；（b）CdS-0 和 CdS-3 样品的 EDX 图[37]

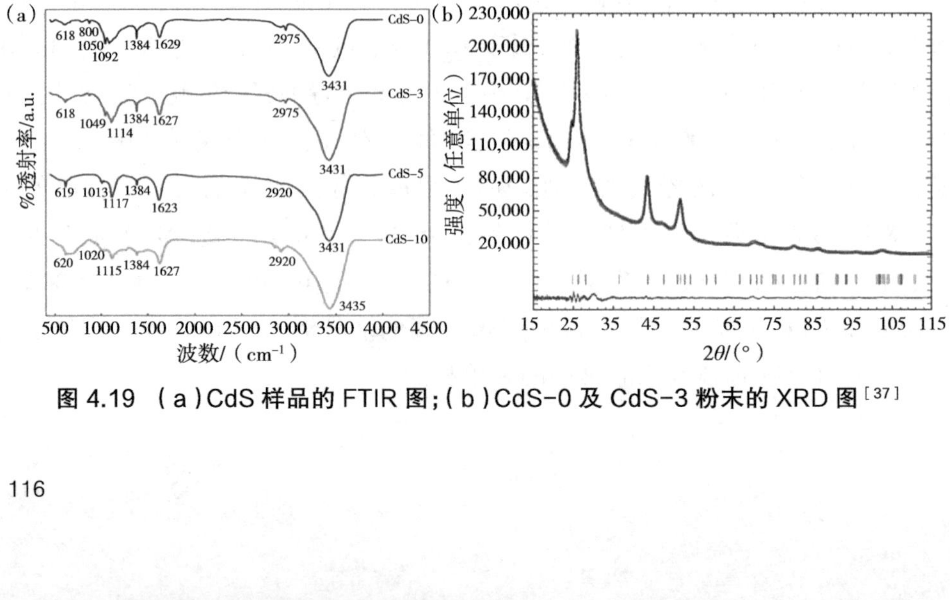


图 4.19 （a）CdS 样品的 FTIR 图；（b）CdS-0 及 CdS-3 粉末的 XRD 图[37]

## 七、超声化学合成法

超声化学所用的超声频率范围为 16 ~ 3000 kHz。超声辐射在化学合成中的应用越来越广泛，已成为一个令人感兴趣的研究领域。该法可以提高反应速率，短时间内能量大，压力大，无需额外添加剂，且可减少反应步骤，可以提供均匀的尺寸分布，具有更高的表面积和更高的相纯度，是一种无溶剂合成、产生的废物较少的合成方法。缺点是产物收率较低，耗时较长，仪器比较昂贵。

Karimi 等人[38]在超声辐射下，使用两种封端剂合成硫化锌量子点（图 4.20）。该方法是水基的，也是快速的。主要合成过程如下。首先，制备 50 mL 0.1M 硝酸锌、硫化钠和封端剂的水溶液。然后在氮气气氛下，置于在超声波浴中的三口烧品里面加入锌溶液。并通过滴液漏斗逐步将封端剂 2-巯基乙醇（2-mercaptoethanol，2-ME）和 L-半胱氨酸（L-cysteine，L-Cys）添加到溶液中。在这种方法中，$Zn^{2+}$ 离子可以被封端剂覆盖，并与纳米颗粒表面上的保护层形成稳定的络合物，防止其进一步生长。硫化物溶液的初始液滴的添加促使 ZnS QDs 乳状胶体的形成。由于 ZnS 沉淀物的溶度积常数非常低（$4.5 \times 10^{-24}$），在将硫离子添加到封端的金属离子之后，在溶液中形成具有受控尺寸的胶体 ZnS 颗粒。所有合成步骤可在 15 min 内完成。最后，收集得到的颗粒在 50℃下干燥约 18 h。

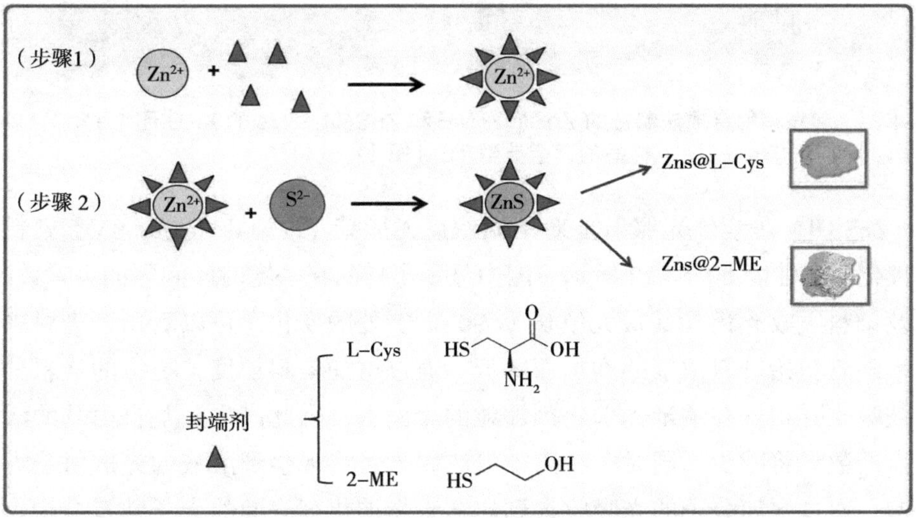


图 4.20 ZnS QDs 的合成示意图[38]

XRD 数据显示，在 $2\theta$ 为 28.87°、47.76°、56.58° 处的三个不同的峰，分别与（111）、（220）和（311）晶面相关。根据结果，可以得出结论，所制备的 ZnS QDs 处于晶体结构。观察到的衍射峰的加宽可能是由于合成的纳米颗粒的小尺寸。通过 TEM 分析，可以直观地估计所制备的颗粒的大小、形状和分布。TEM 图显示具有球形形状和均匀分布的纳米级尺寸的颗粒。颗粒的平均直径估计为约 0.5 nm。根据实验结果，可以认为通过超声辅助的化学沉淀法可以容易地实现具有小尺寸的包覆纳米颗粒的合成（图 4.21）。

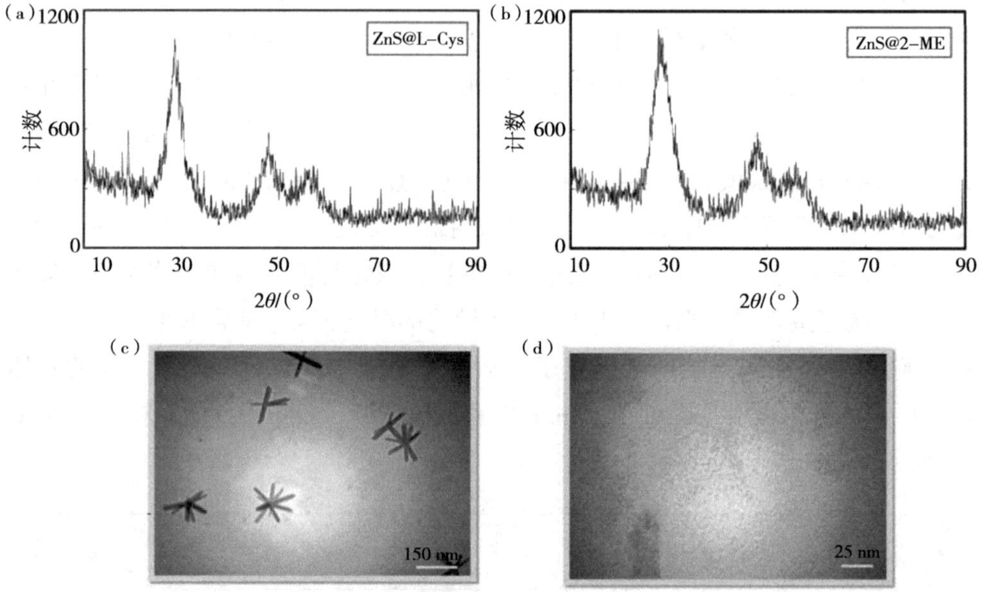


**图 4.21　超声辅助合成法制备的 ZnS@2-ME 和 ZnS@L-Cys 的 XRD 图（a-b），以及样品的两个典型 TEM 图（c-d）[38]**

ZnS QDs 在紫外光照射下对不同浓度龙胆紫（crystal violet，CV）染料的光催化降解性能如图 4.22 所示。图中显示了样品在一定时间间隔的去除效率，以及染料吸收光谱在其最大波长（590 nm）处的变化。可以看出，染料去除效率随着初始染料浓度的增加而降低。通过增加染料浓度，更多的染料分子将被吸收并积累在纳米光催化剂颗粒的表面上，因此产生羟基自由基的活性位点的数量将减少。同时，在高染料浓度下，将观察到溶液的光透射能力的限制。通过增加分子的光吸收，到达纳米光催化剂表面的光子数量减少。根据在黑暗位置进行的实验结果，在暴露于紫外光后，使用 2-ME 和 L-Cys 合成

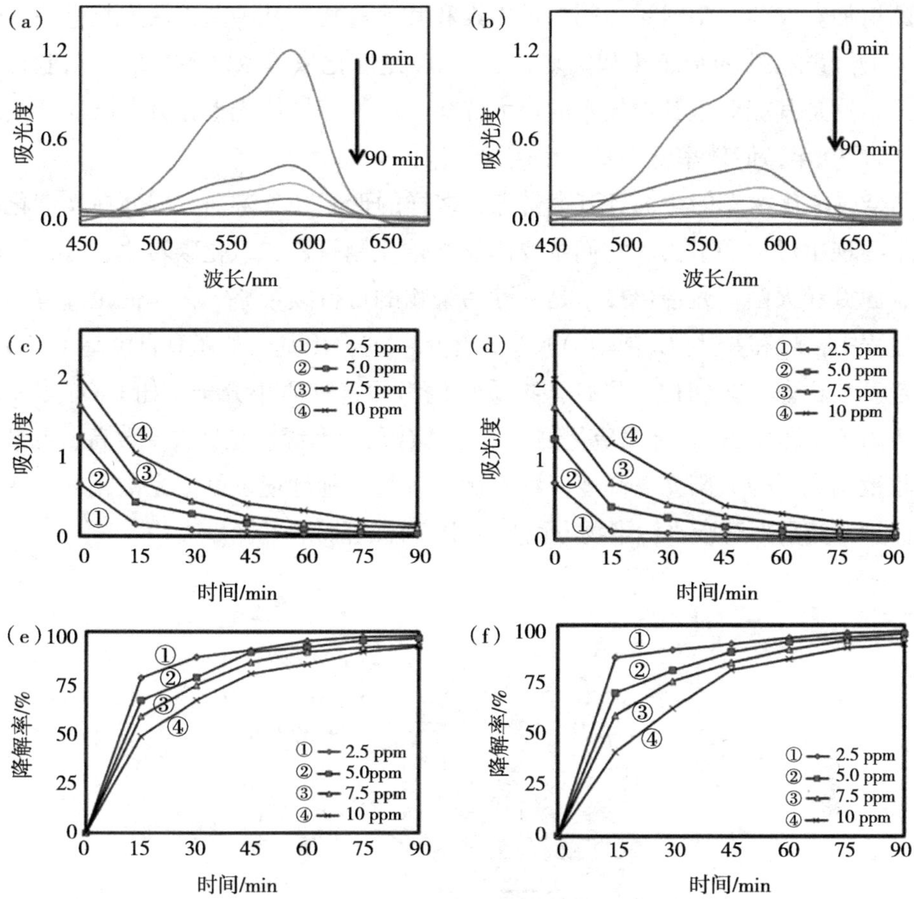


图 4.22 在 5 mg ZnS@2-ME（a，c，e）和 ZnS@L-Cys（b，d，f）存在下，CV 染料的吸收光谱变化、相应 $\lambda_{max}$ 变化以及初始染料浓度对降解率的影响（50 mL CV 5 ppm、pH 为 11）[38]

的 ZnS QDs 的 CV 染料的去除率分别从 37.17% 和 33.34% 提高到 97.0% 和 98.5%。

## 第三节 金属硫化物量子点材料的应用

### 一、金属硫化物量子点材料在环境治理方面的应用

由于水、大气和土壤中有毒有害物质的增加，人们对环境污染的关注也在

不断增加。农药、塑料添加剂、抗生素和其他药物等几种新兴污染物进一步促使人们开发有效的水净化和修复方法[39]。光催化依靠取之不尽的太阳能且无污染，这是其相对于其他技术的最大优势。尽管半导体光催化方法已经持续发展了近50年，但效率低下是一个需要解决的问题。

金属硫化物光催化剂具有窄带隙、多样的形貌和长寿命，因而在光催化应用中表现出巨大的潜力。它们主要用于光催化制氢、二氧化碳转化、污染物降解、固氮和灭菌。光催化技术是去除污染物的可持续策略。在光催化降解污染物过程中，$e^-$和$h^+$与$O_2$或$H_2O$反应产生的一些自由基，如超氧自由基（$\cdot O_2^-$）和羟基自由基（·OH），将有害物质转化为无害物质小分子，如$H_2O$、$CO_2$和无机离子（图4.23）。金属硫化物量子点具有元素无毒、光吸收系数高、可见光吸收范围宽、与太阳光谱高度匹配等优点，是一种环境友好型光催化剂，在环境保护尤其是降解废水污染物方面具有很广阔的前景。

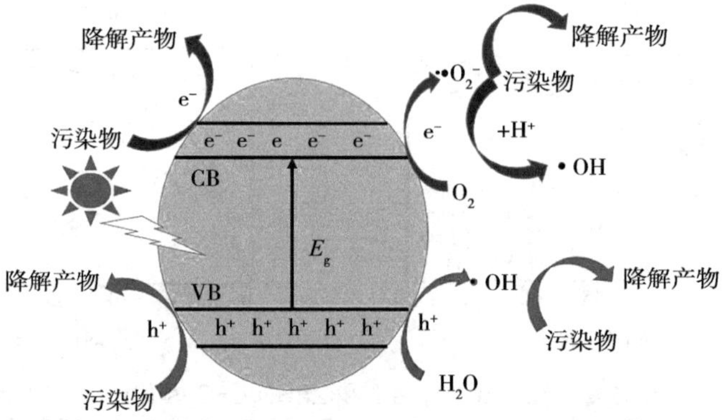


**图4.23 光催化降解污染物原理示意图**[39]

Dong等人[40]针对液体量子难以回收的问题，提出了一种环保且简便的合成方法。他们以商业二硫化钴（$CoS_2$）为硫源，磁性$Fe_3O_4$纳米粒子为磁性材料，合成水溶性$Co_9S_8$ QDs/$Fe_3O_4$纳米粒子，将之作为优异的助催化剂。该催化剂对废水有机污染物中的RhB的降解表现出优异的性能。从图4.24a可知，当采用100 mL水溶液[0.02 g·L$^{-1}$ Fe($SO_4$)·7$H_2O$、30 mg催化剂、0.1 mmol·L$^{-1}$ $H_2O_2$和20 mg·L$^{-1}$ RhB]，pH为4.0时，$FeSO_4$+$Fe_3O_4$/$Co_9S_8$ QDs+$H_2O_2$系统的降解效率可以在10 min内实现RhB的完全去除，远远优于其他催化系统。此外，即使经过5个循环，TOC降解率仍能稳定在80%（图4.24b）。

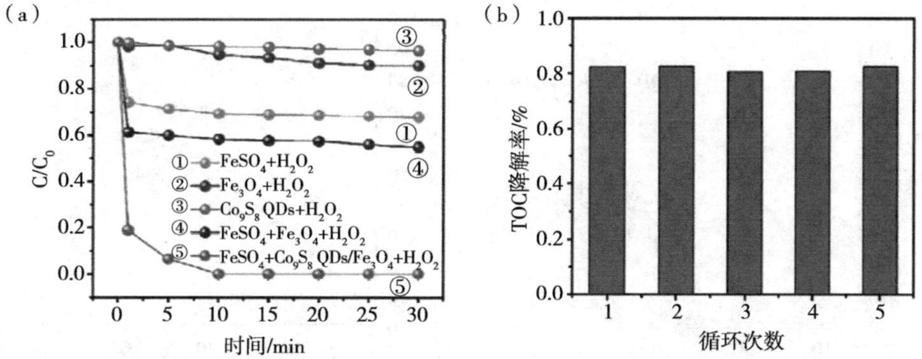


**图 4.24 （a）光催化剂对 RhB 的降解效率和（b）TOC 的降解率**[40]

2024 年，Targhan 等人[41]使用以含有大量硫醇基团的碳量子点（C QDs-SH）作为钝化剂来稳定 CdS QDs 的新策略，研究 C QDs-SH/CdS QDs 光催化降解水溶液中杀虫剂吡虫啉的性能。图 4.25a 展示了在模拟可见光下，pH 为 7，吡虫啉浓度为 10 ppm，25℃，1g · $L^{-1}$ 光催化剂存在下，C QDs-SH/CdS QDs 以及单独的 C QDs-SH 和 CdS QDs 的光催化性能。最初，光降解过程是在不存在光催化剂的情况下在模拟可见光下进行的，90 min 后仅降解 7.22%。随后，使用 1g · $L^{-1}$ 的光催化剂进行吡虫啉的降解。实验观察表明，光催化剂的存在显著提高了模拟可见光下吡虫啉的降解百分比，在 90 min 内实现了 75.60%的吡虫啉降解，而 C QDs-SH 和 CdS QDs 实现了约 45%的降解。为了检验光催化剂的可重复使用性，实验研究了连续三个循环中吡虫啉在模拟可见光照射下在水中的重复光降解结果（图 4.25b）。每个循环后，通过离心分离光催化剂，用蒸馏水和新鲜的吡虫啉农药溶液洗涤两次。在下一次光催化运行中重新填充相同的浓度。C QDs-SH/CdS QDs 光催化剂被回收 3 次，发现光催化效率仅略有下降。根据这些结果可以得出结论，C QDs-SH/CdS QDs 光催化剂在光催化过程中表现出良好的稳定性。

笔者所在课题组[28]使用水热法制备 $MoS_2$ QDs-$x$/$TiO_2$（$x$ 表示掺杂比例），成功地将 $MoS_2$ QDs 负载在 $TiO_2$ 上用于降解废水中的染料和抗生素。在模拟可见光照射下对 MO 和 TC 进行光降解试验来评估合成的 $MoS_2$ QDs/$TiO_2$ 复合光催化剂的光催化活性（图 4.26）。将 30 mg 光催化剂与 MO 和 TC 溶液在黑暗中混合 30 min，以达到吸附 - 解吸平衡。通过对比，$MoS_2$ QDs-$x$/$TiO_2$ 复合材料对可见光具有强反应性，对 MO 和 TC 表现出良好的光降解作用。性能最优材料为

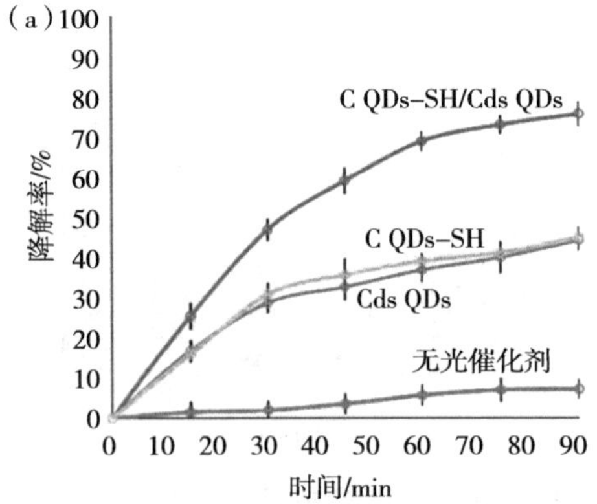


**图 4.25 (a)吡虫啉在不同光催化剂下的降解效果比较,(b)三个回收下使用 C QDs-SH/CdS QDs 光降解吡虫啉效果比较[41]**

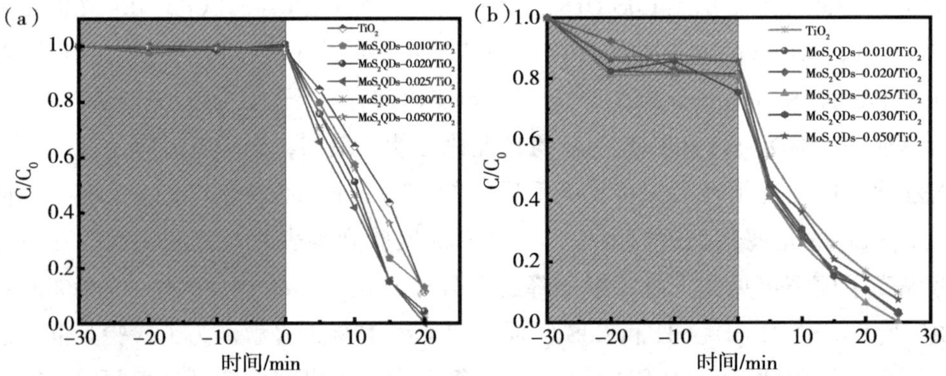


**图 4.26 $MoS_2$ QDs-$x$/$TiO_2$ 对 MO(a)和 TC(b)降解的光催化活性[28]**

$MoS_2$ QDs-0.025/$TiO_2$。反应 20 min 后，$MoS_2$ QDs-0.025/$TiO_2$ 对 MO 的光降解率(99.9%)和对 TC 的光降解率(99.3%)显著高于 $TiO_2$ 对二者的光降解率(MO，88.6%)及(TC，88.4%)。

光催化降解机理很重要，因此，在光降解实验中添加少量捕获剂来捕获活性成分和电荷载体，以研究它们在水溶液中污染物降解中的作用。图 4.27a 和图 4.27b 显示了 $MoS_2$ QDs-0.050/$TiO_2$ 的捕获实验。异丙醇(isopropanol，IPA)用作羟基自由基捕获剂，苯醌(benzoquinone，BQ)用作超氧自由基捕获剂，甲醇(methanol，MeOH)用作空穴捕获剂。BQ 显著抑制 MO 的光降解。当每种捕获剂的添加量为 1 mmol 时，在 BQ 存在下，降解效率降低至 26.02%。超氧自由基在 MO 的降解过程中起着至关重要的作用。在 MeOH 存在下，材料性能也表现出中等程度的下降，表明 $h^+$ 是光降解中的重要活性物质。此外，可见光会使 $MoS_2$ QDs/$TiO_2$ 复合光催化剂分别在价带和导带产生电子和空穴。在纯 $TiO_2$ 的光催化过程中，大部分空穴和电子会重新结合而失去催化能力。添加 $MoS_2$ QDs 后，制备的 $MoS_2$ QDs/$TiO_2$ 光催化剂上 MO 降解的可能机制如图 4.27c 所示。在光照下，$MoS_2$ QDs 改性的 $TiO_2$ 被激发，从而产生光生载流子。$MoS_2$ QDs 价带上的光生电子可以直接转移到 $TiO_2$ 的价带上，同时，$TiO_2$ 的导带能级（2.51 eV）比 $MoS_2$ QDs 的导带能级（1.26 eV）更正，因此光生空穴向与电子相反的方向迁移。光生电子捕获氧分子并将其积聚在 $TiO_2$ 价带中，与氧分

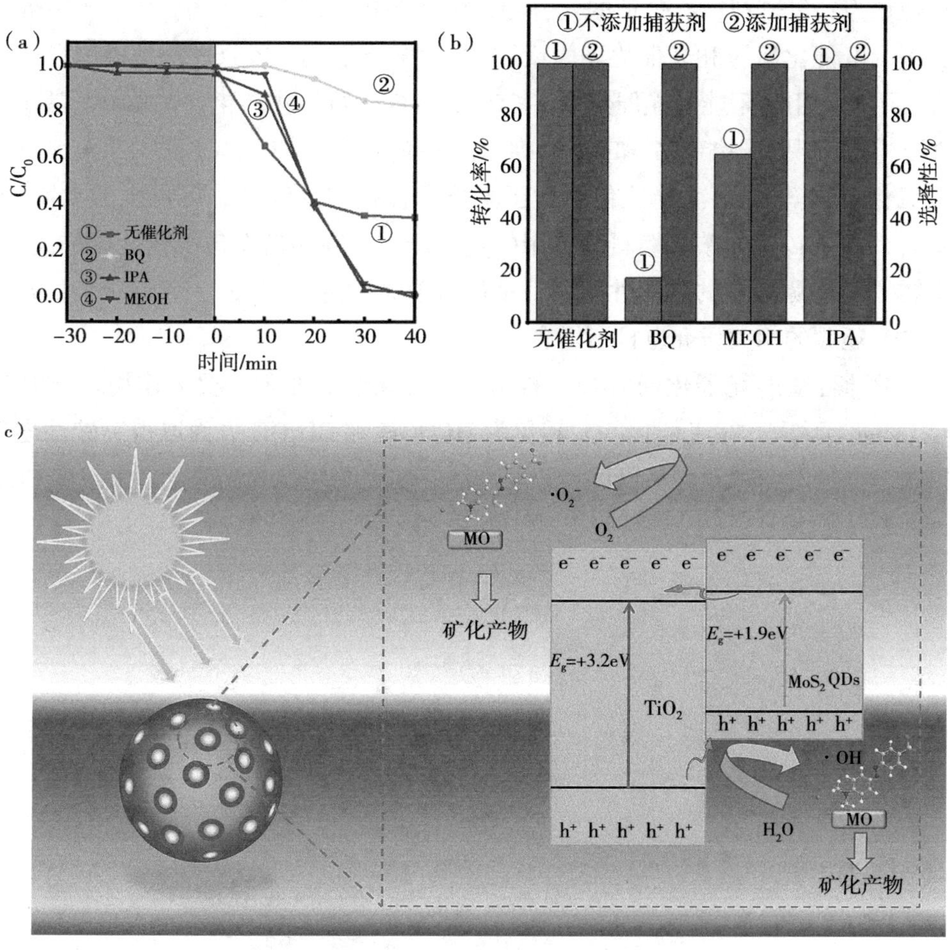


图 4.27 （a–b）$MoS_2$ QDs/$TiO_2$ 光催化降解 MO 的捕获实验，（c）光催化 MO 的机理图[28]

子反应生成超氧自由基，$MoS_2$ QDs 价带中的光生空穴可以与水分子反应生成羟基自由基，随后，生成的超氧自由基和羟基自由基可以参与反应并降解有机污染物。

## 二、金属硫化物量子点材料在能源转换方面的应用

### （一）金属硫化物量子点在二氧化碳还原方面的应用

化石燃料的过度使用，使大气中二氧化碳的浓度不断上升[42]。减少气候变化对环境的影响和现代社会对化石燃料的依赖的一个有前途的解决方案是通过减少二氧化碳来生产太阳能燃料[43]。目前，有几种方法可有效地将二氧化碳转化为碳氢燃料或有价值的化合物，包括热化学反应、生物反应、光电催化反应、电催化反应和光催化还原反应[44]。光催化 $CO_2$ 还原过程是模拟自然光合作用，利用太阳能和光催化剂将 $CO_2$ 和 $H_2O$ 进行催化转化，在常温、常压条件下便可实现太阳能燃料和高附加值化学品的生产，如甲醇（图 4.28）、乙醇、碳氢化合物等[45–46]。光催化 $CO_2$ 还原技术直接利用绿色、可再生的太阳能，将 $CO_2$ 高效转化为碳氢燃料和有用的化工产品，在缓解全球气候变暖的同时，也缓解了能源短缺的普遍性问题，是最有前景的途径之一[47]。近年来，光催化 $CO_2$ 还原的相关研究也日渐增多。

设计合适的光催化剂对 $CO_2$ 的光催化转化起着非常重要的作用。自 1979 年 Inoue 等人[48]在光催化 $CO_2$ 转化为 HCOOH 和 $CH_3OH$ 方面取得突破性进展以来，大量的尝试致力于设计和开发高活性和高耐用性的光催化剂来减少 $CO_2$。

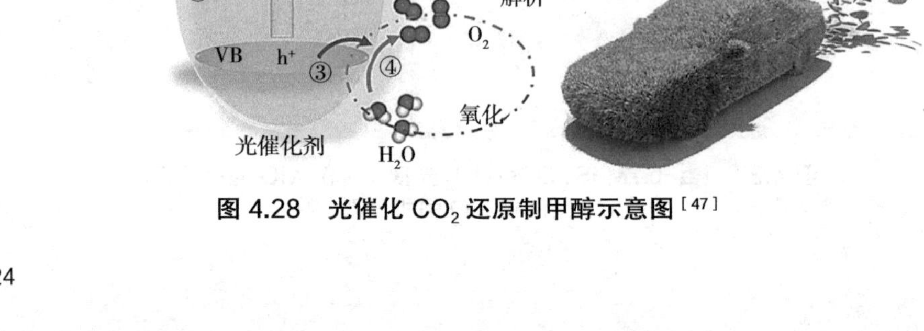


**图 4.28　光催化 $CO_2$ 还原制甲醇示意图[47]**

各种材料，例如二氧化钛（$TiO_2$）、金属硫族化物（ZnTe、ZnS、CdS、$MoS_2$等）、Bi 基半导体（$Bi_2MoO_6$、$Bi_2WO_6$、$BiVO_4$ 等）、层状双氢氧化物、无机卤化物钙钛矿（$CsPbBr_3$）、MXene（$Ti_3C_2$）和 MOF 已被广泛用作有效的催化剂[49]。这些光催化剂的相关研究尽管已经取得了显著的进展，但是仍然具有若干问题，包括价格高、耐用性差、选择性低、易中毒，这些问题可能会阻碍金属基催化剂的大规模应用。此外，对大多数常用金属基催化剂的巨大需求导致全球供应大幅减少[50]。

量子点，这种小尺寸的半导体小片，提供了诸多的优点，包括最大的表面原子、非常短的电荷迁移长度、尺寸依赖的能带位置、多激子产生效应，以及独特的光学性质等。因此，具有这些优点的各种半导体量子点在光催化 $CO_2$ 还原应用中获得了极大的关注[51]。特别是硫族化合物半导体量子点，其由于在宽光谱响应和激子产生方面的优势，正在成为光催化 $CO_2$ 还原领域的理想候选材料[52]。过渡金属硫族化物（transition metal chalcogenides，TMC）材料是由Ⅳ–Ⅶ族过渡金属元素（Mo、W、V、Nb、Ta、Ti、Zr、Hf、Tc 或 Re）和硫属元素（S、Se 或 Te）组合形成的。可以通过从本体到 2D 纳米片或 0D QDs 的 TMC 的受控合成，调整材料的相对尺寸和形状，从而调节 TMC 的带隙结构[53]。迄今为止，有超过 40 种可用的 TMC，它们可以通过不同技术合成，如化学气相沉积、水热法和沉积法等。

2020 年 Qin 等人[54]通过水热法制备了由 $NiS_2$ QDs 作为助催化剂改性的 g–$C_3N_4$ 光催化剂（记为 NS QDs/CN）。该复合材料在光催化 $CO_2$ 还原中表现出优异的活性和稳定性。复合材料 NS QDs/CN–25 获得了 10.68 $\mu mol \cdot h^{-1} \cdot g^{-1}$ 的最高 CO 释放率，是纯 g–$C_3N_4$ 的 3.88 倍，在 420 nm 处的表观量子效率为 2.03%（图 4.29）。结果表明，$NiS_2$ QDs 的较小尺寸和量子限制效应可以提供更多的活性位点，并有助于形成紧密的界面接触。从 g–$C_3N_4$ 到 $NiS_2$ QDs 的电子转移可以有效地加速光激发电子 – 空穴对的分离。

2021 年 Li 等人[55]使用非化学计量比的 Ag–In–S QDs 作为高效和坚固的光催化剂，Co(2′, 2–联吡啶)$_3^{2+}$（记为 CoBPY）作为助催化剂，在常压和室温下进行可见光驱动的光催化 $CO_2$ 还原反应。结果表明，增加 Ag–In–S QDs 中 Ag 与 In 的摩尔比可以提高量子点的光生载流子寿命和光吸收能力，降低电子的还原电位，从而在光催化 $CO_2$ 还原反应中起到竞争作用。最优样品 2Ag–In–S QDs/CoBPY（Ag 与 In 的摩尔比为 1∶2）具有最高的 CO 释放速率（9.20 $\mu mol \cdot h^{-1}$）

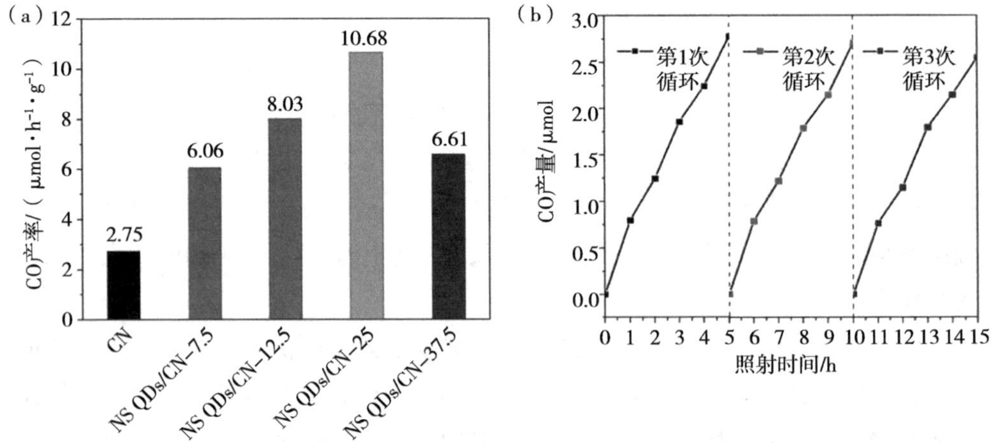


**图 4.29 （a）NS QDs/CN-$x$ 作催化剂（$x$ 表示 CN 掺杂百分比）单位时间内的 CO 析出量；（b）NS QDs/CN-25 催化剂上的光催化 CO 析出的可重复性[54]**

和 $H_2$ 释放速率（3.13 μmol · $h^{-1}$），对应于 74.61% 的 CO 选择性，优于大多数基于其他量子点的光催化剂（图 4.30）。

（二）金属硫化物量子点在合成氨方面的应用

氮是维持人类、植物和动物在地球上生存所不可缺少的元素，是世界上最大的无机化学消耗品之一[56]。众所周知，虽然氮的含量约占整个大气的 78%，但氮分子仍然很难直接用于化学燃料的生产中，并且由于其不可破坏的非极性 N≡N 键，它只能被少数豆类植物吸收并转化[57]。据统计，全球每年以氮气作为原料的合成氨技术的 80% 用于氮肥生产，以满足农业的蓬勃发展，其余 20% 用于工业、国防、医药等领域。传统上，氨主要通过植物和微生物的酶促过程产生。然而，它无法满足日益增长的氨需求[58]。因此，大规模使用氮气生产清洁燃料被认为是一种有前途的选择。考虑到全球环境问题，通过固体催化剂光催化还原 $N_2$ 是实现能量需求较低的固氮的开创性替代方案之一。更重要的是，光催化 $N_2$ 还原反应（NRR）系统有利于与绿色太阳能结合用于 $NH_3$ 生产的生态友好过程。该技术主要通过还原途径发生，过程中光激发电子负责将 $N_2$ 分子还原为 $NH_3$，氧化途径可以通过光激发空穴产生硝酸（$NO_3^-$）（图 4.31）[59]。

金属硫化物具有成本低、合成简单等优点，尤其在光化学领域表现出独特的性能。将金属硫化物按比例缩小为量子点有利于增加其丰富的不饱和活性边缘位点，从而提高光吸收和催化性能。在过去的几年里，大量的硫族化物（如

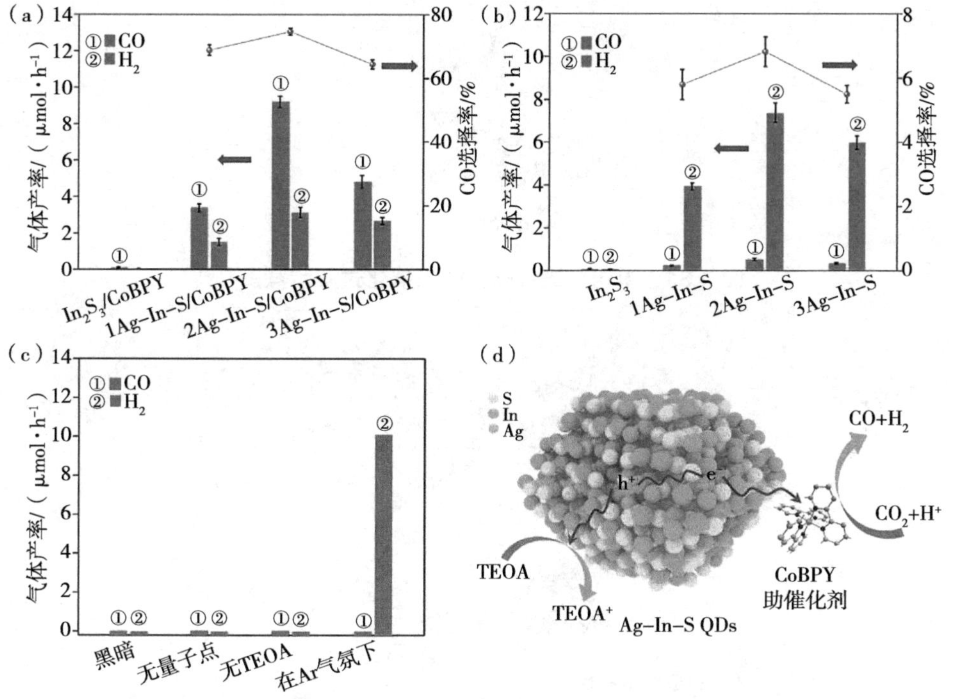


**图 4.30　在 CoBPY 助催化剂存在（a）和不存在（b）的情况下，不同量子点上的光催化合成气体生产速率和 CO 的选择性；（c）不同条件下 2Ag-In-S QDs 上的光催化合成气体生产速率；（b）Ag-In-S/CoBPY 体系上的光催化 $CO_2$ 还原过程示意图[55]**

CdS、ZnS 和 CdSe）已经缩小到量子尺寸，并与半导体耦合，以使光催化反应更高效。2020 年 Chica 等人[60]将固氮酶 MoFe 蛋白与光捕获半导体纳米材料偶联，用于取代 Fe 蛋白和 ATP 天然电子转移复合物，并为光催化还原 $N_2$ 提供了低电位光激发电子。研究中，他们在低光子通量条件下，通过电子顺磁共振（EPR）技术识别了 CdS QDs 与固氮酶 MoFe 蛋白复合物在光化学激活过程中的初始反应中间体。结果表明，在电子传递的初始阶段，MoFe 蛋白会形成一种称为S=3/2 的状态。这种状态的功能，类似于在生化还原过程中形成的 $E_2$ 状态，能够接收电子。通过这种方法选择性富集，人们能够更深入地了解 MoFe 蛋白如何利用氢化物的积累来产生 $N_2$ 活化和还原的能力。总的来说，这些结果确定了在 $N_2$ 还原为氨的过程中，光激发的 CdS 如何将电子传递到 MoFe 蛋白中的初始步骤，以及电子通量在光化学反应循环中的作用（图 4.32）。

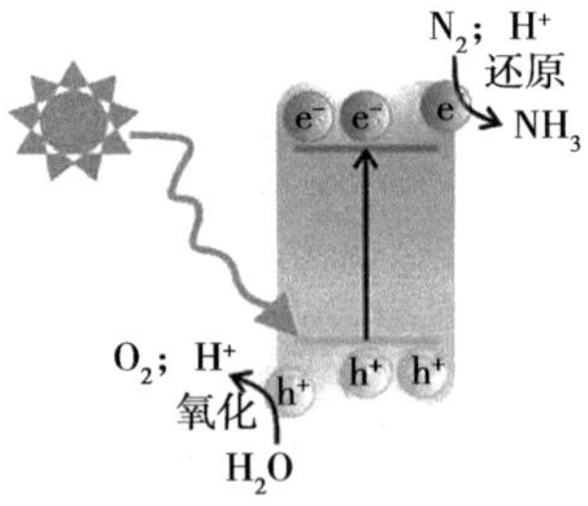


**图 4.31 单组分光催化剂的光催化过程示意图**[59]

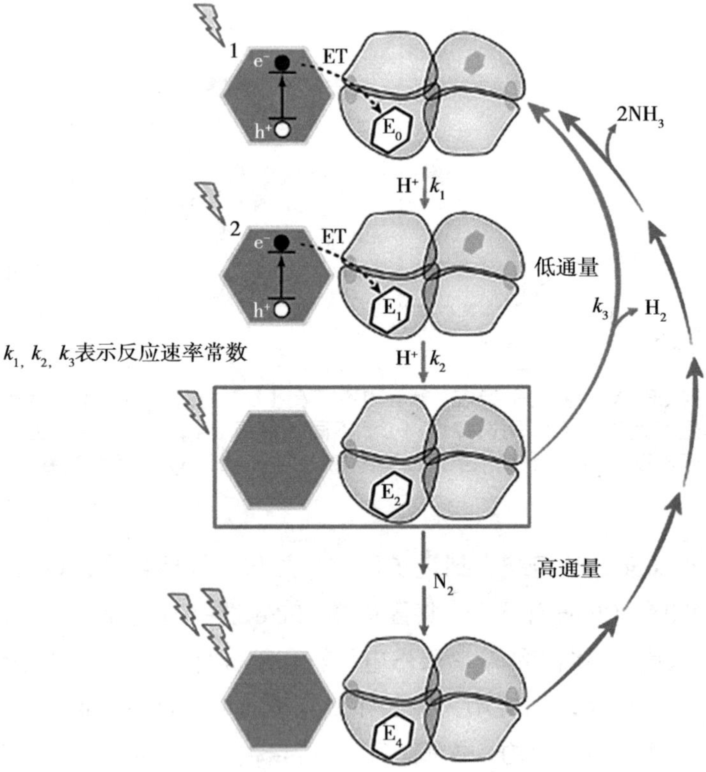


**图 4.32 CdS QDs 光化学还原 MoFe 蛋白及其产物形成的模型**[60]

2022 年 Badalyan 等人[61]在由铁蛋白（FeP）和钼铁蛋白（MoFeP）组成的混合光催化系统中，通过以 β-巯基乙醇（β-ME 或 2-ME）为配体的 CdS QDs 和葡萄酒固氮菌的 Mo 固氮酶相结合，从 $N_2$ 气氛中生产氨。过程中针对 CdS QDs 上的配体、介质和反应条件对整个系统进行优化，获得了最佳的结果。介质测试表明，1,1′-双（3-磺酰基丙基）-4,4′-联吡啶［简称$(SPr)_2V$；-0.4V vs.

NHE］支持在固氮酶催化下将质子和 $N_2$ 还原为 $H_2$ 和氨。然而，在1,1′–三亚甲基–2,2′–联吡啶鎓（简称TQ；–0.58 V vs. NHE）作为介质的情况下，固氮酶催化使更多的产物产生。UV–vis和原位电位研究表明，TQ具有更好的性能，这是因为其负溶液电位明显更高，可以有效还原FeP。因此，吸收的光子转化为氨的量子产率达到16%，远远超过了先前报道的基于固氮酶的系统（图4.33）。这项工作揭示了在光催化系统中调节电子转移途径的重要性，并说明了光敏剂和 $N_2$ 还原催化剂的电子耦合是一项有效策略。

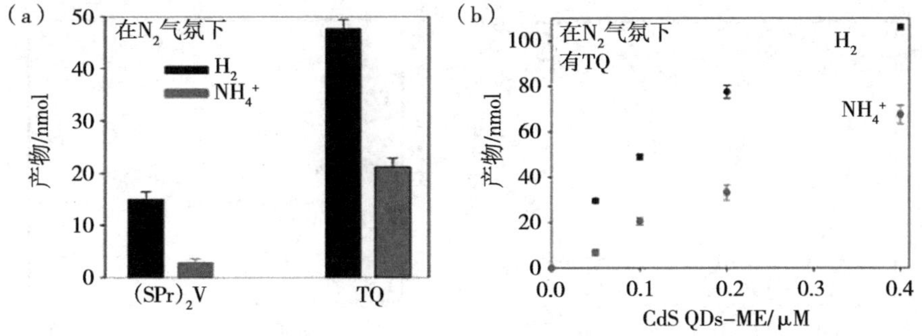


**图4.33 （a）使用2mmol·$L^{-1}$ $(SPr)_2V$ 和TQ在 $N_2$ 气氛下形成的 $H_2$ 和 $NH_4^+$ 的量；（b）$NH_4^+$ 和 $H_2$ 的产量与CdS QDs–ME的关系[61]**

2023年Wang等人[62]以生物质玉米秸秆为载体，通过原位聚合苯胺制备PANI–CS（记为PC），再负载ZnS QDs，制备ZnS QDs–PC（记为ZPC）催化剂，用于光催化还原硝酸盐。该复合催化剂具有较高的电子迁移率和较长的电子寿命。此外，ZnS QDs诱导PANI的醌环转化为苯环，从而改善催化剂的还原性。结果表明，优化后的ZPC在没有额外牺牲剂的情况下对 $NO_3^-$ 表现出高选择性和高效的光催化还原，0.8%的ZPC具有98.4%的优异硝酸盐去除率和96.8%的 $N_2$ 选择性（图4.34）。ZnS QDs的引入丰富了ZPC表面的路易斯酸中心，从而提高了 $N_2$ 选择性，同时由于N–Zn共价键的形成，复合物的稳定性得到巩固，为催化剂的商业化奠定了基础。该设计方案将自产甲酸的特性引入光催化剂中，为光催化处理硝酸盐废水提供了新的思路。

（三）金属硫化物量子点在析氢方面的应用

日益严重的全球变暖是当今世界的一个主要问题。人类对化石燃料的持续消耗被认为是气候变化的主要原因。传统化石燃料燃烧产生的碳排放造成严重

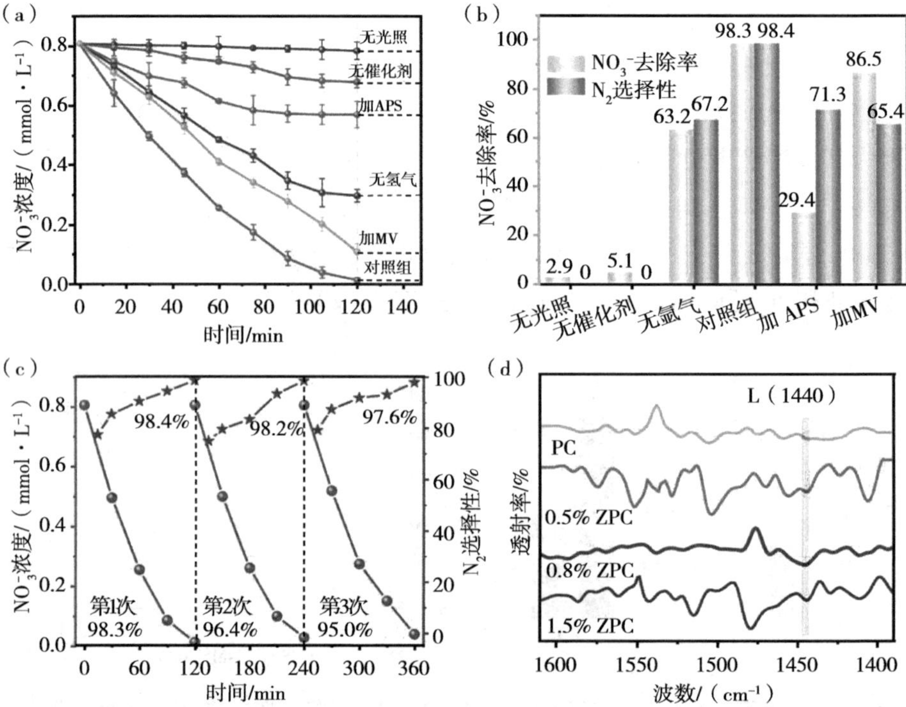


**图 4.34 (a)在不同条件下还原过程中 $NO_3^-$ 的浓度变化(MV= 联二 -n- 甲基吡啶,APS= 过硫酸铵);(b)初始 pH 为 4 时 $NO_3^-$ 去除率和 $N_2$ 选择性;(c)在初始 pH 为 4 时,用 0.8% ZPC 催化剂进行的 $NO_3^-$ 催化还原循环实验;(d)吡啶吸收不同催化剂的 FTIR 图[62]**

的环境问题。因此,为了维护和保护我们的环境,开发可再生、清洁、具有成本效益和可持续性的碳中和替代能源已然成为一种大趋势[63]。在解决这一问题时,氢气($H_2$)因能量密度高和环保而被认为是最具吸引力的清洁能源之一。$H_2$ 高度易燃、不溶于水、无毒,是化石燃料的可靠替代品。$H_2$ 燃料可以在气瓶中保存很长时间[64]。氢气已被用于各种领域,包括特定发动机的燃料、氨的生产、电力生产、抗氧化剂、还原剂和气球等[65]。因此,许多技术,如光电化学、光生物和光催化,已被开发用于通过水分解方法清洁生产氢气[66]。其中,光催化产氢被认为是最绿色、经济且可持续的氢气生成方法。基于半导体金属硫化物量子点的光催化产氢(图 4.35)[67] 因其简单、成本低且环保而受到广泛关注。

自 1972 年首次报道 $TiO_2$ 水分解制氢以来,各种金属硫化物半导体已被用于光催化产氢[68-69]。然而,并非所有金属硫化物半导体都能满足光催化产氢的基本要求。图 4.36 是一些典型的金属硫化物的能带位置图。此外，金属硫化物半导体光生载流子的高复合率仍然是限制其应用的因素[70]。因此，构建基于金属硫化物半导体的催化剂是克服金属硫化物半导体缺点的绝佳策略，有利于光催化产氢。

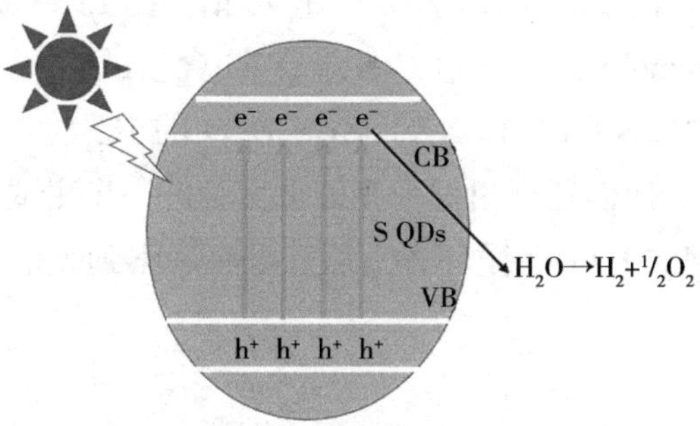


**图 4.35 金属硫化物量子点光催化产氢的基本机理[67]**

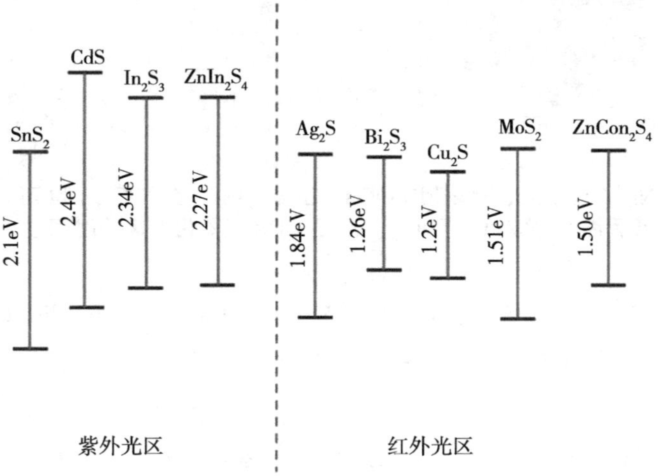


**图 4.36 一些典型金属硫化物的能带位置[70]**

2020 年，Su 等人[71]使用金属氯化物和硫代乙酰胺作为前驱体、油胺作为还原剂和稳定剂，通过热注射法合成了闪锌矿硫化锌镉量子点（ZCS QDs），其中原子分散的镍（Ni）为阳光下的水分解提供了高效且持久的光催化性能。其中 $Ni_{0.03125}$ZCS QD 表现出 18.87 mmol · $h^{-1}$ · $g^{-1}$ 的超高光催化产氢活性。他们还评估了 $Ni_x$ZCS QDs 的可见光驱动光催化产氢活性（图 4.37a）。通过对比样品，纯 CdS QDs 和 ZnS QDs 的可见光光催化活性可以忽略不计，$H_2$ 生成速率非常有限，分别为 242 和 207 μmol · $h^{-1}$ · $g^{-1}$。ZCS QDs 将 $H_2$ 生产率提高至 1.50 mmol · $h^{-1}$ · $g^{-1}$。其中 $Ni_{0.015625}$ZCS QDs 的 $H_2$ 生产率达到 13.74 mmol · $h^{-1}$ · $g^{-1}$。随着 Ni 含量的增加，$Ni_{0.03125}$ZCS QDs 呈现出最佳的光催化性能，并获得了最高的 $H_2$ 产率，为 18.87 mmol · $h^{-1}$ · $g^{-1}$，活性比纯 CdS QDs 高出 78 倍，比 1.9 wt % 负载 Pt 的 CdS QDs 高出 2.7 倍（6.88 mmol · $h^{-1}$ · $g^{-1}$），但随着 Ni 含量的进一步增加，$H_2$ 生产率逐步降低，$Ni_{0.0625}$ZCS QDs 和 $Ni_{0.125}$ZCS QDs 的 $H_2$ 生产率分别为 12.11 和 6.97 mmol · $h^{-1}$ · $g^{-1}$。他们还通过循环光催化实验进一步测试了优化的 $Ni_{0.03125}$ZCS QDs 的稳定性（图 4.37b）。在循环 24 h 后，没有观察到光催化活性的显著降低。

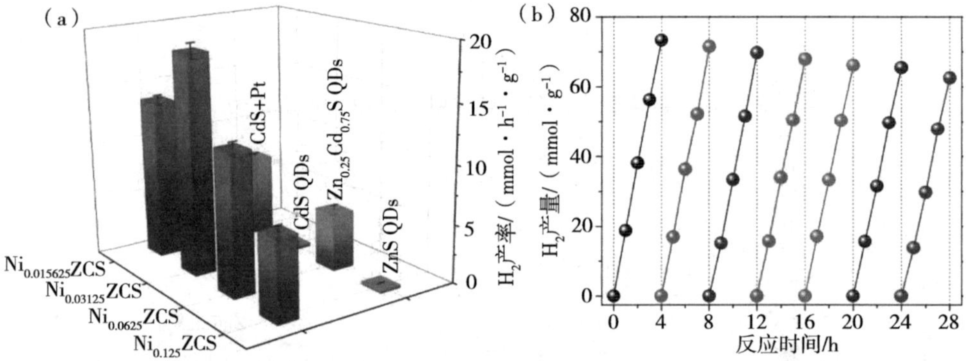


**图 4.37 （a）$Ni_x$ZCS QDs、Pt-CdS QDs、CdS QDs、ZCS QDs 和 ZnS QDs 的光催化产氢活性的比较；（b）$Ni_{0.03125}$ZCS QDs 光催化产氢的时间过程**[71]

2022 年，You 等人[72]用自组装策略的方法将 $Ag_2S$ QDs 助催化剂锚定在 g-$C_3N_4$ 表面，成功制备了一种具有优异光催化性能的新型 0D/2D 异质结纳米复合材料（$Ag_2S$ QDs /g-$C_3N_4$）（图 4.38）。0.5 wt % $Ag_2S$ QDs/g-$C_3N_4$ 的光催化产氢速率最高，为 471.1 μmol · $g^{-1}$ · $h^{-1}$，超过了普通 Pt/g-$C_3N_4$（231 μmol · $g^{-1}$ · $h^{-1}$）。而且，以 Pt 为助催化剂时，其活性是 Pt/g-$C_3N_4$ 的 2.04 倍。这种明显的产氢活性远远超过未掺杂的 g-$C_3N_4$ 和 $Ag_2$ S NPs/g-$C_3N_4$。增强的光催化性能归因于量子尺寸效应引起的 $Ag_2S$ QDs 的能带展宽以及 g-$C_3N_4$ 和 $Ag_2S$ QDs 助催化剂之间有效的电荷转移。然而，随着 $Ag_2S$ QDs 含量从 0.5 wt % 增加到 3.0 wt %，$Ag_2S$ QDs/g-$C_3N_4$ 复合材料的光催化性能显著下降。这是因为随着负载的增加，无数 $Ag_2S$ QDs 的遮光作用以及 $Ag_2S$ QDs 的团聚导致关键的小尺寸优势丧失。循环稳定性实验也表明，随着循环次数的积累，样品的析氢活性逐渐降低。这是由于硫化物半导体普遍存在光腐蚀现象，$Ag_2S$ 被光还原为单质 Ag[18]。

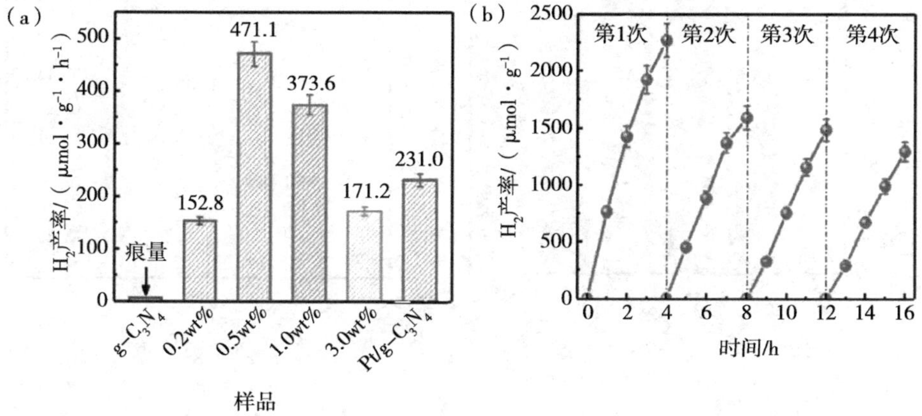


**图 4.38　(a) Pt/g-$C_3N_4$ 和含有不同量 $Ag_2S$ QDs 的 $Ag_2S$ QDs/g-$C_3N_4$ 复合材料的光催化产氢速率，(b) 0.5 wt % $Ag_2S$ QDs/g-$C_3N_4$ 的循环产氢实验[72]**

2023 年，Zhang 等人[73]借助原位生长工艺制备了 $CuInS_2$ QDs（CIS QDs）修饰的 g-$C_3N_4$（CN）催化剂（记为 CIS/CN），通过分别在模拟太阳光和可见光下光催化水分解产氢和降解 TC 来评估光催化剂的光催化效率。优化后的样品（10% CIS/CN）表现出最佳的光催化活性：1 h 内产氢速率为 102.4 μmol · $g^{-1}$ · $h^{-1}$，120 min 内降解 52.16% 的 TC，分别是 CN 光催化活性的 48 倍和 3.4 倍。光催化活性通过在模拟太阳光下从水中分离氢气来检查。所有 CIS/CN 复合材料均表现出更好的产氢性能，且产率优于 CN（图 4.39a）。与 CIS QDs 结合后，纳米复合物 CIS/CN 具有较高的产氢活性。随着 CIS QDs 负载量的增加，产氢量也稳步增加。最优样品为 10% CIS/CN，产生的氢气量达到 102.4 μmol · $g^{-1}$ · $h^{-1}$。然而，随着 CIS QDs 负载量的进一步增加，产氢量明显减少，例如，12% CIS/CN 提供 85.2μmol · $g^{-1}$ · $h^{-1}$ 的氢，这可能归因于光生载流子对分离较差以及 12% CIS/CN 中 CIS QDs 和 CN 之间的竞争性光吸收。Zhang 等人进一步评估了光催化剂通过降解 TC 的催化性能（图 4.39b）。在可见光下照射 120 min，50 mg CN 光催化剂在 100 mL（40 mg · $L^{-1}$）TC 溶液中的降解率为 15.31%。当 CIS QDs 和 CN 偶联形成纳米复合材料时，光催化活性得到提高。随着纳米复合材料中 CIS QDs 量的增加，复合材料的光催化活性逐渐增强。其中，10% CIS/CN 表现出良好的活性，120 min 后 TC 的降解率达到 52.16%。

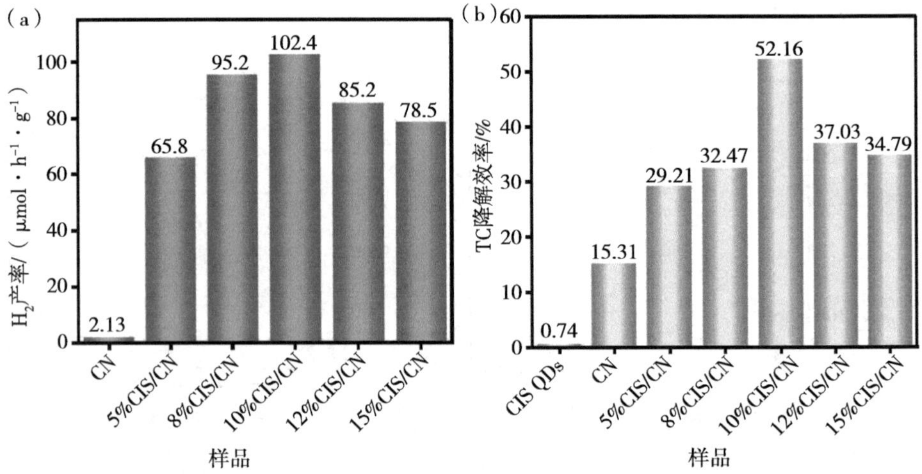


**图 4.39 （a）氢气产率，（b）120 minTC 的降解效率**[73]

# 第四节 本章小结

本章总结了金属硫化物的一般制备方法、表征以及在降解废水和能源转换方面的应用。金属硫化物因其多样性、可调谐带隙和广泛可见光响应而受到青睐。通过合适的合成方法，可以得到具有优异光电性能的金属硫化物量子点。此外，金属硫化物量子点的性质可以通过调控合成条件、制备方法、表面修饰等实现优化。在制备方法中本章主要介绍的合成方法有水热法、溶胶–凝胶法、溶剂热法、共沉淀法、生物合成法及超声化学合成法等技术，并列举了各种方法相应的优点及其缺点，其中，水热法和溶剂热法是最常用的方法。这些方法可以控制量子点的尺寸、形状、结构、晶体结构等性质，从而影响其光电性能。例如，通过调控反应条件和前驱体浓度，可以合成尺寸分布均匀、荧光量子产率高的金属硫化物量子点。金属硫化物量子点可通过不同的表征手段来描述，常见的表征手段有 XRD、TEM、HRTEM、UV–vis、PL 光谱等。这些表征手段提供了有关金属硫化物量子点的光学性质、结构、尺寸、形状和化学成分的信息。例如，金属硫化物的形貌表征可以通过 XRD，以确定材料的晶体结构、晶格参数、晶体形态等信息；此外，TEM、HRTEM 等显微技术也可以用于晶体结构的表征，帮助研究者了解材料的晶体形态和晶界性质。UV-vis 是表征光学性质的有效方法，可以检测材料的波长吸收和带隙等信息；荧光光谱可以检测材料的荧光强度、发射波长等信息；XPS 可以表征表面化学成分和化学状态。金属硫化物的表征需要结合多种手段，综合了解材料的结构、形貌、物理化学性质等信息，并与其应用需求相结合，以实现更好的性能和应用。

同时金属硫化物量子点也是一种具有潜在应用前景的新型材料。目前，金属硫化物量子点的研究主要在荧光光电器件、生物成像、催化剂、光电催化等领域，本章重点介绍了金属硫化物量子点在环境保护和能源替代中的应用，包括光催化降解、制氢、二氧化碳转化和固氮。然而，目前金属硫化物量子点的合成还存在一些问题，例如在合成过程中的热稳定性、粒子大小和形状的控制等方面仍需要进一步研究和探讨。因此，加强对金属硫化物量子点的研究，将有助于其在实际应用中发挥更大的潜力。

## 参考文献


[1] ABATE M A, CHANG J Y. Boosting the efficiency of $AgInSe_2$ quantum dot sensitized solar cells via core/shell/shell architecture [J]. Solar Energy Materials and Solar Cells, 2018, 182: 37–44.

[2] ACAR C, DINCER I. Impact assessment and efficiency evaluation of hydrogen production methods [J]. International Journal of Energy Research, 2015, 39 (13): 1757–1768.

[3] ADALDER A, PAUL S, GHORAI U K. Progress of electrochemical synthesis of nitric acid: catalyst design, mechanistic insights, protocol and challenges [J]. Journal of Materials Chemistry A, 2023, 11 (19): 10125–10148.

[4] ADEJUMO M, OLEKSY L, LIGUORI S. Innovative $NH_3$ separation over immobilized molten salt membrane at high temperatures [J]. Chemical Engineering Journal, 2024, 479: 147434.

[5] AHMED M I, HIBBERT D B, ZHAO C. Rational catalyst design and mechanistic evaluation for electrochemical nitrogen reduction at ambient conditions [J]. Green Energy & Environment, 2023, 8 (6): 1567–1595.

[6] AHMED S N, HAIDER W. Heterogeneous photocatalysis and its potential applications in water and wastewater treatment: a review [J]. Nanotechnology, 2018, 29 (34): 342001.

[7] ALI M, EL NADY J, EBRAHIM S, et al. Structural and optical properties of upconversion CuInS/ZnS quantum dots [J]. Optical Materials, 2018, 86: 545–549.

[8] BAI Z, WINIWARTER W, KLIMONT Z, et al. Further improvement of air quality in China needs clear ammonia mitigation target [J]. Environmental Science & Technology, 2019, 53 (18): 10542–1054.

[9] CHEN S, AHMADIANTEHRANI M, ZHAO J, et al. Heat-up synthesis of Ag–In–S and Ag–In–S/ZnS

nanocrystals: Effect of indium precursors on their optical properties [ J ]. Journal of Alloys and Compounds, 2016, 665: 137–143.

[ 10 ] CHEN X, LIU L, YU P Y, et al. Increasing solar absorption for photocatalysis with black hydrogenated titanium dioxide nanocrystals [ J ]. Science, 2011, 331 ( 6018 ) : 746–750.

[ 11 ] CHEVALLIER T, LE BLEVENNEC G, CHANDEZON F. Photoluminescence properties of $AgInS_2$–ZnS nanocrystals: the critical role of the surface [ J ]. Nanoscale, 2016, 8 ( 14 ) : 7612–7620.

[ 12 ] CHOI D B, KIM S, YOON H C, et al. Color–tunable Ag–In–Zn–S quantum–dot light–emitting devices realizing green, yellow and amber emissions [ J ]. Journal of Materials Chemistry C, 2017, 5 ( 4 ) : 953–959.

[ 13 ] ZHANG J, BIFULCO A, AMATO P, et al. Copper indium sulfide quantum dots in photocatalysis [ J ]. Journal of Colloid and Interface Science, 2023, 638: 193–219.

[ 14 ] WANG L W, WILLIAMSON A J, ZUNGER A, et al. Comparison of the k · p and direct diagonalization approaches to the electronic structure of InAs/GaAs quantum dots [ J ]. Applied Physics Letters, 2000, 76 ( 3 ) : 339–341.

[ 15 ] CHUANG P–H, LIN C C, LIU R–S. Emission–Tunable $CuInS_2$/ZnS quantum dots: structure, optical properties, and application in white light–emitting diodes with high color rendering index [ J ]. ACS Applied Materials & Interfaces, 2014, 6 ( 17 ) : 15379–15387.

[ 16 ] DE TRIZIO L, PRATO M, GENOVESE A, et al. Strongly fluorescent quaternary Cu–In–Zn–S nanocrystals prepared from $Cu_{1-x}InS_2$ Nanocrystals by partial cation exchange[ J ]. Chemistry of Materials, 2012, 24( 12 ): 2400–2406.

[ 17 ] FU W, FAN J, XIANG Q. $Ag_2S$ quantum dots decorated on porous cubic–CdS nanosheets–assembled flowers for photocatalytic $CO_2$ reduction [ J ]. Chinese Journal of Structural Chemistry, 2022, ( 6 ) : 39–47.

[ 18 ] JIANG D, CHEN L, XIE J, et al. $Ag_2S$/g–$C_3N_4$ composite photocatalysts for efficient Pt–free hydrogen production. The co–catalyst function of Ag/$Ag_2S$ formed by simultaneous photodeposition [ J ]. Dalton Transactions, 2014, 43 ( 12 ) : 4878–4885.

[ 19 ] LI K, AN X, PARK K H, et al. A critical review of $CO_2$ photoconversion: catalysts and reactors [ J ]. Catalysis Today, 2014, 224: 3–12.

[ 20 ] MIR I A, DAS K, AKHTER T, et al. Eco–friendly synthesis of $CuInS_2$ and $CuInS_2$@ZnS quantum dots and their effect on enzyme activity of lysozyme [ J ]. RSC Advances, 2018, 8 ( 53 ) : 30589–30599.

[ 21 ] NING J, ZHANG B, SIQIN L, et al. Designing advanced S–scheme CdS QDs/La–$Bi_2WO_6$ photocatalysts for efficient degradation of RhB [ J ]. Exploration, 2023, 3 ( 5 ) : 20230050.

[ 22 ] JAIN S, BHARTI S, BHULLAR G K, et al. I–III–VI core/shell QDs: synthesis, characterizations and applications [ J ]. Journal of Luminescence, 2020, 219: 116912.

[ 23 ] ZHANG R, WANG Y, JIA M, et al. One–pot hydrothermal synthesis of ZnS quantum dots/graphene hybrids as a dual anode for sodium ion and lithium ion batteries [ J ]. Applied Surface Science, 2018, 437: 375–383.

[ 24 ] LEI Y, CHEN F, LI R, et al. A facile solvothermal method to produce graphene–ZnS composites for superior photoelectric applications [ J ]. Applied Surface Science, 2014, 308: 206–210.

[ 25 ] FU Y, ZHANG Z, YANG X, et al. ZnS nanoparticles embedded in porous carbon matrices as anode

materials for lithium ion batteries [J]. RSC Advances, 2015, 5 (106): 86941–86944.

[26] YAO X, KONG J, ZHOU D, et al. Mesoporous zinc ferrite/graphene composites: towards ultra–fast and stable anode for lithium–ion batteries [J]. Carbon, 2014, 79: 493–499.

[27] LIU H, JIA M, SUN N, et al. Nitrogen–rich mesoporous carbon as anode material for high–performance sodium–ion batteries [J]. ACS Applied Materials & Interfaces, 2015, 7 (49): 27124–27130.

[28] ZHANG P, ZHAO L, WANG Z, et al. Efficient visible light performance of $MoS_2$QDs/$TiO_2$ hollow sphere photocatalysts for the degradation of dyes and antibiotics [J]. Vacuum, 2024, 219: 112695.

[29] LIU Y, WU S, LIU J, et al. Synthesis of g–$C_3N_4$/$TiO_2$ nanostructures for enhanced photocatalytic reduction of U (vi) in water [J]. RSC Advances, 2021, 11 (8): 4810–4817.

[30] SHEN W, LI N, SHI M, et al. Novel $RuSe_2$/Black–$TiO_2$ photocatalysts for boosted photocatalytic degradation of rhodamine B: Preparation, performance and mechanistic investigation [J]. Optical Materials, 2022, 134: 113182.

[31] SONKER R K, SHASTRI R, JOHARI R. Superficial synthesis of CdS quantum dots for an efficient perovskite–sensitized solar cell [J]. Energy & Fuels, 2021, 35 (9): 8430–8435.

[32] JINDAL S, GIRIPUNJE S M, KONDAWAR S B, et al. Green synthesis of $CuInS_2$/ZnS core–shell quantum dots by facile solvothermal route with enhanced optical properties [J]. Journal of Physics and Chemistry of Solids, 2018, 114: 163–172.

[33] XIE B B, HU B B, JIANG L F, et al. The phase transformation of $CuInS_2$ from chalcopyrite to wurtzite [J]. Nanoscale Research Letters, 2015, 10 (1): 86.

[34] LI B, JIANG L, LI X, et al. Preparation of Monolayer $MoS_2$ quantum dots using temporally shaped femtosecond laser ablation of bulk $MoS_2$ targets in water [J]. Scientific Reports, 2017, 7 (1): 11182.

[35] OU G, FAN P, KE X, et al. Defective molybdenum sulfide quantum dots as highly active hydrogen evolution electrocatalysts [J]. Nano Research, 2018, 11 (2): 751–761.

[36] ZHANG H, SUN C, SUN L, et al. Stable monodisperse $Pb_{1-x}Cd_xS$ quantum dots for NIR–II bioimaging by aqueous coprecipitation of bimetallic clusters[J]. Angewandte Chemie International Edition, 2022, 61(37): e202203851.

[37] TUDU S C, ZUBKO M, KUSZ J, et al. Structural, optical and dielectric studies of wurtzite–type CdS quantum dots green synthesised using Ocimum sanctum (Tulsi) leaf extract [J]. Advances in Natural Sciences: Nanoscience and Nanotechnology, 2021, 12 (3): 035010.

[38] KARIMI F, RAJABI H R, KAVOSHI L. Rapid sonochemical water–based synthesis of functionalized zinc sulfide quantum dots: study of capping agent effect on photocatalytic activity [J]. Ultrasonics Sonochemistry, 2019, 57: 139–46.

[39] IMPARATO C, BIFULCO A, SILVESTRI B, et al. Recent advances in endocrine disrupting compounds degradation through metal oxide–based nanomaterials [J]. Catalysts, 2022, 12 (3): 289

[40] DONG C, YI Q, SHEN B, et al. Novel Fenton process of Co–catalyst $Co_9S_8$ quantum dots for highly efficient removal of organic pollutants [J]. Chemosphere, 2021, 270: 128648.

[41] TARGHAN H, REZAEI A, ALIABADI A, et al. Photocatalytic removal of imidacloprid pesticide from wastewater using CdS QDs passivated by CQDs containing thiol groups[J]. Scientific Reports, 2024, 14(1): 530.

[42] 杨进航．Cu 掺杂和量子点修饰改性的 $Zn_3In_2S_6$ 增效光催化还原 $CO_2$ 的性能与机理 [D]．南宁：

广西大学，2023.
[43] CORMA A, GARCIA H. Photocatalytic reduction of $CO_2$ for fuel production: Possibilities and challenges [J]. Journal of Catalysis, 2013, 308: 168–175.
[44] SHEN H, PEPPEL T, STRUNK J, et al. Photocatalytic reduction of $CO_2$ by metal - free - based materials: recent advances and future perspective [J]. Solar RRL, 2020, 4 (8).doi: 10.1002/solr.201900546 .
[45] BOONTA W, SANGKHUN W, SUPPASO C, et al. Rhenium (I) complex–containing amphiphilic metallopolymer stabilizing CdS quantum dots for synergistically boosting photoreduction of $CO_2$ [J]. ACS Catalysis, 2023, 13 (18): 12391–12402.
[46] QU T, WEI S, XIONG Z, et al. Progress and prospect of $CO_2$ photocatalytic reduction to methanol [J]. Fuel Processing Technology, 2023, 251: 107933.
[47] SHEN H, PEPPEL T, STRUNK J, et al. Photocatalytic reduction of $CO_2$ by metal–free–based materials: recent advances and future perspective [J]. Solar RRL, 2020, 4 (8): 1900546.
[48] INOUE T, FUJISHIMA A, KONISHI S, et al. Photoelectrocatalytic reduction of carbon dioxide in aqueous suspensions of semiconductor powders [J]. Nature, 1979, 277 (5698): 637–638.
[49] 周俊龙，赵鲁康，刘朝孟，等. 量子点及其复合材料作为碱金属离子电池负极的研究进展 [J]. 储能科学与技术，2023, 12 (5): 1392–1408.
[50] DAI L, XUE Y, QU L, et al. Metal–free catalysts for oxygen reduction reaction [J]. Chemical Reviews, 2015, 115 (11): 4823–4892.
[51] PARK Y H, MURALI G, MODIGUNTA J K R, et al. Recent advances in quantum dots for photocatalytic $CO_2$ reduction: a mini–review [J]. Frontiers in Chemistry, 2021, 9: 734108.
[52] WU H L, LI X B, TUNG C H, et al. Semiconductor quantum dots: an emerging candidate for $CO_2$ photoreduction [J]. Advanced Materials, 2019, 31 (36): 1900709.
[53] YAO X, WANG Y, LANG X, et al. Thickness–dependent bandgap of transition metal dichalcogenides dominated by interlayer van der Waals interaction [J]. Physica E: Low–dimensional Systems and Nanostructures, 2019, 109: 11–16.
[54] QIN H, GUO R T, LIU X Y, et al. 0D $NiS_2$ quantum dots modified 2D g–$C_3N_4$ for efficient photocatalytic $CO_2$ reduction [J]. Colloids and Surfaces A: Physicochemical and Engineering Aspects, 2020, 600: 124912.
[55] SHI L, REN X, ZHANG Z, et al. Non–stoichiometric Ag–In–S quantum dots for efficient photocatalytic $CO_2$ reduction: Ag/In molar ratio dependent activity and selectivity [J]. Journal of Catalysis, 2021, 401: 271–278.
[56] 刘磊，安升辉，杨海涛，等. 双金属掺杂 $CuInS_2$ 量子点的制备及其对单层 $WS_2$ 光电性能的影响 [J]. 化工管理，2020(18): 123–124.
[57] ZHAO Z, HONG S, YAN C, et al. Efficient visible–light driven $N_2$ fixation over two–dimensional Sb/TiO2 composites [J]. Chemical Communications, 2019, 55 (50): 7171–7174.
[58] LIU Z, LUO M, YUAN S, et al. Boron–doped graphene quantum dot/bismuth molybdate composite photocatalysts for efficient photocatalytic nitrogen fixation reactions [J]. Journal of Colloid and Interface Science, 2023, 650: 1301–1311.
[59] ZHU X, CASTLEBERRY S R, NANNY M A, et al. Effects of pH and catalyst concentration on photocatalytic oxidation of aqueous ammonia and nitrite in titanium dioxide suspensions [J].

Environmental Science & Technology, 2005, 39（10）: 3784–3791.

[60] CHICA B, RUZICKA J, KALLAS H, et al. Defining intermediates of nitrogenase MoFe protein during $N_2$ reduction under photochemical electron delivery from CdS quantum dots [J]. Journal of the American Chemical Society, 2020, 142（33）: 14324–14330.

[61] BADALYAN A, YANG Z Y, HU M, et al. Tailoring electron transfer pathway for photocatalytic $N_2$-to-$NH_3$ reduction in a CdS quantum dots–nitrogenase system [J]. Sustainable Energy & Fuels, 2022, 6（9）: 2256–2263.

[62] WANG S, ZHAO Y, FENG J, et al. ZnS quantum dots implanted polyaniline–wrapped corn straw catalysts for efficient photocatalytic nitrate reduction without external addition of hole scavengers [J]. Chemical Engineering Journal, 2023, 455: 140787.

[63] 万凯，向志朋，刘文博，等．过渡金属硫化物电解水析氢/析氧反应电催化剂研究进展[J]．科学通报，2022, 67（19）: 2126–2141.

[64] TEE S Y, WIN K Y, TEO W S, et al. Recent progress in energy–driven water splitting [J]. Advanced Science, 2017, 4（5）: 1600337.

[65] RAO V N, REDDY N L, KUMARI M M, et al. Sustainable hydrogen production for the greener environment by quantum dots–based efficient photocatalysts: a review [J]. Journal of Environmental Management, 2019, 248: 109246.

[66] ROSMAN N N, MOHAMAD YUNUS R, JEFFERY MINGGU L, et al. Photocatalytic properties of two–dimensional graphene and layered transition–metal dichalcogenides based photocatalyst for photoelectrochemical hydrogen generation: an overview [J]. International Journal of Hydrogen Energy, 2018, 43（41）: 18925–18945.

[67] 任鑫．高效硫化物异质结体系的构建及光催化制氢性能研究[D]．成都：电子科技大学，2023.

[68] ZHANG J, HU W, CAO S, et al. Recent progress for hydrogen production by photocatalytic natural or simulated seawater splitting [J]. Nano Research, 2020, 13（9）: 2313–2322.

[69] GUO Y, YAN B, DENG F, et al. Lattice expansion boosting photocatalytic degradation performance of $CuCo_2S_4$ with an inherent dipole moment [J]. Chinese Chemical Letters, 2023, 34（2）: 107468.

[70] ZHANG H, WANG Z, ZHANG J, et al. Metal–sulfide–based heterojunction photocatalysts: Principles, impact, applications, and in–situ characterization [J]. Chinese Journal of Catalysis, 2023, 49: 42–67.

[71] SU D W, RAN J, ZHUANG Z W, et al. Atomically dispersed Ni in cadmium–zinc sulfide quantum dots for high–performance visible–light photocatalytic hydrogen production [J]. Science Advances, 2020, 6（33）: eaaz8447.

[72] YOU Z, YUE X, ZHANG D, et al. Construction 0D/2D heterojunction by highly dispersed $Ag_2S$ quantum dots（QDs）loaded on the g-$C_3N_4$ nanosheets for photocatalytic hydrogen evolution [J]. Journal of Colloid and Interface Science, 2022, 607: 662–675.

[73] ZHANG J, ZHAO Y, QI K, et al. $CuInS_2$ quantum–dot–modified g-$C_3N_4$ S–scheme heterojunction photocatalyst for hydrogen production and tetracycline degradation [J]. Journal of Materials Science & Technology, 2024, 172: 145–155.

# 第五章　钙钛矿量子点材料的制备及应用

## 第一节　引言

光催化材料的发展可以追溯到 20 世纪 70 年代。Fujishima 发现了在紫外光下分解水中氢的 $TiO_2$ 电极[1]。此后，许多研究者全力投入光催化还原反应的研究中。最早的光催化还原 $CO_2$ 的研究可以追溯到 1978 年。Halmann 首先利用光催化将 $CO_2$ 还原为甲醇[2]。一年后，Inoue 等人利用 $TiO_2$ 光催化剂将 $CO_2$ 在水相中还原为甲醇和甲醛[3]。然后，光催化 $CO_2$ 还原技术在接下来的几十年里得到了蓬勃的发展。对于卤化物钙钛矿，特别是有机–无机卤化物钙钛矿，Kojima 等在 2009 年首次将其作为染料敏化太阳能电池的光敏剂，获得了 3.81% 的转换效率[4]。2011 年，第一篇关于甲基胺碘化铅（$CH_3NH_3PbI_3$，$MAPbI_3$）胶体量子点的文章被报道，引起了研究者对半导体纳米材料的极大兴趣[5]。

然而，这种钙钛矿材料因含有机成分，环境稳定性较低，尤其对水和氧高度敏感，这极大地限制了其实际应用。因此，为了克服这一挑战，有必要找到合适的无机阳离子来取代这种有机成分。2015 年，Proteescu 等人[6]通过油酸和油胺钝化，首次采用热注入法合成了无机 $CsPbX_3$（X=Cl、Br 或 I）钙钛矿量子点。与有机–无机杂化钙钛矿量子点相比，全无机钙钛矿量子点具有更好的稳定性和更高的量子效率。

钙钛矿基光催化剂的发展是基于近年来对其光催化机理和对应物的广泛研究。Kong 等人在先前生成的 $CsPbBr_3$ 纳米晶体基底上原位合成了沸石咪唑盐框架（zeolitic lmidazolate framework，ZIF），从而形成 $CsPbBr_3$@ZIFs[7]。Wang 等人首次展示了在 $Cs_2SnI_6/SnS_2$ 复合材料中原位生成无铅金属卤化物钙钛矿（metal halide perovskite，MHP）纳米晶体，其具有典型的Ⅱ型能带异质结构，

可用于光催化 $CO_2$ 还原[8]。付强等人通过第一性原理计算探索了以有机–无机钙钛矿 $MAPbBr_3$ 作为铂单原子催化剂的基底的可能性，因为该材料具有与 $CsPbBr_3$ 相似的光伏能力[9]。Jiang 等人提出基于 MHP 的 Z–方案复合材料 $Fe_2O_3$/Amine–rGO/$CsPbBr_3$ 用于高效光催化 $CO_2$ 还原[10]。钙钛矿中的有机离子 $FA^+$ 可能会影响催化体系的坚固性，它受到所产生的极性化合物的影响时，会部分溶解。因此，Wang 等人用 $CsPbBr_3$ 代替 $FAPbBr_3$，制备了 $CsPbBr_3$ QDs/$Bi_2WO_6$ 片状 Z–方案复合光催化剂，用于 $CO_2$ 还原[11]。在 Z–方案异质结研究的基础上，S–方案异质结因其快速电荷转移和有效避免光屏蔽而逐渐受到研究人员的关注。例如，Huang 等人采用反溶剂沉淀法制备了 $FAPbBr_3$/$Bi_2WO_6$ 的 S–方案异质结[12]。

随后，为了解决表面高密度配体阻碍载体转移的问题，Mu 等人采用两步法原位生成了 α–$Fe_2O_3$ 纳米棒最外层没有配体的 $FAPbBr_3$ 纳米晶体，制备了 Z–方案异质结光催化剂 $FAPbBr_3$/α–$Fe_2O_3$[13]。为了解决无铅钙钛矿催化性能低的问题，Wu 等人[14]制备了 0D/2D $Cs_2AgBiBr_6$/$Bi_2WO_6$ 异质结材料。光催化研究表明，在异质结的活性比纯 $Cs_2AgBiBr_6$ 高。

综上所述，钙钛矿基光催化剂的异质结在类型和材料方面都在不断发展。在这个过程中研究者们使用了各种材料。一种已研发的促进光催化 $CO_2$ 还原的技术是在半导体光催化剂表面添加非均相材料。这些材料可以根据其尺寸（0D、1D、2D、3D）进行分类。对于先进光催化剂的开发，异质结材料的合成工艺是至关重要的。异质结的类型、形态和物理化学性质通常随合成方法的不同而不同。

化石燃料的过度使用会使大气中二氧化碳的浓度不断上升，通常被认为是温室效应的罪魁祸首。减少气候变化对环境的影响和现代社会对化石燃料的依赖，一个有希望的解决方案是通过减少二氧化碳来生产太阳能燃料。迄今为止，各种光催化材料，如无金属化合物（如 $C_3N_4$）、金属氧化物（如 $TiO_2$、ZnO）、金属硫化物（如 CdS、ZnS）、MOF 等，已被用于在可见光或紫外光下对反应体系中的 $CO_2$ 进行光催化化学反应。尽管已经取得了重大进展，但许多光催化剂仍然存在一些问题，包括带隙能量大而限制可见光的收集，光生载流子的快速重组，以及弱的环境稳定性。此外，载体分离效率低、催化能力差、选择性差的缺点，进一步限制了其适用性[15-17]。本章主要介绍钙钛矿量子点。

迄今为止，已经有一些论述总结了钙钛矿材料在环境和能源领域的最新进展，如水污染处理、空气污染物氧化去除、清洁能源生产、传感器应用等，并对其未来的应用前景进行了展望。如 Huang 等人综述了钙钛矿氧化物用于高级氧化工艺在水修复中的进展[18]。Gui 等人综述了钙钛矿氧化物及其衍生物光催化二氧化碳还原设计的最新进展[19]。Yang 等人研究了 $LaCoO_3$ 激活过一硫酸盐（PMS）在可见光驱动下降解四环素的效果及在环境治理中的作用[20]。Hao 等人强调了钙钛矿材料及其改性方法的最新进展，以改善光催化制氢的办法[21]。钙钛矿材料在环境和能源方面的应用前景在许多文献中均有体现。其尺寸和形状对催化活性影响显著。精确控制尺寸和形状对高性能钙钛矿材料体系的发展至关重要。Phoon 等人在 2019 年综述了 $SrTiO_3$ 在能源和其他应用中的合成和尺寸[22]。Li 等人于 2021 年综述了多维卤化物钙钛矿材料的合成及其在光（电）化学中的应用[23]。事实上，钙钛矿材料的催化活性受到多种因素的影响，如尺寸、形貌和结晶度。尺寸与形貌的变化会导致比表面积的改变。研究表明，将催化材料的尺寸从微米级减小到纳米级会导致比表面积的增加。此外，在光催化领域，块状微米级钙钛矿材料表面容易出现缺陷、结构无序、比表面积低、光稳定性差等问题，限制了光催化效率。相比之下，低维钙钛矿材料在量子约束效应的影响下会表现出优越的光学和电学性能。此外，在实际应用中，将钙钛矿材料与负载物结合可以改变钙钛矿材料的尺寸。

本章在介绍钙钛矿降解废水方面，主要从形态的角度将钙钛矿材料分为三个维度。使用 $x$，$y$ 和 $z$ 来表示三个相互垂直的空间方向。它可以分为零维（0D）量子点或纳米晶体（$x$，$y$，$z$<100 nm），一维（1D）纳米管 / 棒 / 纳米纤维（$x$>100 nm），二维（2D）纳米片（$x$，$y$>100 nm），以及三维（3D）立体材料（$x$，$y$，$z$>100 nm）。

## 一、三维钙钛矿材料

三维（3D）钙钛矿指三维尺寸均大于 100 nm 的块状固体复合材料。单个钙钛矿的通式为 $ABX_3$，它具有对称立方结构。控制钙钛矿晶体的形态尺寸可以激发其独特的形状所带来的应用潜力。Das 等人制备了全无机卤化铯铅（$CsPbX_3$，X=Cl、Br 或 I）钙钛矿立方体[24]。$CsPbI_3$ 立方体的平均尺寸为 800 nm，高于 $CsPbCl_3$（200 nm）和 $CsPbBr_3$（300 nm）立方体（图 5.1）。经过几个循环实验，立方体的光催化活性没有明显变化，说明其在催化反应过程中具有较高的稳定性。然而，一般大块结构材料都存在比表面积小的问题。三维有序大孔（three-dimensionally ordered microporons，3DOM）结构可以大大提高反应界面的表面积，并在三维骨架上实现多次光散射，增强了质量输运和光吸收过程。此外，3DOM 材料还具有孔洞结构有周期性、孔径均匀可控等优点。例如，Wang 等人[25]制备了多孔的 $LaMnO_3$ 钙钛矿。与大颗粒 $LaMnO_3$ 相比，多孔 $LaMnO_3$ 表现出更好的性能，在 2h 内可以降解 95% 的 MB，而纯 $LaMnO_3$ 的降解效率低于 85%，这是因为其微晶尺寸小、具有多孔结构、比表面积大、带隙窄。Gan 等人[26]通过结构控制策略合理制备了 3D $NaTaO_3$。合成的钙钛矿催化剂具有多层有序大孔排列结构。由于其球形结构，氧化物钙钛矿易于团聚，这显著降低了材料的比表面积和反应位点。此外，大多数催化剂存在重金属浸出的问题，这可能产生严重的毒性。空心结构的催化剂可以有效地防止纳米粒子的团聚，减少金属浸出。Chen 等人[27]成功合成了空心多壳层球形 $PrMnO_3$ 钙钛矿（$PrMnO_3$-HoMSs）。$PrMnO_3$-HoMSs 的壳层具有多孔结构，增大了比表面积，降低了反应物的扩散阻力。与传统方法合成的样品相比，$PrMnO_3$-HoMSs 具有更高的催化活性。

粉末催化剂在底物上的固定是催化领域的研究热点。Tuna 等人[28]将 $LaFeO_3$ 和 $CaFe_2O_4$ 钙钛矿与海绵状聚氨酯过滤器结合，得到水中降解盐酸四环素的复合催化剂。催化膜可以同时实现物理分离和深度氧化处理，被认为是一

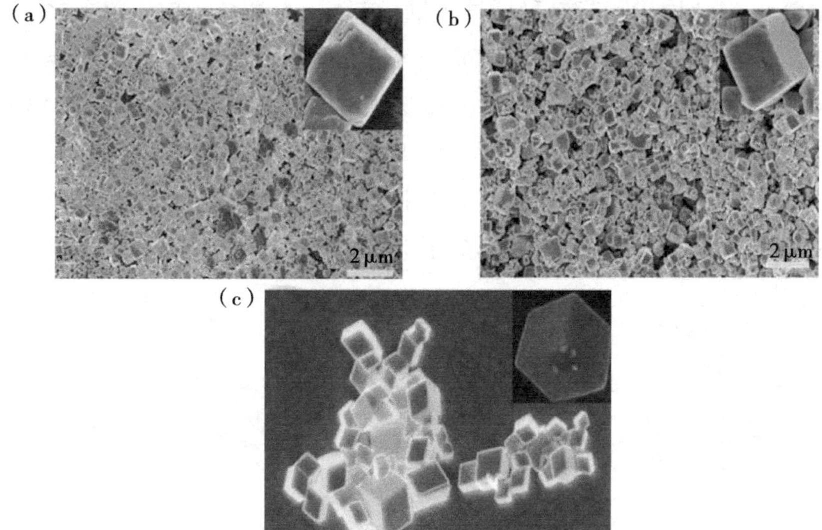


图 5.1　$CsPbCl_3$（a）、$CsPbBr_3$（b）和 $CsPbI_3$（c）的 FESEM 图[24]

种新的废水处理方法。然而，催化性能的不理想和不稳定性阻碍了其进一步的应用。Zhang 等人[29]将掺铁 $LaCoO_3$ 钙钛矿与聚丙烯腈超滤膜结合。由于污染物在膜通道中不断流出和富集，催化膜在横流装置中表现出优异的催化性能。此外，孔径合适的催化膜由于产生大量 ROS，可以排除天然有机物，选择性地协助膜通道中污染物的降解。

## 二、二维钙钛矿材料

二维（2D）钙钛矿指的是两个空间方向大于 100 nm 且另一个空间方向小于 100 nm 的复合材料。总的来说，二维钙钛矿材料中光生载流子的生成和传导具有各向异性，晶体表面暴露均匀，表面原子排列清晰明确。在量子约束效应的影响下，低维纳米结构钙钛矿的催化性能高于三维块状钙钛矿，表现出独特的电学和光学性质。

此外，由于独特的电子性质，以及 2D 材料的大比表面积和短电荷扩散路径，研究人员考虑将钙钛矿材料与不同种类的 2D 材料［如氧化石墨烯（GO）、还原氧化石墨烯（RGO）、石墨氮化碳（$g-C_3N_4$）和碳球］相结合，以提高材料的催化性能。钙钛矿纳米片的实际应用仍然存在带隙宽和光生电子-空穴对复合率高的固有缺陷。Jiang 等人[30]基于 $g-C_3N_4$ 和剥离的超薄 $K^+Ca_2Nb_3O_{10}^-$（$K^+CNO^-$）纳米片构建了新型异质结光催化剂（$g-C_3N_4/K^+CNO^-$；图 5.2）。这种异质结结构为界面电荷的快速分离提供了大的接触面积，也拓宽了界面电荷的有效范围光收集并提高光催化活性。Li 等人[31]制备了 $P-La_2Ti_2O_7$ 和 $Bi_2WO_6$ 接触异质结，它是一种具有电势差的Ⅱ型二元异质结（图 5.3）。与上述结果类似，异质结结构加速了电子转移，复合材料之间的紧密结合为快速电荷转移提供了独特的纳米通道，从而有效减少了电子-空穴对复合。

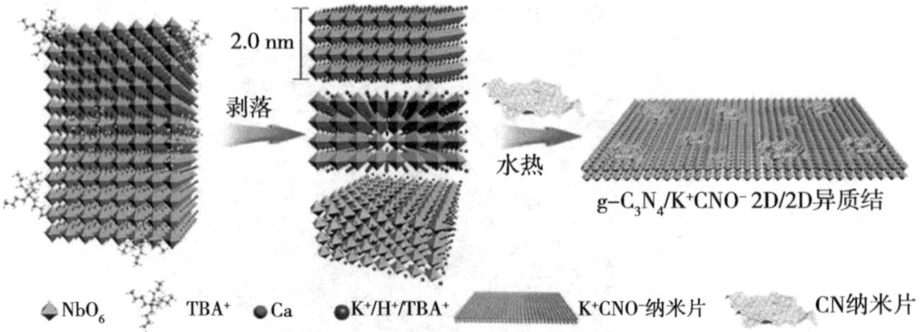


**图 5.2 $g-C_3N_4/K^+CNO^-$ 异质结的制备过程示意图**[30]

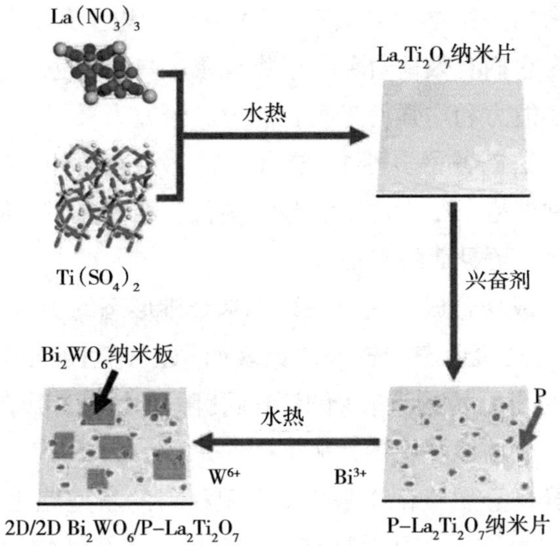


**图 5.3　2D/2D $Bi_2WO_6/P-La_2Ti_2O_7$ 异质结的形成过程示意图**[31]

## 三、一维钙钛矿材料

一维（1D）钙钛矿是指一个空间方向大于 100 nm 且另外两个方向小于 100 nm 的复合材料。与二维钙钛矿纳米结构相比，一维钙钛矿纳米结构具有更短的电荷扩散长度和更高的宽高比，在光催化领域具有很大的潜力。Chen 等人[32]制备了棒状 $ZnTiO_3$ 光催化剂。棒状 $ZnTiO_3$ 的尺寸为 0.5～0.8 μm，长度为 1～4 μm（图 5.4）。聚乙烯吡罗烷酮的含量是限制 $ZnTiO_3$ 一维形貌的主要原因，阻止了 $ZnTiO_3$ 沿棒状径向生长。

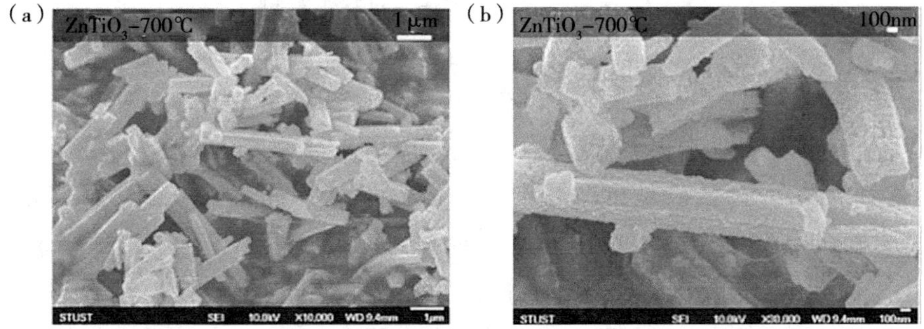


**图 5.4　(a) $ZnTiO_3$-700℃在 10000 倍放大下的 SEM 图；(b) $ZnTiO_3$-700℃在 30000 倍放大下的 SEM 图**

长度为几微米的一维纳米管具有高达 100 nm 以上的长管径比和令人惊讶的催化活性。因为它们有效地避免了聚集现象，具有出色的快速远距离电子传递能力、离子交换能力和增强的光吸收能力。研究人员通过水热法、化学沉淀法、静电纺丝等方法制备了多种 1D 复合材料。但前两种方法由于成本高、操作烦琐、实验条件严格，很少用于实验室制备。相比之下，静电纺丝是一种更容易实现、更高效、更灵活的制备方法。

Wang 等人[33]成功合成了具有一维纳米纤维形态的 $MgTiO_3$。1D $MgTiO_3$ 纳米纤维具有独特的网状形态和较大的比表面积，有利于光生载流子迁移和分离。此外，一维纳米结构的大表面积和高孔隙率有利于其在传感器领域的应用。Kang 等人[34]成功地利用钙钛矿 $La_{0.75}Sr_{0.25}Cr_{0.5}Mn_{0.5}O_{3-\delta}$（记为 LSCM）颗粒作为电纺一维半导体金属氧化物基化学电阻材料的新型催化剂。图 5.5 显示了实验过程的示意图。该复合材料具有高表面积的多孔纤维管 $SnO_2$ 结构，可以抑制晶体生长。此外，复合材料具有高浓度的氧空位，因此在不使用贵金属催化剂的情况下也能具有优异的催化性能和选择性。

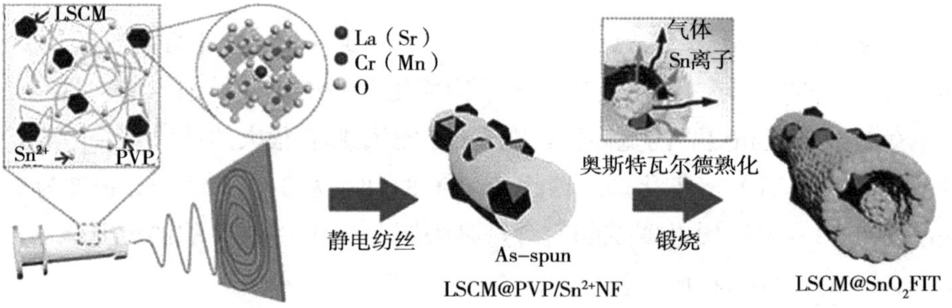


图 5.5 Kang 等人所做实验过程示意图[34]

## 四、零维钙钛矿材料

零维（0D）钙钛矿是指在三维尺寸均小于 100 nm 的量子点或纳米晶体。与块体材料相比，0D 钙钛矿由于具有更大的比表面积和更强的量子约束效应而被广泛应用于光催化领域。Gao 等人[35]首次将 $CsPbBr_3$ QDs 应用于光催化降解甲基橙。Qian 等人[36]在可见光下成功制备了 $CsPbBr_3$ QDs，用于在有机溶剂中催化降解盐酸四环素和 MO，并研究了不同溶剂对催化性能的影响。结果表明，有机溶剂（乙醇）有利于提高 $CsPbBr_3$ 的稳定性。在相同条件下，以乙醇为溶剂，30 min 可脱除 76% 的 HCl，而以水为溶剂的去除率小于 20%。在可见光下，盐酸四环素可在乙醇中选择性高效降解。此外，近年来，卤化物钙钛矿量子点成为光催化二氧化碳还原领域最受欢迎的催化剂之一。然而，卤化物钙钛矿量子点固有的转换效率低、稳定性差等缺陷阻碍了其广泛推广。为了解决上述问题，Que 等人[37]研究了一种新型的 $FAPbBr_3$ QDs 光催化剂。结果表明，$FAPbBr_3$ QDs 具有更高的稳定性和更长的光生载流子输运寿命，有利于 $CO_2$ 的捕获和活化。

将钙钛矿缩小到纳米尺度是有前途的制备优良光催化剂的方法之一，可赋予钙钛矿材料理想的形貌和功能。Singh 等人[38]通过控制煅烧温度来调节 $BiFeO_3$ 的尺寸。随着煅烧温度的升高，禁带宽度减小逐渐减少。一旦颗粒的尺寸达到纳米级，轨道的重叠数会减少，这将导致带隙的增加。此外，纳米颗粒的尺寸也是影响带隙的因素之一。实验结果表明，煅烧温度为 650℃时 $BiFeO_3$ 具有最好的光催化活性。

# 第二节　钙钛矿量子点材料的制备和表征

钙钛矿的早期合成可能导致最终产品不均匀，存在杂质和粗颗粒。近年来，人们探索了溶胶-凝胶法、水热法、共沉淀法和模板法等方法来合成高纯钙钛矿晶体。这些方法导致材料的粒度、团聚度、纯度各有不同。材料的尺寸和形态强烈依赖于方法。例如溶胶-凝胶法可以控制合成材料的质量、尺寸、表面性能和尺寸；共沉淀法反应条件可控，样品质地均匀，纯度高；模板法克服了钙钛矿催化剂比表面积小的缺陷，便于反应物分子向活性位点靠近，提高了催化性能。

## 一、溶胶-凝胶法

与其他合成方法相比，溶胶-凝胶法具有许多优点，如可以控制合成材料的质量、尺寸、表面性能和尺寸。此外，该方法具有操作简单、成本低、纯度高等优点。因此，溶胶-凝胶法制备钙钛矿纳米颗粒被广泛应用。

溶胶-凝胶法合成的 $LaFeO_3$ 的物理性质、均匀性和纯度均可以得到改善。Ghorai 等人[39]采用柠檬酸溶胶-凝胶法合成 $LaNiO_3$（记为 LNO）纳米材料，并与 g-$C_3N_4$（记为 g-CN）进行简单的物理混合，之后，将混合物煅烧合成 LNO/g-CN 光催化剂，采用 TEM 和 HRTEM（图 5.6）分别分析了纯 LNO、纯

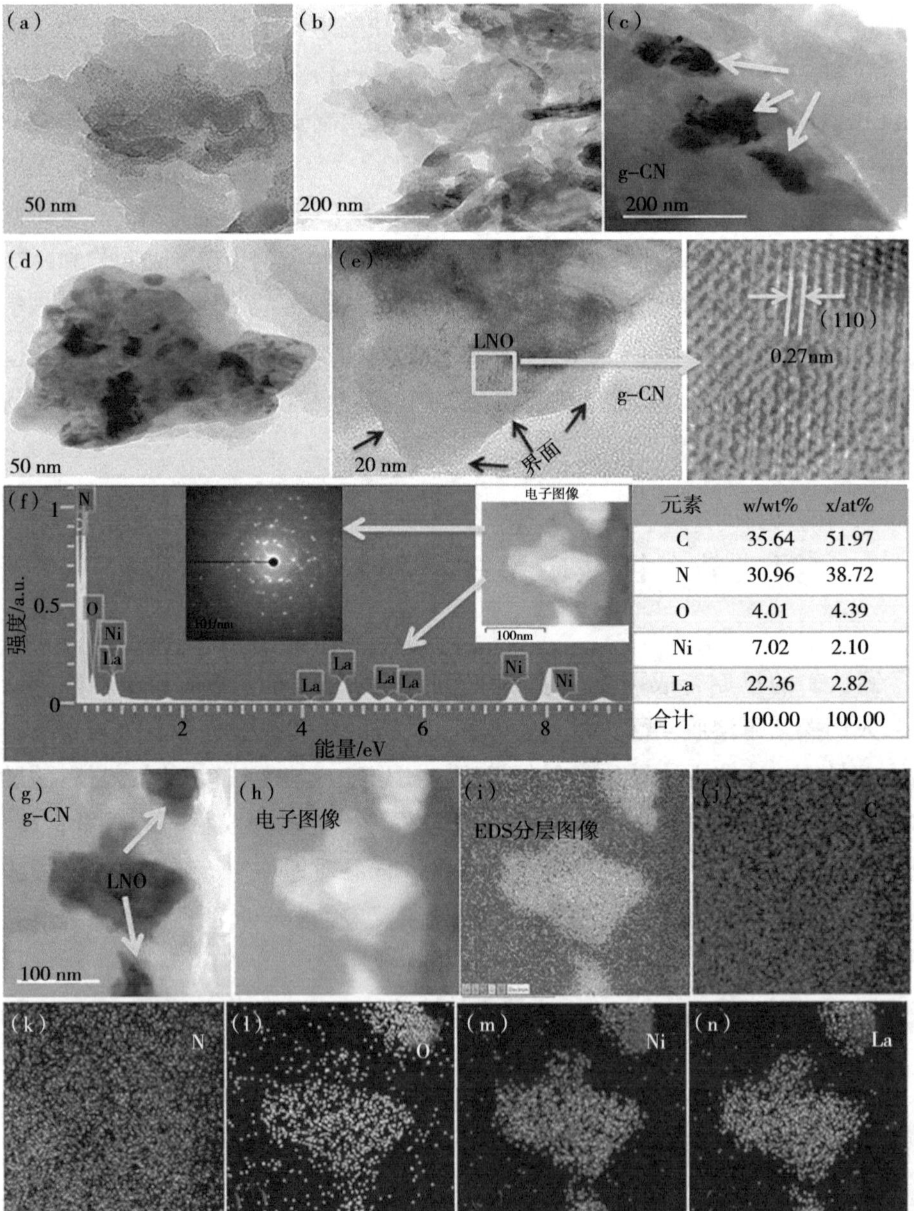


图 5.6　纯 g-CN 的 TEM 图（a-b）；LNO/g-CN 纳米复合材料的 TEM 图（c-d）、HRTEM 图（e）、EDS 图（f）和元素映射图（g-n）[39]

g-CN 和 10%LNO/g-CN 的形貌和微观结构。纯 g-CN 的 TEM 图显示了具有光滑表面和层状结构的纳米片（图 5.6a-b）。从 10%LNO/g-CN 纳米复合材料的 TEM 图（图 5.6c-d）可以清楚地看到，LNO 纳米颗粒被 g-CN 纳米片完全包封，从而与 g-CN 形成异质结结构。10%LNO/g-CN 的 HRTEM 图（图 5.6e）清楚地识别了间距值为 0.27 nm 的 LNO 纳米颗粒的晶格条纹图案，该晶格条纹图案归属于（110）晶格平面。因此，在 LNO/g-CN 纳米复合体系中，LNO 纳米颗粒与 g-CN 表面紧密相互作用，促使 LNO 和 g-CN 之间构建二元异质结。EDS 图显示纳米复合体系中存在 La、Ni、O、C 和 N（图 5.6f）。此外，10%LNO/g-CN 纳米复合材料的元素映射分析证实了 g-CN 与 LNO 的纳米复合材料的形成，以及纳米复合材料中 La、Ni、O、C 和 N 元素的存在（图 5.6g-n）。

Tan 等人[40]通过溶胶-凝胶法制备了 $CsPbBr_3$ 量子点，最终合成 $BiVO_4$/$CsPbBr_3$（BVO/CPB）复合材料，如图 5.7 所示。将不同量的 $CsPbBr_3$ 溶液与 100 mg $BiVO_4$ 粉末混合在己烷中，溶液的总体积保持在 10 mL。悬浮液被超声处理 10 min，然后在黑暗中旋转一整夜。将 BVO/CPB 复合材料以 12000 rpm 离心 5 min，并用乙酸乙酯和正己烷沉淀，然后在 60℃真空下干燥。当 $CsPbBr_3$ 添加量分别为 2、4、6、8 和 10 mL 时，将获得的样品标记为 BVO/CPB-2、BVO/CPB-4、BVO/CPB-6、BVO/CPB-8 和 BVO/CPB-10。

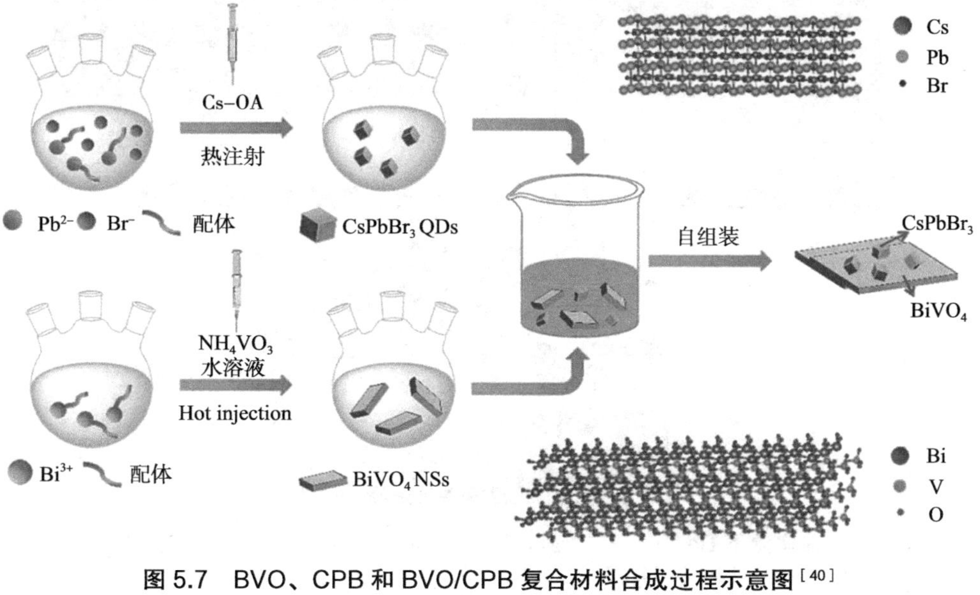


图 5.7　BVO、CPB 和 BVO/CPB 复合材料合成过程示意图[40]

## 二、水热法

钙钛矿的水热合成需要将前驱体置于高温高压下的高压釜中。例如，Chen 等人[41]报道用水热法合成了一种三维空心球形含铜镧钙钛矿。结果表明这种催化剂的催化作用增强了 $Cu^{+}$ 和 $Cu^{2+}$ 之间的电子转移。此外，催化剂提供了更丰富的氧缺陷以产生活性物质（$\cdot O^{2-}$），这促进了催化效率的提高。

图 5.8 显示了几种钙钛矿材料的表面形貌和晶粒尺寸（a=$BaTi_{0.95}Zr_{0.05}O_3$，b=$BaTi_{0.90}Zr_{0.10}O_3$，c=$Ba_{0.85}Ca_{0.15}Ti_{0.90}Zr_{0.10}O_3$）。这些 SEM 图也有助于解释有关粉末形状和团聚程度的信息。$BaTi_{0.95}Zr_{0.05}O_3$ 样品具有断裂表面的空心球形颗粒，并且分布均匀，如图 5.8a 所示。可以清楚地观察到，锆（Zr）的掺杂百分比是这些样品中明显空心介晶和较大多晶颗粒形成的原因。Zr 掺杂百分比的增加加快了结构晶体的形成，如图 5.8b–c 所示。在普通结晶颗粒形成的情况下，成核发生在原子或分子尺度的单体上。晶体生长取决于单体向晶体表面的扩散。然而，在介晶形成过程中，初级纳米颗粒发生团聚，随后观察到颗粒分散形成团簇（介晶生长）。

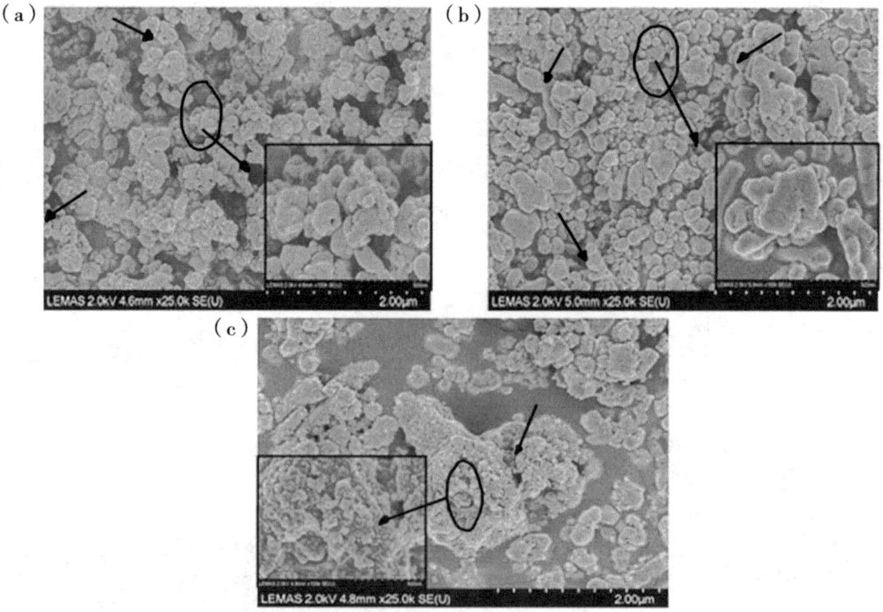


图 5.8 在室温下 $Ba_{1-x}Ca_xTi_{1-y}Zr_yO_3$ 粉末的 SEM 图［其中 a = $BaTi_{0.95}Zr_{0.05}O_3$（$x = 0$，$y = 0.05$），b = $BaTi_{0.90}Zr_{0.10}O_3$（$x = 0$，$y = 0.10$），c = $Ba_{0.85}Ca_{0.15}Ti_{0.90}Zr_{0.10}O_3$（$x = 0.15$，$y = 0.10$）］[42]

水热法合成量子点是一种简单、有效的制备方法。该方法利用水热反应的高温高压条件促进化学反应，将金属离子和有机分子还原成具有量子尺度尺寸的半导体纳米晶体，从而形成具有荧光特性的量子点。该方法具有绿色环保、产率高、无需昂贵设备等诸多优点，因此在纳米材料合成领域受到广泛关注。

## 三、共沉淀法

共沉淀法是一种简单有效的合成钙钛矿的方法。通常在水溶液中加入合适的沉淀剂（NaOH，$NH_3$等）。该水溶液含有两种以上的金属组分，且高度均匀。该方法反应条件可控，样品质地均匀，纯度高。例如，Lin 等人[43]通过共沉淀法制备了掺杂铬的钛酸锶（$SrTiO_3$-Cr）纳米颗粒。含金属的组分为 $Sr(NO_3)_2$、$Cr(NO_3)_3$ 和 $TiCl_4$，沉淀剂为 NaOH。然后以 $SrTiO_3$-Cr 和聚偏二氟乙烯（polyvinylidene fluoride，PVDF）为底物制备超滤膜。结果表明，$SrTiO_3$-Cr 在复合膜中分散均匀。

Wang 等人[44]利用易共沉淀法合成了 $Mn_2O_3/LaMnO_{3-\delta}$复合材料。$LaMn_4O_x$ 具有更多的潜在活性位点，这使其催化活性优于 $Mn_2O_3$。他们通过 SEM、TEM 和 EDX 研究了这些材料的形貌。根据 $LaMn_4O_x$ 的 TEM 图（图 5.9a–b），观察到高度无序和团聚的结构，以及由纳米点构建的分层聚集的微球（直径约为 1μm）先前的研究发现，钙钛矿形成中团聚颗粒的奥斯特瓦尔德熟化将有助于分层结构。

根据 $LaMn_4O_x$ 的 TEM 图（图 5.9c–d），在微球结构内发现了明亮的缝隙。由于裂缝的形成归因于二氧化碳的蒸发，缝隙不仅存在于催化剂表面，一些缝隙还穿透了催化剂的层级结构。根据 EDX 结果（图 5.9e–h），La 和 Mn 均匀分散在复合材料中。EDX 定量分析表明，$LaMn_4O_x$ 和 $LaMnO_x$ 中 La 与 Mn 的原子比分别约为 1∶1 和 1∶2.5，这表明在构建球形结构时，前驱体中的 La 和 Mn 并未全部被充分利用。

共沉淀法制备钙钛矿类量子点，优点是反应时间短，工艺过程简单，操作方便，易于工业化；缺点是纯度低，颗粒半径大，仅适合制备氧化物。

## 四、模板法

制备三维多孔钙钛矿催化剂一般采用模板法，包括软模板法、硬模板法和

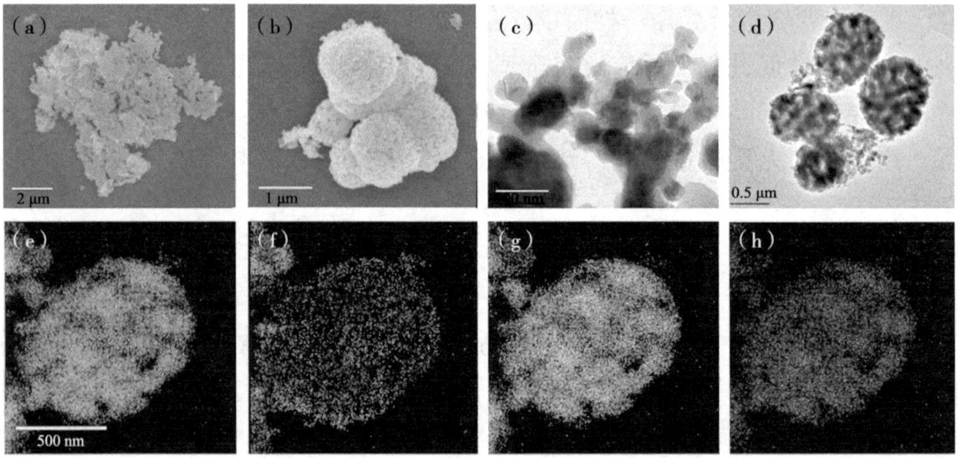


图 5.9 $LaMn_4O_x$ 的 SEM 图（a-b）、TEM 图（c-d）和 EDX（e-h）图[44]

胶体晶体模板法。模板法使钙钛矿催化剂具有多孔结构，克服了钙钛矿催化剂比表面积小的缺陷，便于反应物分子向活性位点靠近，提高了催化性能。其中，软模板和硬模板分别由高分子材料和多孔硅酸盐合成。

Lu 等人[45]以聚甲基丙烯酸甲酯［poly(methyl methacrylate)，PMMA］为模板，制备了具有三维大孔结构的 $KCa_2Nb_3O_{10}$（记为 KCNO）基钙钛矿催化剂。图 5.10a 记录了 6 个样品的 XRD 谱图，以表征其晶体结构。所有衍射峰都与 $KCa_2Nb_3O_{10}$ 相匹配。结果表明，6 个样品的物相组成均为 KCNO。此外，从 XRD 图中没有观察到明显的 CdS 峰。而（002）晶面对应的峰，如 12°、18°处的峰，变得更加锐利。这种现象的发生是由于在中间层中插入了外来离子，增加了峰的衍射强度。为了进一步分析样品，图 5.10b-c 显示了 6 个样品的部分 XRD 谱图，范围为 17°~19°和 42°~44°。在 6 个样品中，每个样品都观察到向小角度的轻微峰移。在 18°和 43°处的峰分别属于（006）晶面和（0014）晶面，这证实了外来离子的插入使层间间距扩大了。根据 Scherrer 公式，引入 Ni 后，（006）晶面晶格间距从 0.49619 nm 增加到 0.49767 nm，（0014）晶面晶格间距从 0.21132 nm 增加到 0.21157 nm。从图 5.10d 可以看出，KCNO 和 KCNO/CdS–Ni–$x$ 的金属氧桥是相同的，没有观察到振动带的峰移。

UV–vis DRS 如图 5.10e 所示。从图中很容易发现在 380 ~ 800 nm 范围内的光吸收明显增强。KCNO 和 KCNO/CdS–Ni–$x$ 的吸收边相同，在 370 nm 左右，属于 KCNO。同时，KCNO/CdS–Ni–$x$ 在约 540 nm 处有另一条吸收边，属于

CdS。进一步在 325 nm 激发波长下测量了 KCNO 和 KCNO/CdS-Ni-$x$ 的 PL 光谱，如图 5.10f 所示。KCNO 的 PL 光谱在约 620 nm 处显示出一个强的发射峰，这是由于电子-空穴对的带间复合。较低的稳态光致发光强度通常表明光生电子-空穴对的寿命更长，分离效率更高，这有利于光催化活性。当 KCNO 与 CdS

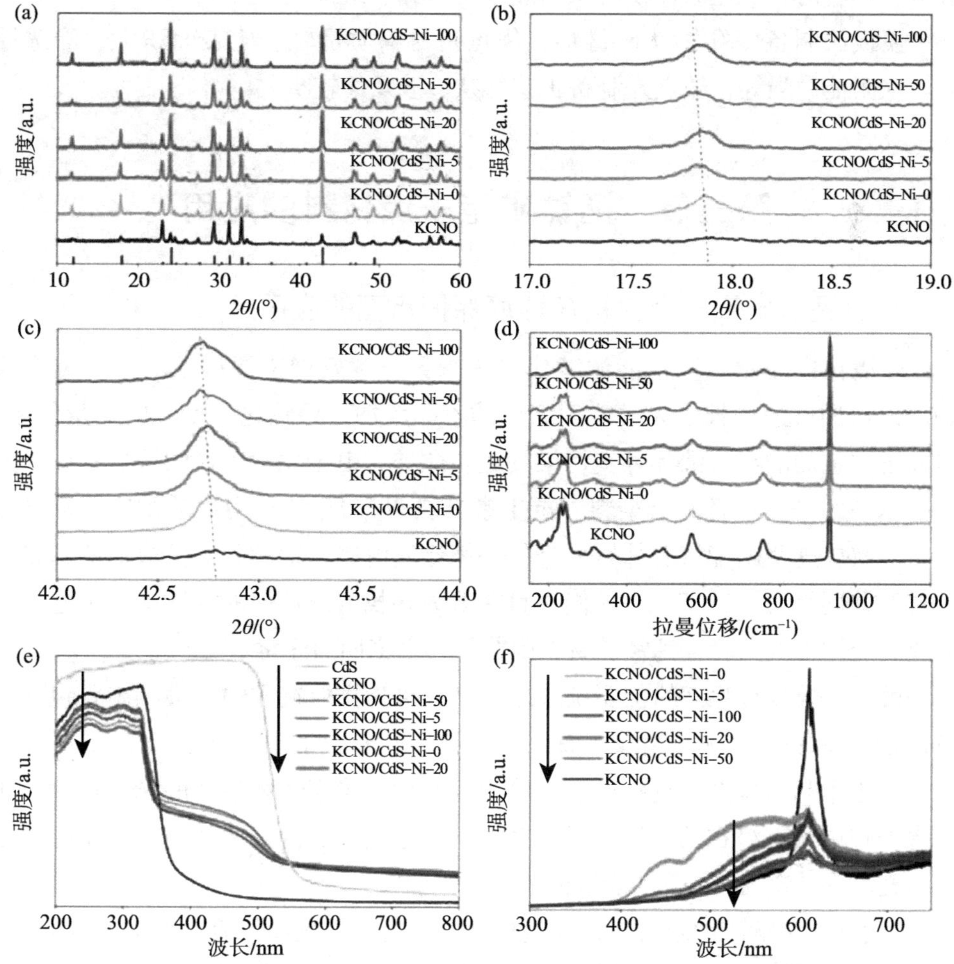


**图 5.10（a）KCNO 和 KCNO/CdS-Ni-$x$ 样品的 XRD 图；（b）17°～19°的部分 XRD 图；（c）41°～43°部分的 XRD 图；（d）KCNO 和 KCNO/CdS-Ni-$x$ 样品的拉曼光谱图；（e）KCNO 和 KCNO/CdS-Ni-$x$ 样品的 UV-vis DRS 图；（f）KCNO 和 KCNO/ CdS-Ni-$x$ 样品的 PL 光谱图（激发波长 325 nm）[45]**

注：图 e 中“↓”表示此处线条从上至下依次为 CdS、KCNO、KCNO/CdS-Ni-50、KCNO/CdS-Ni-5、KCNO/CdS-Ni-100、KCNO/CdS-Ni-0、KCNO/CdS-Ni-20；图 f 中“↓”表示此处线条从上至下依次为 KCNO/CdS-Ni-0、KCNO/CdS-Ni-5、KCNO/CdS-Ni-100、KCNO/CdS-Ni-20、KCNO/CdS-Ni-50、KCNO。

QDs结合时，PL光谱在约450 nm处表现出很强的发射峰，在500～600 nm范围内表现出较宽的发射峰，这可能是CdS QDs缺陷造成的。在KCNO/CdS中引入$Ni^{2+}$后，CdS在450 nm处的发射峰逐渐减弱，最终消失。500～600 nm范围内的宽峰发射减弱，620 nm处的发射峰也减弱。这些结果表明，当KCNO与CdS QDs和$Ni^{2+}$结合时，光生载流子的重组速率将得到有效抑制。

模板法制备多孔钙钛矿材料，优点是材料质量轻、比表面积大、渗透性好、吸附能力强等，缺点是制备工艺复杂、涉及面较窄。

## 第三节　钙钛矿量子点材料的应用

### 一、钙钛矿量子点材料在环境保护方面的应用

环境污染控制和绿色能源替代是未来可持续发展需要讨论的两个重要议题。人口的快速增长使人类能源需求的不断增加，导致化石燃料的大量使用，造成了严重的能源短缺和环境污染问题。此外，由于化学工业的快速发展，大部分水被污染（包括有机染料、抗生素、农药等），消费用水的供应问题日益严重。解决这些困境需要部署先进的环境修复解决方案的和开发清洁能源二者并进，共同努力。近年来，人们一直在努力寻找清洁环保的方法来解决这两个问题，经过多次实验，钙钛矿材料引起了科学家们的注意。

目前，全球水污染的主要挑战之一是有机物排放造成的污染，主要包括来自纺织、造纸、印刷、油漆、食品、石化、化妆品和制药等行业的染料、酚类、抗生素和杀虫剂。钙钛矿氧化物由于其化学稳定性和独特的光电特性而在废水处理中具有潜在的应用。科学家们从工艺途径、污染物和去除效率等多方面研究了钙钛矿材料在废水处理中的催化作用。

对于0D钙钛矿纳米材料，通过掺杂可以提高其光催化活性。Garcia-Munoz等人[46]以干燥的无定形溶胶-凝胶前驱体$TiO_2$为Ti源，取代$LaFeO_3$中部分A位金属La，合成了一种高度稳定、可重复使用的$La_{1-x}Ti_xFeO_3$双催化剂。实验结果表明，当取代度为11 at%时，$La_{1-x}Ti_xFeO_3$双催化剂的带隙减小，稳定性显著增强，提高了4-氯酚的光催化降解能力，实现了4-氯酚的完全矿化。此外，Hoang等人[47]发现在$SrTiO_3$中掺杂钼和钒可以最大限度地提高合成材料降解MB的光催化活性，降解率可达91.5%。

以往的实验表明，复合结构是克服钙钛矿材料尺寸大、比表面积小、催化能力差等缺点的有效方法之一。考虑到二维纳米材料的优势（如大的比表面积、独特的电子性能和快速的电荷扩散），钙钛矿材料可以与二维材料结合，以提高自身性能。例如，Rosy 等人[48]成功合成了 RGO/$SrTiO_3$ 异质结构纳米复合材料。复合材料之间存在协同作用，减小了颗粒的晶粒尺寸和带隙，增加了比表面积。与纯 $SrTiO_3$ 相比，复合材料催化效率显著提高。以 RhB 和孟加拉玫瑰为实验对象，$SrTiO_3$ 的降解率分别为 64.5% 和 67%，而 RGO/$SrTiO_3$ 对这两种污染物的降解率分别提高到 94.5% 和 90%。Venkatesh 等人[49]采用水热法制备 RGO/$SrTiO_3$ 纳米复合材料，作为光催化剂降解 MB 和 2-硝基苯酚。该催化剂对二者的去除率分别为 91% 和 81%。

考虑到二维纳米材料的优点，合理设计 2D/2D 异质结理论上可以提高其光催化性能。例如，Jiang 等人[50]构建了基于 2D g-$C_3N_4$ 和剥离超薄 $K^+Ca_2Nb_3O_{10}^-$ 纳米片的新型可见光驱动 2D/2D 异质结光催化剂。与两种纯催化剂相比，复合材料的催化活性分别提高了 6.6 倍和 1.8 倍。Li 等人[51]成功制备了 2D/2D 层状 P-$La_2Ti_2O_7$/$Bi_2WO_6$ 复合催化剂，在 80 min 内可降解 99.02% 的 RhB。

还有一些三维结构的载体，可以提高复合材料吸附水中有毒有机污染物的性能。传统溶胶-凝胶法制备的钙钛矿以团聚的纳米颗粒形式存在，反应过程中活性组分容易流失，晶化需要 600℃以上的高温，使钙钛矿的活性位暴露较少。在之前的研究中[14]，使用适量的蒙脱石（montmorillonite，MMT），钙钛矿催化活性增加。然而，它仍然有一些缺点，如活性成分容易流失，活性位点暴露不足。因此，Jiang 等人[50]将 g-$C_3N_4$ 插入复合材料中。实验结果表明，钙钛矿均匀分布在蒙脱土和 g-$C_3N_4$ 之间，有效避免了活性物质的损失。Wang 等人[52]发现镧钴酸盐 $MMT_{0.2}$（$LCCOM_{0.2}$）/g-$C_3N_4$ 复合材料具有优异的微波吸收性能。在最佳条件下，复合催化剂在 6 min 内对 BPA 的降解率为 98.7%，重复使用 5 次后，降解率仍为 95.7%。微波吸附后，以复合材料表面为中心，产生大量活性氧，加速了 BPA 的降解（图 5.11）。

在实际工业应用中，需及时、完全回收使用后的催化剂粉末，避免残留物造成二次污染。采用静电纺丝法制备一维纳米纤维可以有效地解决这一问题。Zhou 等人[53]将 V 掺杂的 $SrTiO_3$（记为 V-STO）纳米纤维与压电催化结合，降解水中的 BPA（图 5.12a）。实验结果表明，在超声振动作用下，V- STO（0.5% V）能在 24 min 内达到 100% 的压电催化降解效率。BPA 主要被超氧自由基（$\cdot O_2^-$）

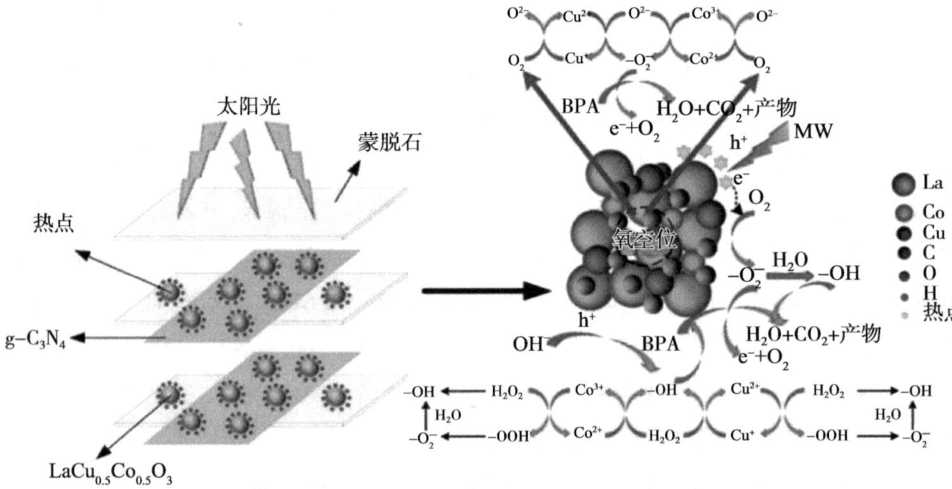


**图 5.11 微波辐照下 $LCCOM_{0.2}/CN_{0.075}$ 对 BPA 降解的可能机制[52]**

和羟基自由基（·OH）降解（图 5.12b）。$BaTiO_3$ 和 $SrTiO_3$ 等压电材料在环境污染治理中被广泛应用。有趣的是，压电材料可以通过机械能和电能的相互转换形成内部电场。内电场可以促进光生电子–空穴对的有效分离，实现光催化与压电催化的协同，提高污染物的降解效率。Liu 等[54]通过水热法制备了 $BaTiO_3$ 纳米线，在紫外光和超声波振动的联合作用下，MO 的降解效率达到 98.17%（80 min），分别是压电催化和光催化效率的 1.28 倍和 2.24 倍。结果表明，空穴和电子沿压电内部电位差方向运动，参与了污染物的氧化还原反应。空穴和电子分别与材料表面的氧分子和氢氧根离子（$OH^{-1}$）反应生成超氧自由基和羟基自由基，参与了有机污染物的降解。

有研究者发现，将钙钛矿材料与过滤介质结合，可以提高钙钛矿的催化活性，实现污染物的连续流降解。Tuna 等人[55]采用水热和浸渍相结合的方法将 $LaFeO_3$ 固定在聚酯过滤器（PE）上。在间歇流实验中，优化后的复合材料（LFO@PE）能在短时间内 100% 降解盐酸四环素。以 LFO@PE 为填料进行动态流光催化实验，8 h 后处理效果依然良好。此外，也有研究者成功地将粉末 $LaCu_{0.5}Mn_{0.5}O_3$ 钙钛矿制备成网状大孔结构。结果表明，网状多孔钙钛矿催化剂在稳态条件下实现了卡马西平（CZP）的完全脱除。

此外，微生物污染是水污染问题不可忽视的一个方面。病原微生物可能对生态系统造成严重破坏。大量研究表明，钙钛矿材料具有优异的抗菌性能。细菌细胞的大小通常以微米计，而其外细胞膜的孔径在 2 ~ 13 nm 范围内。因此，纳米颗粒可以容易地穿过外膜屏障以杀死细胞为目的破坏细胞功能。例如，Shah 等[56]制备了 $BaTiO_3$ 纳米颗粒。当 $BaTiO_3$ 纳米颗粒剂量达到 100 g·$mL^{-1}$ 时，金黄色葡萄球菌和铜绿假单胞菌生物膜的灭活率分别为 85% 和 80%。

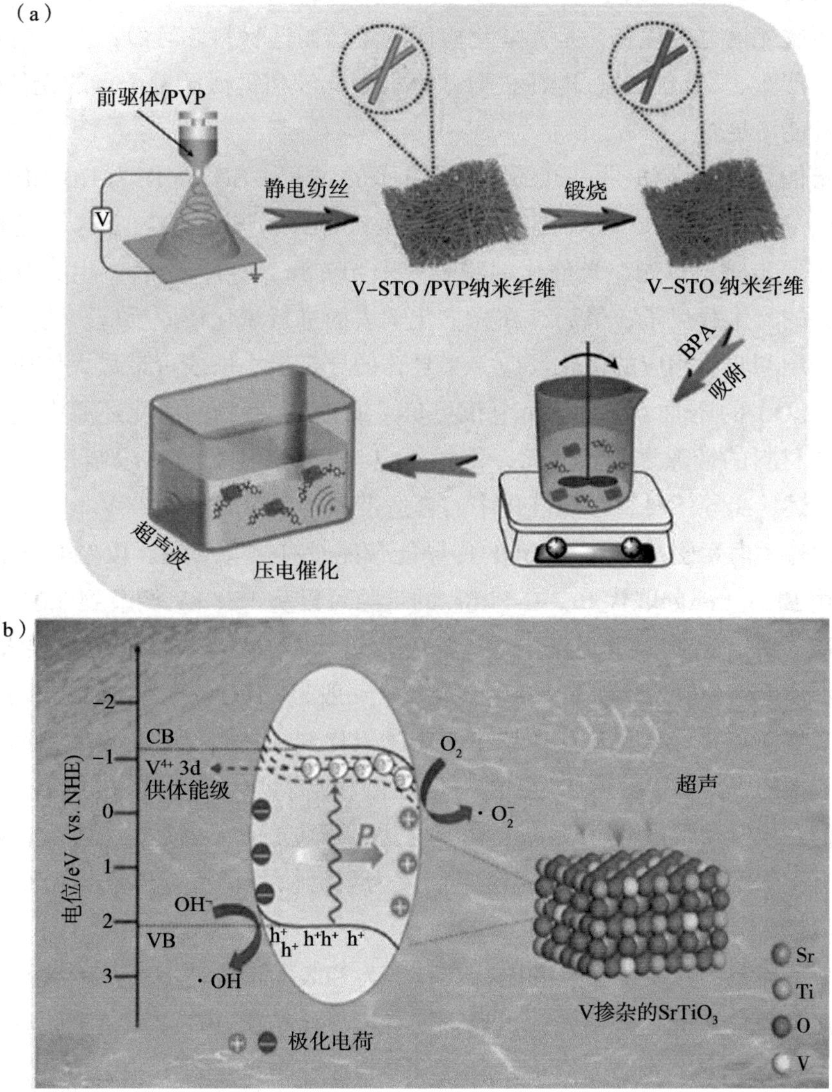


图 5.12　(a)V-STO 纳米纤维的合成工艺及压电催化示意图；(b)超声振动下 V-STO 纳米纤维的压电催化机理示意图[53]

## 二、钙钛矿量子点材料在能源转换方面的应用

### （一）钙钛矿量子点在二氧化碳还原方面的应用

光催化还原技术的应用在解决化石燃料过度燃烧造成的温室效应方面具有巨大潜力。钙钛矿量子点具有带隙可调、电荷扩散长度长、表面体积比高和可见光吸收光谱宽等优点，是光催化应用的绝佳候选材料。然而，由于光生载流子复合严重、稳定性差、电荷提取效率低下，纯相钙钛矿量子点的光催化 $CO_2$ 还原性能不足。

光催化还原 $CO_2$ 是一个多电子传递的过程。$CO_2$ 转化为 CO、HCOOH、HCHO、$CH_3OH$ 和 $CH_4$ 分别需要 2、2、4、6 和 8 个电子参与。这一过程包括三个主要步骤。首先，光催化剂吸收太阳光（$h\nu > E_g$），然后产生具有氧化还原能力的光生载流子，最后，在光催化剂表面进行氧化还原反应。为了使光生载流子顺利驱动相应的催化反应，半导体的导带最小值或价带最大值应相应比 $CO_2$（$H_2O$）的还原（或氧化）电位更负（或正）。底物的氧化还原电位应位于光催化材料的带隙之间。然而，带隙不应该太大，因为这将限制日光的利用。综上所述，半导体材料在光催化中的合适带隙能量为 1.8 ~ 2.8 eV。

此外，卤素阴离子对 MHP 的传导能带能量有显著影响。以 $CsPbBr_3$ 为例，通过用 Cl 或 I 部分取代 Br，$CsPbBr_3$ 的带隙可以从 1.88 eV 调节到 3.03 eV。除卤素离子外，钙钛矿量子点中的 A、B 阳离子对其光吸收性能也有很大影响。对于水体系中一般的光催化反应，氧化反应一般为“$H_2O+h^+$”生成“$\cdot OH+H^+$”。钙钛矿量子点是光催化氧化体系中必需的氧化剂，它们可以高收率和选择性地将溶液中的中间物甲醇转化为甲醛。但是几乎所有钙钛矿量子点的弱氧化电位阻止它们在水氧化形成 $O_2$ 和羟基自由基时进行反应。重要的是，大多数传统半导体具有很强的 $O_2$ 生产潜力，这使它们成为与钙钛矿量子点形成异质结的理想候选者。

为了提高钙钛矿量子点的电荷转移能力和表面反应速率，从而提高钙钛矿量子点的整体 $CO_2$ 还原活性，可以构建各种异质结，并在异质结上附着助催化剂（金属，如 Pt、Au、MXene、MOF 等）。在整个反应过程中，$CO_2$ 的吸附过程、pH、官能团的存在、助催化剂等变量都对产物的选择性产生有影响，这仍然是一个复杂的过程。此外，光催化过程中产物或中间体的吸附 / 解吸对选择性也有很大影响。光催化 $CO_2$ 还原选择性计算公式为［选择性 =（$2R_{CO}+8R_{CH4}$）/

$R_{electron}\times100\%$，其中 $R_{electron}=2R_{CO}+8R_{CH4}+2R_{H2}$]。一般来说，钙钛矿量子点的主要产物是 CO 和 $CH_4$。选择对生成产物吸附较低的材料作为光催化剂，可以有效地加速相应产物的脱附，从而提高产物的选择性。一些过渡金属（如具有还原 $CO_2$ 生成 CO 性能的金属 Au、Ag 和 Pd，以及具有还原 $CO_2$ 生成 $CH_4$ 性能的金属 Cu）是潜在候选者。

了解光催化机理有助于设计更高效的 MHP 光催化剂。随着大量研究人员的研究，光催化反应途径越来越清晰。通过 DFT 模拟计算和其他原位表征技术，目前比较合理的反应机理可以概括为：首先，吸附在催化剂表面的 $CO_2$ 被活化成 $CO_2^*$，$CO_2^*$ 转化为必需的反应中间体 $COOH^*$；然后，通过 $COOH^*$ 的还原反应，可以分别生成 $CO^*$ 和 $CH_3^*O$（* 表示吸附态），它们进一步反应分别生成 CO 和 $CH_4$，最后从材料表面解吸。整个反应路线可由下式表示：

$$CO_2 \rightarrow CO_2^* \tag{1}$$

$$H_2O \rightarrow H^+ + OH^- \tag{2}$$

$$CO_2^* + e^- + H^+ \rightarrow COOH^* \tag{3}$$

$$COOH^* + e^- + H^+ \rightarrow CO^* \text{or } CH_3^*O + H_2O \tag{4}$$

$$CO^* + e^- + H^+ \rightarrow CO\uparrow \tag{5}$$

$$CH_3^*O + e^- + H^+ \rightarrow CH_4 + O^* \tag{6}$$

作为钙钛矿量子点纳米复合材料光催化还原 $CO_2$ 活性的主要产物之一，CO 是一种理想的增值化学燃料。众多研究人员采取了不同的策略来提高产量。由于 $Ti_3C_2$ 具有亲水性、优异的导电性、稳定的可回收性、层间调制可调等特点，Que 等人[57]采用 $Ti_3C_2$ 作为 MXene 类的新型超薄二维材料与钙钛矿量子点复合。他们在 $Ti_3C_2$ 纳米片上制备 $FAPbBr_3$ 量子点以制备 $FAPbBr_3/Ti_3C_2$ 复合材料。$Ti_3C_2$ 作为电子受体的存在，促进了快速电荷分离，并提供了更多的催化活性位点。当去离子水存在于可见光照射下时，复合光催化剂表现出优异的光催化活性。在 CO 产率为 283.41 mmol · $g^{-1}$ · $h^{-1}$ 的情况下，$FAPbBr_3$/0.2-$Ti_3C_2$ 复合材料的理想电子消耗率为 717.18 mmol · $g^{-1}$ · $h^{-1}$，是纯钙钛矿的电子消耗率（343.90 mmol · $g^{-1}$ · $h^{-1}$）的 2.08 倍。同时，该光催化剂在光催化过程中也表现出较高的稳定性。Li 等人[58]研究了另一个例子——$P_3HT$/ $CsPbBr_3$ 复合材料。与 $P_3HT$ 杂交后，材料的 $CO_2$ 还原活性大大增强，CO 的还原速率为 145.45 mmol · $g^{-1}$ · $h^{-1}$，电子消耗速率为 475.3 mol · $g^{-1}$ · $h^{-1}$，是纯 $CsPbBr_3$ 量子点的 10 倍左右。

Qu 等人[59]采用一种简易自组装方法合成了 $CsPbBr_3$ QDs/PCN（polymeric carbon nitride，聚合氮化碳）复合材料。通过与表面丰富的卤化物结合，特殊的 NeBr 化学键增强了光催化剂的稳定性，同时促进了电荷分离，延长了光生载流子的寿命。在乙腈 / 水溶液中，在 300 W 光照下，420 nm 截止滤光片下，$CsPbBr_3$ QDs 含量为 20% 的样品的 CO 产率最高，为 148.9 mmol · $g^{-1}$ · $h^{-1}$，是 PCN 的 3 倍、$CsPbBr_3$ QDs 的 15 倍。此外，研究发现该复合材料在乙腈 / 水体系和乙酸乙酯 / 水体系中都是稳定的。Zhang 等人[60]使用简单的自组装程序创建了由 $CsPbBr_3$ QDs/BiOBr 纳米片制成的新的 S–方案光催化剂。由于 $CsPbBr_3$ 和 BiOBr 之间的紧密接触、交错能带排列和显著不同的费米能级，预计会产生 S–方案异质结。电子消耗速率达到 72.3 mmol · $g^{-1}$ · $h^{-1}$，大大优于单一的 $CsPbBr_3$ 和 BiOBr。异质结在 $CO_2$ 还原中表现出优异的光催化活性，CO 的产率达到 417.6 mmol · $g^{-1}$，而催化反应时间超过 16 h。$CH_4$ 是钙钛矿量子点基复合光催化材料的另一个重要产物。Wu 等人[61]的研究证明了这一点。他们制造了一系列 $MAPbI_3$@PCN–221（$Fe_x$）（$x$范围为0 ~ 1）的复合光催化剂。在 MOF 的保护下，复合光催化剂在水体系中具有明显的稳定性。MOF 的 Fe 催化位点靠近量子点，加速了光生电子从量子点向 Fe 催化位点的流动，提高了 $CO_2$ 还原的光催化活性。在活性测试中，CO（34%）和 $CH_4$（66%）的总产率为 1559 mmol · $g^{-1}$，大大超过了无量子点的 PCN–221（$Fe_{0.2}$）。

Wang 等人[62]原位制备了 $Cs_2SnI_6$ QDs/$SnS_2$ 纳米片异质结。由此产生的空间电荷分离显著增强了混合物对 $CO_2$ 还原的最高光催化活性，与原始 $SnS_2$ 相比提高了 5.4 倍。Zhang 等人[63]通过自组装方法，制备了 $Ti_3C_2$/$CsPbBr_3$ QDs 复合材料，并将其用于 $CO_2$ 的光还原。$Ti_3C_2$/$CsPbBr_3$ QDs 复合材料光催化 $CO_2$ 还原性能优异（CO 产率为 17.98 mmol · $g^{-1}$ · $h^{-1}$，$CH_4$ 产率为 19.31 mmol · $g^{-1}$ · $h^{-1}$）。连续 3 个循环后，$CH_4$ 和 CO 的光催化活性分别保持在 98.42% 和 97.35%。Ⅱ型异质结的结构是提高光催化性能的主要原因，因为加入 p–n 型异质结中的内建电场可以加速光激发空穴和电子的分离。

Zhang 等人[64]在 S–方案异质结中构建铋烯 /$CsPbBr_3$ 量子点，作为 $CO_2$ 转化的光催化剂。在紫外可见光照射下，$CH_4$ 的最佳生成速率为 43.1 mmol · $g^{-1}$ · $h^{-1}$，$CH_4$ 选择性为 84.53%。连续测试 9 h（3 个循环）后，材料的光催化活性仍为 99.3%。S–方案异质结的结构可以防止 $e^-$ 和 $h^+$ 的重组，并保持最大的氧化还原能力，这将使光催化性能提高。铋烯的小带隙与 S–方案异质结结合可以增强光吸收。

根据 $CO_2$ 还原的标准电化学电位表[65]，$CO_2$ 可以还原为多种产物（如 CO、$CH_4$、$C_2H_4$、HCOOH 等）。钙钛矿量子点纳米复合材料光催化 $CO_2$ 还原的产物主要是 CO 和 $CH_4$，这是由于不同催化剂表面对 $CH_4$ 和 CO 的吸附和解吸能力不同。Choi 等人[66]利用 $CsPbBr_3$ 和 Cu 支架作为助催化剂研究了光催化 $CO_2$ 还原。光催化剂有效地将受激发的电子转移到 Cu 上，并产生比 Cu 不存在时更多样化的产物（如 $CH_4$、$C_2H_4$ 和 $C_2H_6$）。在光照射过程中 Cu 衬底发生了多次散射过程，其中多孔支架产生了更多的光生载流子，从而增强了 Cu 支架收集光的能力。异质材料表现出较好的光催化性能。$C_2H_4$（46.5 mmol · $g^{-1}$）是光催化还原反应的主要产物，$CH_4$（18.9 mmol · $g^{-1}$）、$C_2H_6$（17.1 mmol · $g^{-1}$）和 $C_3H_8$（11.3 mmol · $g^{-1}$）也存在（图 5.13a）。此外，他们通过原位傅里叶变换衰减全反射红外光谱（attenuated total reflectance fourier-transform infrared spectroscopy，ATR-IR）（图 5.13 b），确定了生成的多种碳氢化合物，并对反应时间的还原机制进行了研究。如图 5.13c 所示，可以看到一个重要的 $C_2$ 通路中间体 *OCCO 在 1532 $cm^{-1}$（不对称）和 1500 $cm^{-1}$（对称）处，而 *OCCOH 在 1458 $cm^{-1}$ 处也很明显。与 Cu 支架钙钛矿相比，在 1712 $cm^{-1}$ 中检测到关键的 $C_1$ 通路中间体 *CHO，但缺少 *OCCO、*OCCOH 和 *OCCHOH 的独特峰（图 5.13d）。结果发现，被 Cu 支架包裹的 $CsPbBr_3$ 表现为 $C_2$ 反应通道，生成 $C_2H_4$、$C_2H_6$ 和 $C_3H_8$，而不含 Cu 支架 $CsPbBr_3$ 则表现为 $C_1$ 反应通道，生成 $CH_4$（图 5.13c–d）。

总之，钙钛矿量子点具有众多优点，如带隙可调、电荷扩散长度长、比表面积高和可见光吸收光谱宽，是光催化碳还原的优异材料；但是也存在一些缺点，如光生载流子复合严重、稳定性差、电荷提取效率低下等。因此对钙钛矿量子点进行复合相当必要。同时可以调整复合材料的尺寸结构，使之更加适用于光催化 $CO_2$ 还原。

### （二）钙钛矿量子点在析氢方面的应用

在解决能源危机和全球变暖等严重的环境问题方面，氢以其高能量含量和环境友好性引起了科学界的广泛关注。光催化水裂解是获得氢气的一种优越途径。用于水裂解的光催化剂应具有合适的电子结构和特殊的热稳定性和化学稳定性，这是光催化的一个基础研究课题。

一项研究采用离子交换和硫化法制备含有层状铌酸钙钙钛矿 $KCa_2Nb_3O_{10}$（KCNO）的 CdS QDs[45]。此外，引入不同量的 $Ni(CH_3COO)_2$ 作为助催化剂来增加活性位点，以取代贵金属来提高产氢活性。极少量的 CdS 会以量子点的形式分布在 $KCa_2Nb_3O_{10}$ 表面，从而极大地促进了产氢活性。

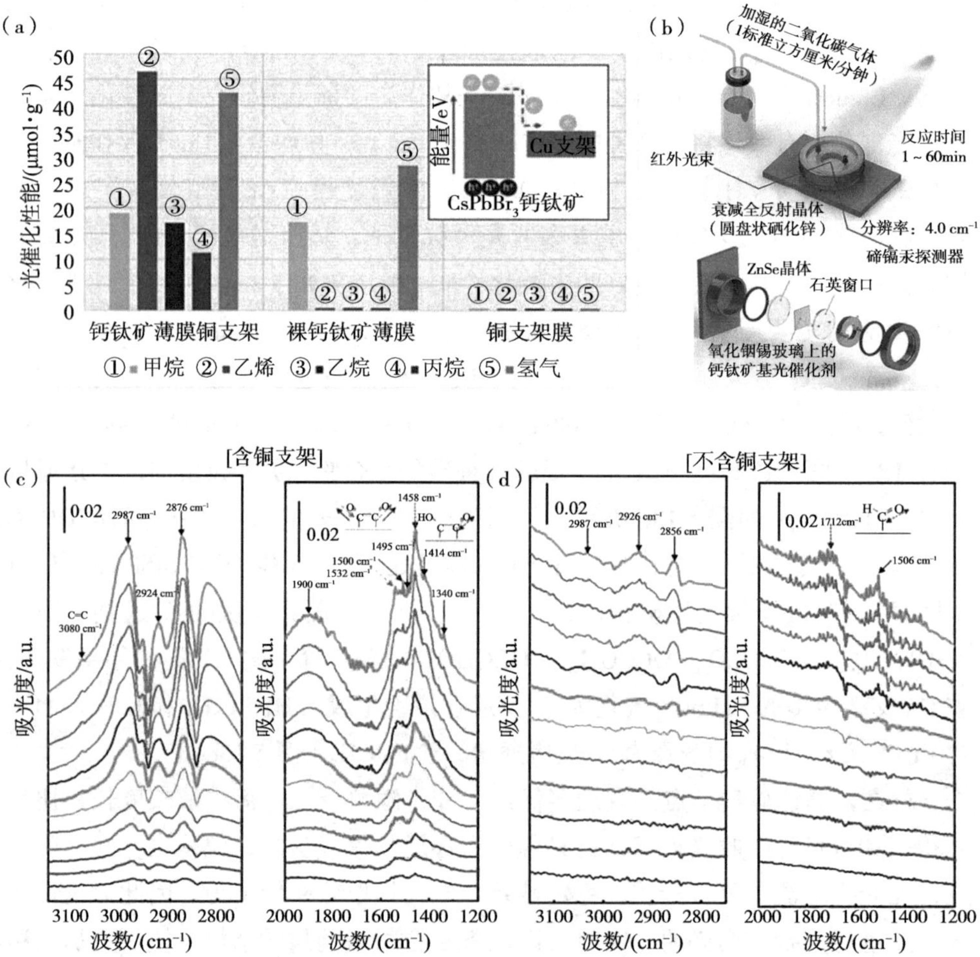


**图 5.13 （a）光照 5 h 后的 $CO_2$ 还原性能，附图为包埋在多孔 Cu 支架中的 $CsPbBr_3$ 的能量带示意图；（b）包埋在多孔 Cu 支架中的 $CsPbBr_3$ 的原位 ATR-IR 单元示意图；（c）包埋在多孔 Cu 支架中的 $CsPbBr_3$ 钙钛矿光催化剂上光催化 $CO_2$ 还原的原位 ATR-IR 图；（d）不含 Cu 支架的 $CsPbBr_3$ 钙钛矿光催化剂上光催化 $CO_2$ 还原的原位 ATR-IR 图[66]**

光催化反应的条件在 Pyrex 电池（$\lambda$>300 nm）中进行，使用 20% 乳酸作为牺牲剂，不使用助催化剂。结果表明，CdS 在 KCNO 中的协同作用提高了无游离贵金属时的 $H_2$ 演化活性。很明显，在太阳光照射下，KCNO/CdS-Ni-*x* 的光催化性能比原始 KCNO 有了显著的提高。原始 KCNO 的产氢活性最差，为

7.7 μmol·$g^{-1}$·$h^{-1}$，这与之前的研究结果一致。在夹层中引入 CdS QDs 和 $Ni^{2+}$ 后，光催化性能大幅提高。KCNO/CdS–Ni–$x$ 的 $H_2$ 生成速率随着 $x$ 从 0 到 50 而增加，$x$ 为 0、5、20 和 50 的样品，活性速率分别为 0.752、1.474、3.159 和 5.212 mmol·$g^{-1}$·$h^{-1}$。然而，随着 $x$ 进一步增加到 100，样品 KCNO/CdS–Ni–100 的活性率下降到 2.641 mmol·$g^{-1}$·$h^{-1}$。值得一提的是，样品 KCNO/ CdS–Ni–50 显示出最高的活性速率 5.212 mmol·$g^{-1}$·$h^{-1}$，比纯 KCNO（7.78 μmol·$g^{-1}$·$h^{-1}$）高近 670 倍。此外，根据光催化 $H_2$ 产生的时间周期，KCNO/CdS–Ni–50 样品在可见光下也表现出足够的光催化活性稳定性。3 次循环后，光催化 $H_2$ 的释放量没有明显下降，表明制备的样品具有很高的重复使用性和稳定性。

进行 EIS 表征可以探索电荷光电极界面上发生的转移过程，Zview 软件可用于获得电极 / 电解质上的电解质溶液电阻（Rs）和界面电荷转移电阻（Rct）的值。样品 KCNO/CdS–Ni–50 降低的界面电阻表明存在有效的电子转移和对光生电子和空穴的直接复合的抑制。在莫特–肖特基（Mott–Schotthy）测试中，所有样品都是斜率为正的 n 型半导体，因为光生载流子密度与莫特–肖特基曲线的斜率成反比。样品中存在的 $Ni^{2+}$ 越多，光生载流子密度越高。KCNO、KCNO/CdS–Ni–0、KCNO/CdS–Ni–50 和 CdS 的导带也是由莫特–肖特基测试得到的。KCNO、KCNO/CdSNi–0、KCNO/CdS Ni–50 和 CdS 平带电位分别为 0.34 V、0.47 V、0.55 V 和 0.77 V。电化学活性取决于电化学活性表面积（electrochemcial active surface area，ECSA）。ECSA 与电化学双电层电容（double layer capacitor，Cdl）成正比，Cdl 是通过在非法拉第区的循环伏安法测量来确定的。根据之前的报告，Cdl 相当于线性斜率的值，可用于确定 ECSA。KCNO/CdS–Ni–50 的 Cdl 估计为 0.758 mF·$cm^{-2}$，大于 KCNO 的 0.171 mF·$cm^{-2}$ 和 KCNO/CdS–Ni–0 的 0.186 mF·$cm^{-2}$。如此巨大的提升可能是由于 $Ni^{2+}$ 在催化反应中起着关键作用。总之，$Ni^{2+}$ 可以提供更多的活性中心，有利于光催化活性。

利用紫外光电子能谱（ultraviolet photoelectron spectroscopy，UPS）和 XPS 可以研究费米能级对半导体异质结中电荷转移的影响，如图 5.14a–d 所示。KCNO 和 CdS 的功函数分别为 7.7 eV 和 6.7 eV。此外，KCNO 和 CdS 的价带与费米能级的电位差分别为 3.12 eV 和 1.18 eV。基于这些结果，KCNO 和 CdS 在接触前后的能带排列如图 5.14e 所示。由于 KCNO 的费米能级比 CdS 负，当 KCNO/CdS 形成异质结时，电子会从 CdS 向 KCNO 转移。这促进了带正电荷的 CdS 和带负电荷的 KCNO 之间的内部电场的形成。因此，CdS 和 KCNO 的能带

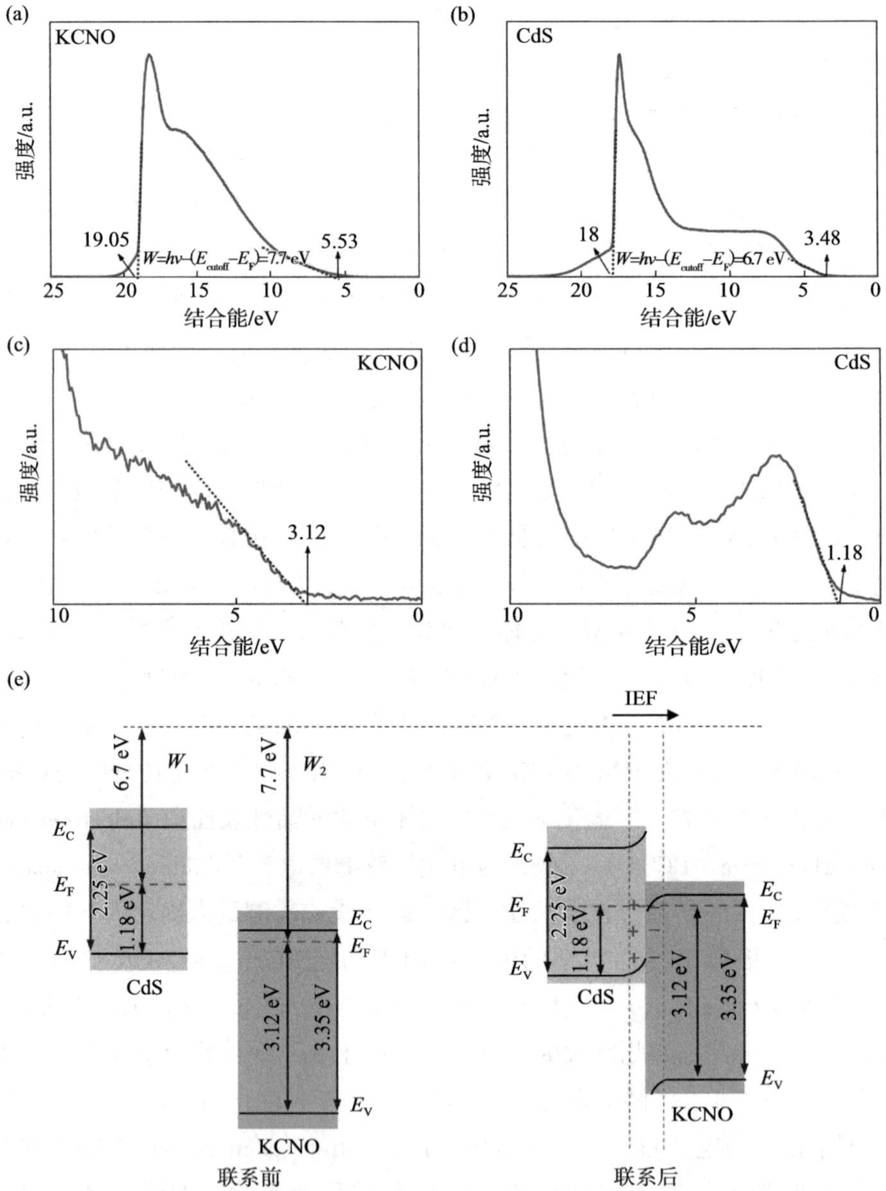


**图 5.14　KCNO（a）和 CdS（b）的 UPS 图；KCNO（c）和 CdS（d）的 XPS 图；（e）CdS 与 KCNO 之间 S-方案传递机理示意图**[45]

分别向上和向下弯曲，直到它们的费米能级处于平衡状态。这种上下带弯曲特征是 S-方案异质结的典型特征。

根据莫特-肖特基曲线计算了 KCNO 和 CdS 的导带，KCNO 和 CdS 的平带

电位分别为 –0.34 V 和 –0.77 V。这也表明 CdS 的导带最小值比 KCNO 具有更高的位置和更小的功函数。重建带结构的精确图后，发现 KCNO 与 CdS 之间的异质结倾向于典型的 S–方案异质结：在光照射下，KCNO 的价带电子被激发到 KCNO 的导带，然后转移到 CdS 的价带，在那里它们与 CdS 激发的空穴重新结合。

KCNO/CdS–Ni–$x$ 的制备过程机理如图 5.15 所示。首先，在阳离子交换反应后将 $Cd^{2+}$ 和 $Ni^{2+}$ 插入中间层。然后，$Cd^{2+}$ 倾向于转移到边缘并与引入的 $S^{2-}$ 结合。随后，在氮气气氛中退火后形成 CdS，CdS 以量子点的形式存在，尺寸约为 5 nm。KCNO/CdS 异质结的构建进一步导致了层的错位和层间距离的增大。另外，层间仍有少量 $Ni^{2+}$ 作为光催化活性位点存在。光催化析氢反应过程描述如下：CdS 导带处的电子参与还原反应生成氢，并与空穴牺牲剂（三乙醇胺）在 KCNO 价带处反应生成其氧化产物。值得注意的是，CdS QDs 主要位于 KCNO 的错位边缘，在那里光生载流子如上所述迁移。然而，当 KCNO 激发的电子远离 CdS 所在的边缘时，它们倾向于优先转移到 $Ni^{2+}$ 中，以减少 KCNO 内部的水。此外，催化剂在光催化反应中呈现绿色，作用后又变回原来的颜色。这一实验现象归因于 $Ni^{2+}$ 参与还原反应转化为金属镍。这样，电子转移和光生空穴的消耗都会抑制光生载流子复合，提高光催化剂的化学稳定性。

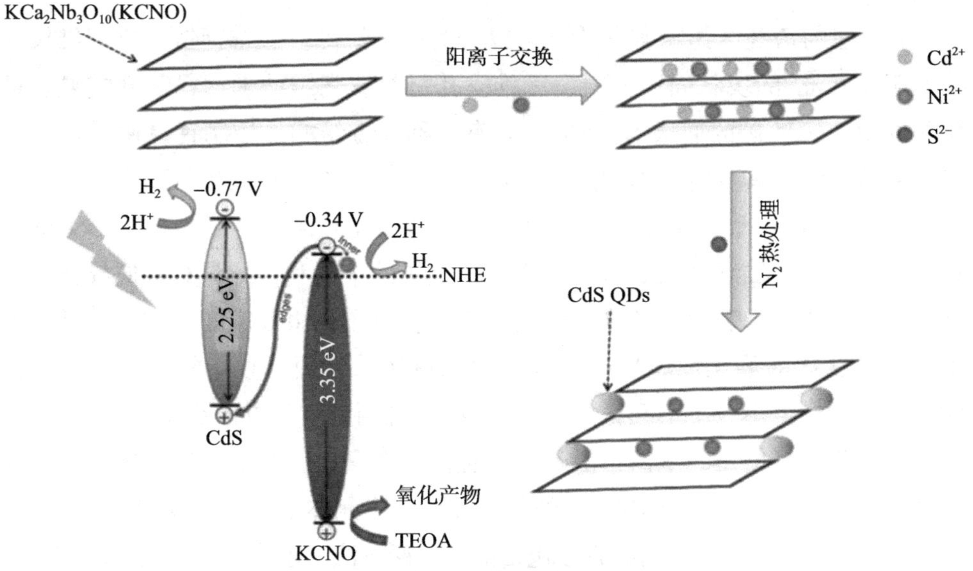


**图 5.15　KCNO/CdS–Ni–$x$ 在可见光照射下的能带结构图和光生载流子转移制备工艺及示意图** [45]

该工作提供了一种在层状铌酸钙钙钛矿表面分布 CdS QDs 的简单方法，并构建了 KCNO/CdS S–方案异质结。在 $Ni^{2+}$ 的配合下，合成的样品的光催化性能得到了进一步的提高，因为活性位点数量巨大。KCNO/CdS–Ni–50 样品在模拟太阳光照下的光催化析氢速率是 KCNO 的 670 倍。同时，样品在可见光下表现出优异而稳定的光催化析氢速率。钙钛矿量子点在整个光催化水裂解过程中没有贵金属的存在。该研究为制备高效、经济的产氢光催化剂提供了一条可行的技术途径。

## 第四节　本章小结

在光催化反应领域中，钙钛矿类量子点的种类丰富，且由于其特殊结构尺寸在众多量子点光催化剂中应用广泛。不同的制备方法使材料的粒度、团聚度、纯度各不相同。例如溶胶 - 凝胶法可以控制合成材料的质量、尺寸、表面性能和尺寸；共沉淀法反应条件可控，样品质地均匀，纯度高；模板法克服了钙钛矿催化剂比表面积小的缺陷，便于反应物分子向活性位点靠近，提高了催化性能。

从形态的角度，钙钛矿量子点可以分为以下维度。三维钙钛矿指三维尺寸均大于 100 nm 的块状固体材料、三维大孔材料或三维纳米材料负载的复合催化剂。单个钙钛矿的通式为 $ABX_3$，具有对称立方结构。控制钙钛矿晶体的形态尺寸可以激发其独特的形状所带来的应用潜力。二维钙钛矿指两个空间方向大于 100 nm 且一个空间方向小于 100 nm，或者是负载在二维纳米载体上的材料。总的来说，二维钙钛矿材料中光生载流子的生成和传导具有各向异性，晶体表面暴露均匀，表面原子排列清晰明确。在量子约束效应的影响下，低维纳米结构钙钛矿的催化性能高于三维块状钙钛矿，表现出独特的电学和光学性质。一维钙钛矿指一个空间方向大于 100 nm 且两个空间方向小于 100 nm 的纳米材料。其具有更短的电荷扩散长度和更高的宽高比，在光催化领域具有很大的潜力。三维尺寸均小于 100 nm 的量子点或纳米晶体是零维钙钛矿。

制备钙钛矿量子点常用的方法包括溶胶 - 凝胶法、水热法、共沉淀法和模板法。钙钛矿量子点在环境保护和能源转换方面具有重要的作用，主要是在降解废水和光催化析氢方面应用较多。钙钛矿材料是一类晶体结构相似的化合物，包括钙钛矿氧化物、卤化物钙钛矿和有机钙钛矿。钙钛矿属于三元系晶体结构，具有简单的化学结构 $ABX_3$，其中 A 为碱金属、碱土金属或稀土金属离子，半径较大；B 为过渡金属，半径较小；X 通常是氧或大离子，如卤化物、硫化物和氮化物。A 和 B 的阳离子大小分别是 X 阴离子的 12 倍和 6 倍。钙钛矿的多样性在于，通过调整化学成分的类型和比例，可以调控钙钛矿的结构和理化性质。因此，它在光催化降解废水、$CO_2$ 还原、析氢等领域得到了广泛的应用。总之，钙钛矿量子点具有众多优点，包括带隙可调、电荷扩散长度长、比表面积高和可见光吸收光谱宽，是光催化反应的绝佳材料。

然而，传统的钙钛矿具有比表面积低、氧化还原电位低、易团聚和催化剂易失活等固有缺点。为了提高钙钛矿的性能，可以对钙钛矿的组成进行调整或混合改性。

## 参考文献

[1] Fujishima A. Electrochemical photolysis of water at a semiconductor electrode[J]. Nature, 1972，238(5358): 37-38.

[2] Halmann M. Photoelectrochemical reduction of aqueous carbon dioxide on p-type gallium phosphide in liquid junction solar cells [J]. Nature, 1978, 275 (5676): 115-116.

[3] Inoue T, Fujishima A, Konishi S, et al. Photoelectrocatalytic reduction of carbon dioxide in aqueous suspensions of semiconductor powders [J]. Nature, 1979, 277: 637-638.

[4] Kojima A, Teshima K, Shirai Y, et al. Organometal halide perovskites as visible-light sensitizers for photovoltaic cells [J]. Journal of the American Chemical Society, 2009, 131 (17): 6050-6051.

[5] Im J H, Lee C R, Lee J W, et al. 6.5% efficient perovskite quantum-dot-sensitized solar cell [J]. Nanoscale, 2011, 3 (10): 4088-4093.

[6] Protesescu L, Yakunin S, Bodnarchuk M I, et al. Nanocrystals of cesium lead halide perovskites ($CsPbX_3$, X=Cl, Br, and I): novel optoelectronic materials showing bright emission with wide color gamut [J]. American Chemical Society, 2015, 15 (6): 3692-3696.

[7] Kong Z C, Liao J F, Dong Y J, et al. Core@Shell $CsPbBr_3$@zeolitic imidazolate framework nanocomposite for efficient photocatalytic $CO_2$ reduction [J]. ACS Energy Letters, 2018, 3 (11): 2656-2662.

[8] Wang X D, Huang Y H, Liao J F, et al. In situ construction of a $Cs_2SnI_6$ perovskite nanocrystal/$SnS_2$ nanosheet heterojunction with boosted interfacial charge transfer [J]. Journal of the American Chemical Society, 2019, 141 (34): 13434-13441.

[9] 付强. Hybrid Organic-inorganic perovskites: promising substrates for single-atom catalysts [C] // 中国化学会第十届全国无机化学学术会议论文集（第四卷）. 北京：中国化学会，2019: 204.

[10] Jiang Y, Liao J F, Chen H Y, et al.All-solid-state Z-scheme $\alpha$-$Fe_2O_3$/amine-RGO/$CsPbBr_3$ hybrids for

visible-light-driven photocatalytic $CO_2$ reduction [ J ]. Chem, 2020, 6 ( 3 ) : 766–780.

[ 11 ] Wang J C. Direct Z-scheme 0D/2D heterojunction of $CsPbBr_3$ quantum dots/$Bi_2WO_6$ nanosheets for efficient photocatalytic $CO_2$ reduction [ J ]. ACS Applied Materials & Interfaces, 2020, 12 ( 28 ) : 31477–31485.

[ 12 ] Huang H, Zhao J, Du Y, et al. Direct Z-scheme heterojunction of semicoherent $FAPbBr_3$/$Bi_2WO_6$ interface for photoredox reaction with large driving force [ J ]. American Chemical Society, 2020, 14 ( 12 ) : 16689–16697.

[ 13 ] Mu Y. Direct Z-scheme heterojunction of ligand-free $FAPbBr_3$/$\alpha$-$Fe_2O_3$ for boosting photocatalysis of $CO_2$ reduction coupled with water oxidation [ J ]. ACS Applied Materials & Interfaces, 2021, 13 ( 19 ) : 22314–22322.

[ 14 ] Wu L, Zheng S, Lin H, et al. In-situ assembling 0D/2D Z-scheme heterojunction of Lead-free $Cs_2AgBiBr_6$/$Bi_2WO_6$ for enhanced photocatalytic $CO_2$ reduction[ J ]. Journal of Colloid and Interface Science, 629 ( 2023 ) 233–242.

[ 15 ] 裴亮昌．有机－无机杂化钙钛矿材料的合成、结构及性能研究［D］．南昌：南昌大学，2019.

[ 16 ] 陈芳，江训柱，张磊磊，等．单原子催化：沟通均相催化与多相催化的桥梁［J］．催化学报，2018，39 ( 5 ) : 893–898.

[ 17 ] 李翠翠，张婷，安静，等．三维有序大孔钙钛矿金属氧化物作为高效燃烧催化剂的研究进展［J］．化工进展，2021, 40 ( 6 ) : 3181–3190.

[ 18 ] Huang T, Long M, Xiao J, et al.Recent research on emerging organic electrode materials for energy storage [ J ]. Energy Materials, 2021, 1: 100009–100019.

[ 19 ] Gui R, Jin H, Sun Y, et al.Two-dimensional group-VA nanomaterials beyond black phosphorus: synthetic methods, properties, functional nanostructures and applications [ J ]. Journal of Materials Chemistry A, 2019, 7 ( 45 ) : 25712–25771.

[ 20 ] YANG X, WU P, CHU W, et al. Peroxymonosulfate/$LaCoO_3$ system for tetracycline degradation: performance and effects of co-existing inorganic anions and natural organic matter [ J ]. Journal of Water Process Engineering, 2021, 43: 102231.

[ 21 ] Hao R, Sun W, Liu Q, et al. Efficient electrochemical nitrogen fixation over isolated Pt sites [ J ]. Small, 2020, 16 ( 22 ) : 2000015.

[ 22 ] PHOON B, LAI C, JUAN J, et al. A review of synthesis and morphology of $SrTiO_3$ for energy and other applications [ J ]. International Journal of Energy Research, 2019, 43: 5151–5174.

[ 23 ] Li S H, Qi M Y, Tang Z R, et al. Nanostructured metal phosphides: from controllable synthesis to sustainable catalysis [ J ]. Chemical Society Reviews, 2021, 50 ( 13 ) : 7539–7586.

[ 24 ] Das S, Paul T, Maiti S, et al. Ambient processed $CsPbX_3$ perovskite cubes for photocatalysis [ J ]. Materials Letters, 2020, 267: 127501.

[ 25 ] Wang Y, Wang L, Liu R, et al. Casein templated synthesis of porous perovskite and its application in visible-light photocatalytic degradation of methylene blue [ J ]. Materials Science in Semiconductor Processing, 2019, 103: 104597–104605.

[ 26 ] Gan L , Mei H, Lin Q, et al. Three-dimensionally ordered macroporous perovskite sodium tantalum for robust hydrogen and hydrogen peroxide production [ J ]. Journal of Colloid and Interface Science, 2022, 613: 597–605.

[ 27 ] Chen S, Hao Y, Chen R, et al. Hollow multishelled spherical $PrMnO_3$ perovskite catalyst for efficient

catalytic oxidation of CO and toluene [ J ]. Journal of Alloys and Compounds, 2021, 861: 158584.

[ 28 ] Tuna O, Karadirek S, Simsek E B. Deposition of $CaFe_2O_4$ and $LaFeO_3$ perovskites on polyurethane filter: a new photocatalytic support for flowthrough degradation of tetracycline antibiotic [ J ]. Environmental Research, 2022, 205: 112389.

[ 29 ] Zhang L, Yang N, Han Y, et al. Development of polyacrylonitrile/perovskite catalytic membrane with abundant channel-assisted reaction sites for organic pollutant removal [ J ]. Chemical Engineering Journal, 200, 437 : 135163.

[ 30 ] Jiang D, Wang T, Xu Q, et al.Perovskite oxide ultrathin nanosheets/g-$C_3N_4$ 2D-2D heterojunction photocatalysts with significantly enhanced photocatalytic activity towards the photodegradation of tetracycline [ J ]. Applied Catalysis B: Environmental, 2017, 201: 617-628.

[ 31 ] Li J, Zhao Y, Xia M, et al. Highly efficient charge transfer at 2D/2D layered P-$La_2Ti_2O_7$/$Bi_2WO_6$ contact heterojunctions for upgraded visible-light-driven photocatalysis [ J ]. Applied Catalysis B: Environmental, 2020, 261 : 118244.

[ 32 ] Chen W Y, Wang C P, Chen P C, et al. Nguyen, perovskite zinc titanate photocatalysts synthesized by the Sol-Gel method and their application in the photocatalytic degradation of emerging contaminants [ J ]. Catalysts, 2021, 11: 854.

[ 33 ] Wang L, Yang G, Peng S, et al. Fabrication of $MgTiO_3$ nanofibers by electrospinning and their photocatalytic water splitting activity [ J ]. International Journal of Hydrogen Energy, 2017, 42: 25882-25890.

[ 34 ] Kang J Y, Jang J S, Koo W T, et al. Perovskite $La_{0.75}Sr_{0.25}Cr_{0.5}Mn_{0.5}O_{3-\delta}$ sensitized $SnO_2$ fiber-intube scaffold: highly selective and sensitive formaldehyde sensing [ J ]. Journal of Materials Chemistry A, 2018, 6: 10543-10551.

[ 35 ] Gao G, Xi Q, Zhou H, et al. Novel inorganic perovskite quantum dots for photocatalysis [ J ]. Nanoscale, 2017, 9: 12032-12038.

[ 36 ] Qian X, Chen Z, Yang X, et al. Perovskite cesium lead bromide quantum dots: a new efficient photocatalyst for degrading antibiotic residues in organic system [ J ]. Journal of Cleaner Production, 2020, 249 : 119335.

[ 37 ] Que M, Zhao Y, Pan L, et al. Colloidal formamidinium lead bromide quantum dots for photocatalytic $CO_2$ reduction [ J ]. Materials Letters, 2021, 282: 128695.

[ 38 ] Singh H, Rajput J K. Novel perovskite nanocatalyst ( $BiFeO_3$ ) for the photodegradation of rhodamine B/ tartrazine and swift reduction of nitro compounds [ J ]. Iran Chem Soc, 2019, 16 : 2409-2432.

[ 39 ] Ghorai K, Panda A, Hossain A, et al. $LaNiO_3$/g-$C_3N_4$ nanocomposite: an efficient Z-scheme photocatalyst for wastewater treatment using direct sunlight [ J ]. Rare Earths, 2020, 40: 725-736.

[ 40 ] Tan P, Ren R, Yang L, et al. Direct S-scheme 0D/2D photocatalyst of $CsPbBr_3$ quantum dots/$BiVO_4$ nanosheets for efficient $CO_2$ photoreduction [ J ]. Journal of Molecular Liquids, 2024, 393: 123644.

[ 41 ] Chen T, Zhu Z, Wang Z, et al. 3D hollow spherelike Cu-incorporated $LaAlO_3$ perovskites for peroxymonosulfate activation: coaction of electron transfer and oxygen defect [ J ]. Chemical Engineering Journal, 2020, 385: 123935.

[ 42 ] Assirey E A R. Perovskite synthesis, properties and their related biochemical and industrial application [ J ]. Saudi Pharmaceutical Journal, 2019, 27: 817-829.

[ 43 ] Lin Y C, Wang D K, Liu J Y, et al. Low band-gap energy photocatalytic membrane based on $SrTiO_3$-Cr and PVDF substrate: BSA protein degradation and separation application [ J ]. Journal of Membrane Science,

2019, 586: 326–337.

[44] Wang Y, Chen L, Cao H, et al. Role of oxygen vacancies and Mn sites in hierarchical $Mn_2O_3/LaMnO_{3-\delta}$ perovskite composites for aqueous organic pollutants decontamination [J]. Applied Catalysis B: Environmental, 2019, 245: 546–554.

[45] Lu Q, You H, Fang W, et al. Boosting photocatalytic $H_2$ production performance over perovskite/CdS quantum dots S-scheme photocatalyst [J]. Journal of Alloys and Compounds, 2023, 960: 171074.

[46] Garcia-Munoz P, Fresno F, Lefevre C, et al. Highly robust $La_{1-x}Ti_xFeO_3$ dual catalyst with combined photocatalytic and photo-CWPO activity under visible light for 4-chlorophenol removal in water [J]. Applied Catalysis B: Environmental, 2020, 262: 118310.

[47] Hoang V Q T, Phan T Q P, Senthilkumar V, et al. Enhanced photocatalytic activities of vandium and molybdenum co-doped strontium titanate under visible light [J]. International Journal of Applied Ceramic Technology, 2019, 16: 1651–1658.

[48] Rosy A, Kalpana G. Reduced graphene oxide/strontium titanate heterostructured nanocomposite as sunlight driven photocatalyst for degradation of organic dye pollutants [J]. Current Applied Physics, 2018, 18: 1026–1033.

[49] Venkatesh G, Vignesh S, Srinivasan M, et al.Construction and investigation on perovskite-type $SrTiO_3$@ reduced graphene oxide hybrid nanocomposite for enhanced photocatalytic performance [J]. Colloids and Surfaces A: Physicochemical and Engineering Aspects, 2021, 629: 127523.

[50] Jiang D, Wang T, Xu Q, et al. Perovskite oxide ultrathin nanosheets/g-$C_3N_4$ 2D-2D heterojunction photocatalysts with significantly enhanced photocatalytic activity towards the photodegradation of tetracycline [J]. Applied Catalysis B: Environmental, 2017, 201: 617–628.

[51] Li J, Zhao Y, Xia M, et al.Highly efficient charge transfer at 2D/2D layered P-$La_2Ti_2O_7/Bi_2WO_6$ contact heterojunctions for upgraded visible-light-driven photocatalysis [J]. Applied Catalysis B: Environment, 2020, 261: 118244.

[52] Wang Y, Wang R, Yu L, et al. Efficient reactivity of $LaCu_{0.5}Co_{0.5}O_3$ perovskite intercalated montmorillonite and g-$C_3N_4$ nanocomposites in microwave-induced $H_2O_2$ catalytic degradation of bisphenol A [J]. Chemical Engineering Journal, 2020, 401: 126057.

[53] Zhou Q, Li N, Chen D, et al. Efficient removal of Bisphenol A in water via piezocatalytic degradation by equivalent-vanadium-doped $SrTiO_3$ nanofibers [J]. Chemical Engineering Science, 2022, 247: 116707.

[54] Liu X, Xiao L, Zhang Y, et al. Significantly enhanced piezo-photocatalytic capability in $BaTiO_3$ nanowires for degrading organic dye [J]. Materiomics, 2020, 6: 256–262.

[55] Tuna O, Simsek E B. Anchoring $LaFeO_3$ perovskites on the polyester filters for flowthrough photocatalytic degradation of organic pollutants [J]. Journal of Photochemistry and Photobiology A: Chemistry, 2021, 418: 113405.

[56] Shah A A, Khan A, Dwivedi S, et al. Antibacterial and Antibiofilm Activity of Barium Titanate Nanoparticles [J]. Materials Letters, 2018, 229: 130–133.

[57] Que M, Zhao Y, Yang Y, et al. Anchoring of formamidinium lead bromide quantum dots on $Ti_3C_2$ nanosheets for efficient photocatalytic reduction of $CO_2$ [J]. ACS Applied Materials & Interfaces, 2021, 5: 6180–6187.

[58] Li L, Zhang Z J, Ding C, et al.Boosting charge separation and photocatalytic $CO_2$ reduction of $CsPbBr_3$

perovskite quantum dots by hybridizing with $P_3HT$ [ J ]. Chemical Engineering Journal, 2021, 419: 129543.

[ 59 ] Ou M, Tu W, Yin S, et al.Aminoassisted anchoring of $CsPbBr_3$ perovskite quantum dots on porous g–$C_3N_4$ for enhanced photocatalytic $CO_2$ reduction, Angew [ J ]. Angewandte Chemie International Edition, 2018, 41 : 13570–13574.

[ 60 ] Zhang Z, Li L, Jiang Y, et al. Step–scheme photocatalyst of $CsPbBr_3$ quantum dots/BiOBr nanosheets for efficient $CO_2$ photoreduction [ J ]. Inorganic Chemistry, 2022, 7: 3351–3360.

[ 61 ] Wu L, Mu Y, Guo X, et al. Encapsulatingperovskite quantum dots in iron–based metal–organic frameworks ( MOFs ) for efficient photocatalytic $CO_2$ reduction, Angew [ J ]. Angewandte Chemie International Edition, 2019, 28: 9491–9495.

[ 62 ] Wang X, Huang Y, Liao J, et al. In situ construction of a $Cs_2SnI_6$ perovskite nanocrystal/$SnS_2$ nanosheet heterojunction with boosted interfacial charge transfer [ J ]. Journal of the American Chemical Society, 2019, 34 : 13434–13441.

[ 63 ] Zhang Y, Chen W, Zhou M, et al. Efficient photocatalytic $CO_2$ reduction by the construction of $Ti_3C_2$/$CsPbBr_3$ QD composites [ J ]. ACS Applied Energy Materials, 2021.49: 9154–9165.

[ 64 ] Zhang Y, Tian Y, Chen W, et al. Construction of a Bismuthene/$CsPbBr_3$ quantum dot S–scheme heterojunction and enhanced photocatalytic $CO_2$ reduction [ J ]. Journal of Physical Chemistry C, 2022, 6: 3087–3097.

[ 65 ] Wu J, Huang Y, Ye W, et al.$CO_2$ reduction: from the electrochemical to photochemical approach [ J ]. Advanced Science, 2017 , 4 ( 11 ): 1700194.

[ 66 ] Choi B N, Seo J Y, An Z, et al. An in–situ spectroscopic study on the photochemical $CO_2$ reduction on $CsPbBr_3$ perovskite catalysts embedded in a porous copper scaffold [ J ]. Chemical Engineering Journal, 2022, 430: 13280.

# 第六章 其他类量子点材料的制备及应用

## 第一节 引言

人类和工业活动的发展产生了大量的废水，其中含有化肥、农药、药物和内分泌干扰物等各种有机污染物[1-2]。这些污染物的存在对人类健康、生态环境和社会经济活动具有多重影响。光催化是一种应用广泛的废水处理工艺，它提供光子辅助产生电子－空穴对。在典型的光催化反应中，当半导体暴露在能量大于其带隙能的光中时，电子在价带中产生并迅速转移到导带，空穴则留在价带中。电子和空穴分别与氧分子反应生成超氧阴离子（$O^{2-}$），它吸附的水分子生成羟基自由基。最后，得到的自由基与污染物分子反应，分解成无毒的 $H_2O$ 和 $CO_2$[3-4]。在光催化领域，各种类型的半导体已被用于去除水介质中的有机污染物。量子点是尺寸在量子限域范围内的半导体纳米晶。量子点自发现至今，凭借其优异的光学和光电性质受到了广泛关注[5-6]。

除了前文介绍的单质量子点、Ⅱ–Ⅵ族量子点和钙钛矿量子点，还存在Ⅲ–Ⅴ族和Ⅰ–Ⅲ–Ⅵ族半导体量子点。Ⅲ–Ⅴ族量子点是由元素周期表中ⅢA族的金属元素与ⅤA族的非金属元素组成的。因此，相比具有更多离子键成分的Ⅱ–Ⅵ族量子点，Ⅲ–Ⅴ族量子点的化学键共价性更强，这为Ⅲ–Ⅴ族量子点带来了更独特的性质[7]。绝大多数的Ⅲ–Ⅴ族量子点为直接带隙半导体，同时具有较高的介电常数，这就使其具有较大的激子半径[8]。

六方氮化硼（h–BN）作为一种与石墨烯结构相似的二维半导体，因其独特的物理化学性质而受到广泛关注，如优异的光电性能、高热导率、优异的化学稳定性和高比表面积。最近的研究证明，h–BN 作为助催化剂可以有效地提高光催化剂的光催化活性，这使其在光催化领域极具吸引力[9]。此外，当半导体颗粒的尺寸减小到量子点水平时，半导体量子点作为助催化剂可以有效地促进光生载流子的分离，从而因边缘效应和缺陷中心而增强光催化剂的光催化性能[10]。氮化硼量子点（BN QDs）是一种直径为 1～10 nm 的球形颗粒，由于存在带负电荷的含氧基团，对光生空穴表现出强烈的静电吸引力，这有利于光生电子－空穴对的分离[11]。

镉硫化合物量子点由于良好的光学特性而在大多数先前的研究中受到关注，但这些材料的高毒性限制了它们的实际应用。磷化铟量子点（InP QDs）被视为镉硫化物基材料的替代品，因为磷化铟量子点具有类似的发射特性，毒性较低，并且具有成本效益。此外，通过调节 InP QDs 的尺寸，大的带隙（1.35 eV）和波尔激子半径（9.6 eV）对于太阳能利用可能是巨大的优势。此外，InP QDs 氧化还原电位高于块体 InP，这有利于光催化反应。由于光催化反应通常发生在半导体和助催化剂之间的界面上，因此零维 InP QDs 可以为光催化反应提供比块状 InP 更多的活性位点[12-13]。

本章着重介绍氮化硼量子点和磷化铟量子点的制备及其相关表征，并对其在能源转换和环境治理方面的应用进行了总结。

## 第二节　其他类量子点材料的制备和表征

Ⅲ–Ⅴ族材料的共价性比Ⅱ–Ⅵ族材料更强，这使Ⅲ–Ⅴ族半导体量子点的制备更加困难。自碳量子点和石墨烯量子点被成功合成以来，研究者们已经报道了一系列无金属量子点的制备方法[14]。目前，制备方法主要分为自上而下和自下而上两类。自上而下的方法通过物理剥离或化学剪裁将大尺寸块状切割成小尺寸，方法主要包括液体剥离、溶剂热 / 水热处理和离子嵌入法。自下而上的方法在某些条件下使用一些简单的有机或无机材料作为前驱体通过化学组装合成，典型方法是水热 / 溶剂热合成和微波辐照方法。该工艺具有易于在量子点中修饰和掺杂杂原子的优点；然而，由于引入了杂原子，量子点纯度降低。此外，研究人员还探索了一些其他量子点合成方法，如超临界流体方法，该方法在超临界流体的条件下，将多层的体相剥离和分解为量子点。本节主要介绍如何通过水热法和微波辐照法制备氮化硼量子点，并对其形貌表征进行了分析；以及如何采用浸渍法和热注入法制备磷化铟量子点，同时也对其形貌进行了分析。

## 一、水热法

笔者所在课题组采用水热法成功制备了 BN QDs [15]。在不断搅拌下，将 100 mg 的硼酸和 34 mg 的三聚氰胺溶解在 10 mL 的去离子水中。将制备的悬浮液转移到聚四氟乙烯内衬的高压反应釜中，并在 200 ℃中保持 15 h。反应釜自然冷却至室内温度后，采用孔径为 0.22 μm 的有机相滤膜对反应溶液进行抽滤，以此得到 BN QDs 溶液。然后将 BN QDs 原位沉积在 $NH_2$–MIL–125（Ti）（记为 NMT）表面以得到 BN QDs/$NH_2$–MIL–125（Ti）（记为 NMTB）复合材料（图 6.1）。将最终干燥得到的产物标记为 NMTB–$x$，其中 $x$ 代表 BN QDs 的加入量（$x$=0.3，0.5，0.7，1.0 mL）。

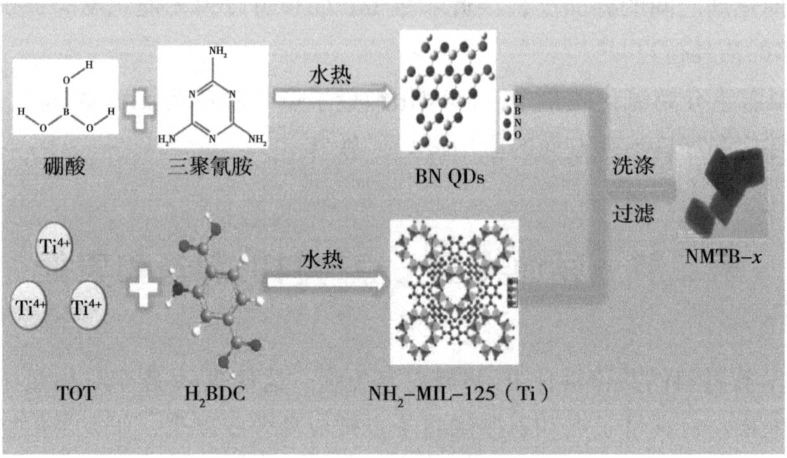


**图 6.1　NMTB 制备流程图 [15]**

对制备的光催化剂（NMT 和 NMBT–$x$）的结晶度进行 XRD 光谱分析。图 6.2a 显示了单一的 NMT 以及 NMTB–$x$ 复合光催化剂的 XRD 衍射图谱。从图中可以清晰看出存在着 $2\theta$ 为 6.79°、9.75°、11.65°、15.00°、15.53°、16.67°、17.97°、18.22°、19.01°和 19.63°这些主要的衍射峰 [16–17]。这些衍射峰表明 NMT 的晶体结构特征良好，与模拟峰一致，证实了 NMT 单体的成功制备。在 NMTB–$x$ 纳米复合材料中，未观察到特征峰的偏移或新峰出现，这是由于 BN QDs 含量较低。值得注意的是，在 $2\theta$ 为 6.79°处衍射峰值降低可能是由于复合材料中 BN QDs

降低了 MOF 中的晶格周期性[18]。对制备的 NMT 与复合材料 NMTB-*x* 催化剂进行 FTIR 光谱分析，从而证明材料的成功制备。从图 6.2b 中可以看出在 3450 $cm^{-1}$ 处存在宽吸收峰，这是由于有机配体中 $-NH_2$ 对称以及不对称伸缩振动和吸附于水中的 O–H 键伸缩振动[19]；在 1380 ~ 1661 $cm^{-1}$ 的吸收峰是由于 –COOH 的对称伸缩振动[20]。此外，O–Ti–O 团簇的伸缩振动在 452 ~ 770 $cm^{-1}$ 范围内清晰可见[21]。NMT 存在的峰在制备的复合光催化剂材料中都可被观察到，但是没有出现 BN QDs 的峰，这进一步表明了 NMT 的基本结构和 BN QDs 的高度分散性。

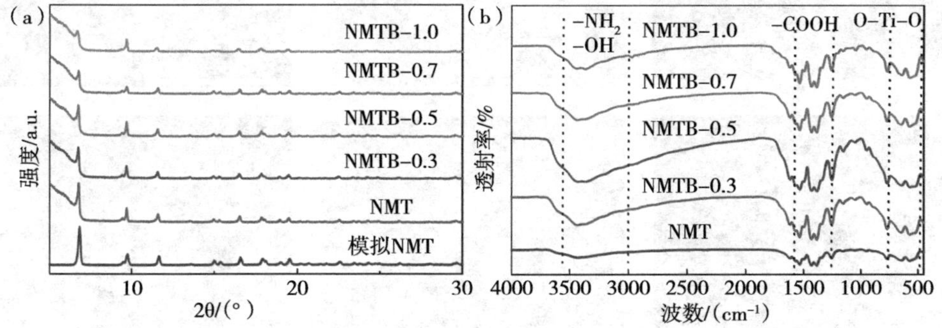


**图 6.2　NMT 和 NMTB-*x*（*x*=0.3，0.5，0.7，1.0mL）复合材料的（a）XRD 图和（b）FTIR 图[15]**

图 6.3a 显示了制备的 NMT 的 SEM 图，NMT 呈平均尺寸为 100 ~ 500 nm 的圆板形。图 6.3b 为 NMTB-0.7 的 SEM 图，由于 BN QDs 的尺寸较小和含量较低，没有观察到明显的 BNQDs 物质，这与 XRD 测试的结果一致。值得注意的是，之前报道的单体 NMT 材料表面是光滑的，而 NMTB-0.7 材料的表面更加粗糙，这归因于 BN QDs 成功负载在 NMT 上[20]。因为量子点具有容易聚集的特性，NMT 的多孔结构和大的比表面积可以有效地防止 BN QDs 的聚集。NMT 和 NMTB-0.7 的微观结构用 HRTEM 检测。图 6.3c–d 显示了 BN QDs 在 NMT 纳米颗粒表面上的沉积。在 HRTEM 图（图 6.3d）中，BN QDs 是球形的，具有 0.21 nm 的表面间距值，对应于氮化硼的（100）晶面。BN QDs 的 HRTEM 如图 6.3e 所示。此外，利用 EDS 观察了 BN QDs 在 NMT 上的沉积和分布。图 6.3f–k 进一步证实 Ti、C、O、N 和 B 元素均匀分布在制备的 NMTB-0.7 络合物上。这些结果清楚地表明 BN QDs 成功负载在 NMT 上。此外，该实验还证明了 NMTB-*x* 复合物的成功合成。

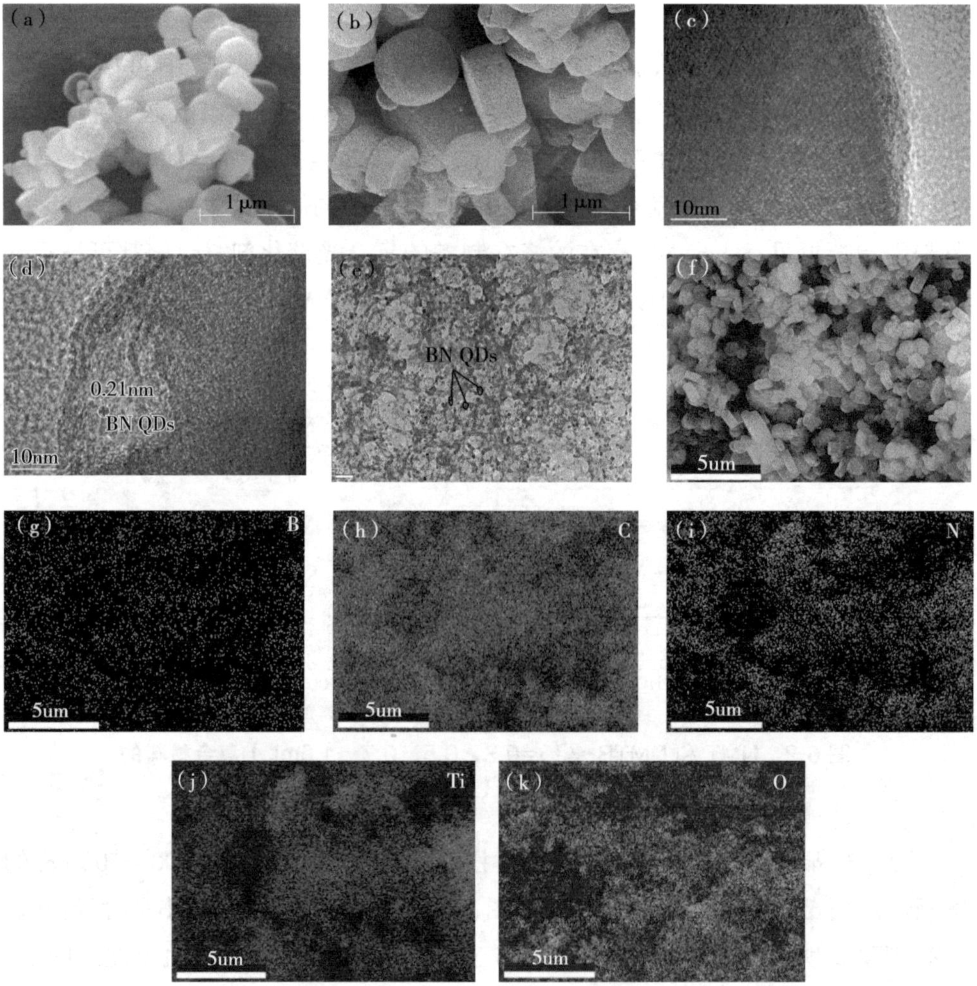


图 6.3 (a)NMT 的 SEM 图;(b)NMTB-0.7 的 SEM 图;(c)NMT 的 HRTEM 图;(d)NMTB-0.7 的 HRTEM 图;(e)BN QDs 的 HRTEM 图,(f-k)NMTB-0.7 的 EDS 映射图[15]

通过XPS对NMT和NMTB-0.7复合材料的化学组成以及元素价态进行分析，结果如图 6.4a 所示。可以看出，NMTB-0.7 不仅有 NMT 检测到的 C、N、O、Ti 元素，而且在结合能 188～194 eV 范围内有 B 元素的信号，与 EDS 图结果高度一致。为了获得更详细的化学成分，研究了 C 1s、N 1s、B 1s、O 1s 和 Ti 2p 的高分辨率 XPS 谱。图 6.4b 展示了 Ti 2p 的高分辨率 XPS 图，其中 458.7eV 和 464.4 eV 的键能归因于 Ti 2p3/2 和 Ti 2p1/2，表明钛氧团簇中与氧结合的钛仍处

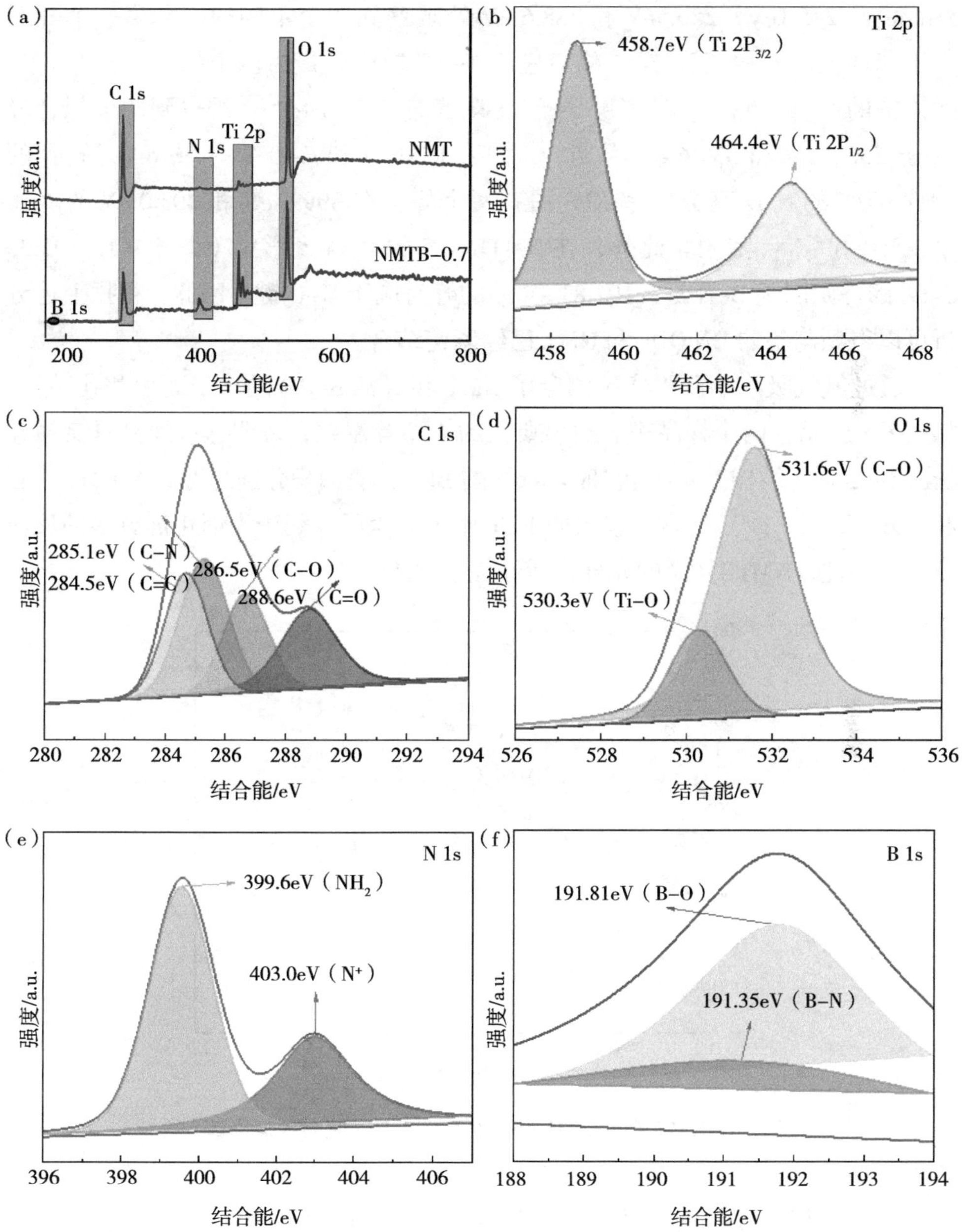


**图 6.4　NMT 和 NMTB-0.7 复合材料的 XPS 图（a）；Ti 2p（b）、C 1s（C）、O 1s（d）、N 1s（e）和 B 1s（f）的高分辨率 XPS 图[15]**

于 Ti（Ⅳ）的氧化态[22]。在 C1s 的高分辨率 XPS 图（图 6.4c）中可以在 284.5eV、285.1eV、286.5eV 和 288.6 eV 处观察到四个不同的峰。第一个峰对应于苯环上的 C=C 键，第二峰对应于 C–N 键[23]；最后两个峰对应于 $H_2ATA$ 配体中的 C=O 和 C–O 键[24]。对于 O 1s 光谱（图 6.4d），观察到两个拟合峰位于 530.3 eV 和 531.6 eV 附近，对应于 Ti–O 和 C–O 键。图 6.4e 所示的 NMTB–0.7 的 N 1s 高分辨率 XPS 图有两个峰，在 399.6 eV 和 403.0 eV 的峰属于 $-NH_2$ 和 $-N-^+$ 基团。此外，在 NMTB–0.7 的 B 1s 光谱中（图 6.4f），191.35 eV 处的峰归因于 B–N 键，191.81 eV 处的峰对应于 B–O 键。因此，根据上述分析可以得到制备的 BN QDs 和 NMT 已经紧密结合。

通过氮气吸附 – 脱附实验测定了 NMT 和 NMTB–0.7 的比表面积和孔结构。如图 6.5 所示，两个样品都表现出典型的 I 型等温线，表明这些样品具有微孔（孔径 <2 nm）结构。NMT 和 NMTB–0.7 的 BET 比表面积分别约为 1096.82 $m^2 \cdot g^{-1}$ 和 1265.62 $m^2 \cdot g^{-1}$。通常，较大的 BET 比表面积可以赋予光催化剂更多的反应位点。因此，NMTB–0.7 的光催化活性优于 NMT。

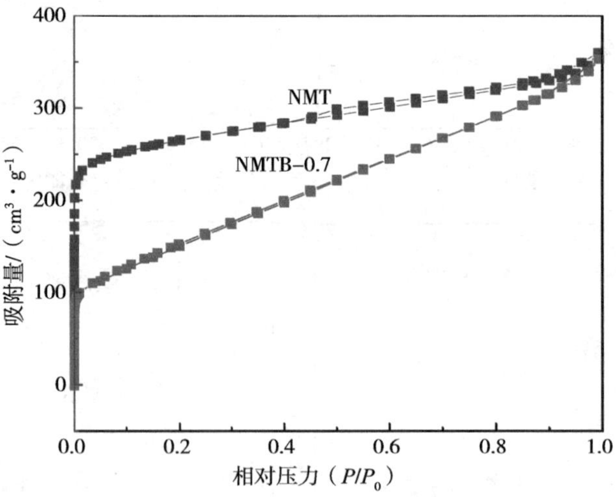


图 6.5 NMT 和 NMTB–0.7 的氮气吸附–脱附等温曲线[15]

UV–vis 用于表征样品的光吸收特性。从图 6.6 a 中可以看出，NMT 在 283 nm 和 385 nm 处有两个明显的吸收带分别对应于钛氧簇和配体的光吸收[25]。NMTB–*x* 复合材料的吸收光谱与 NMT 的相似，但是光吸收强度随着 BN QDs 的增加而减小，这可能是由于部分的 BN QDs 覆盖在 NMT 表面。同时，如图 6.6 b

所示，250 nm 处的吸收峰是 BN QDs 的典型吸收峰。

半导体的带隙宽度可根据 Tauc plot 公式[26]计算：

$$\alpha h\nu = A\,(h\nu - E_g)^{n/2} \tag{6-1}$$

式中，$\alpha$ 是吸收系数，$h$ 是普朗克常数，$\nu$ 是光频率，$A$ 是常数，$E_g$ 为带隙宽度，$n$ 为常数（对于直接半导体，$n=1$）。

图 6.6 c 是 NMT 和 NMTB-0.7 的（$\alpha h\nu$）$^2 \sim h\nu$ 曲线，根据曲线斜率与横轴的交点，计算求出了 NMT 和 NMTB-0.7 的带隙宽度（$E_g$）分别为 2.54 eV 和 2.43 eV。以上结果表明，NMTB-0.7 具有更小的带隙宽度和更强的光催化活性。

PL 光谱用于研究光生载流子的特性，包括光催化剂中的捕获、迁移和转移。较弱的光致发光强度表明催化剂中的光生电子-空穴越不容易复合。图 6.6 d 显示了 NMT 和 NMTB-0.7 光催化剂在 320 nm 激发波长下的 PL 光谱图，从图中可以看出单一 MOF 和复合材料都具有 467 nm 的峰，对应于 2-氨基对苯二

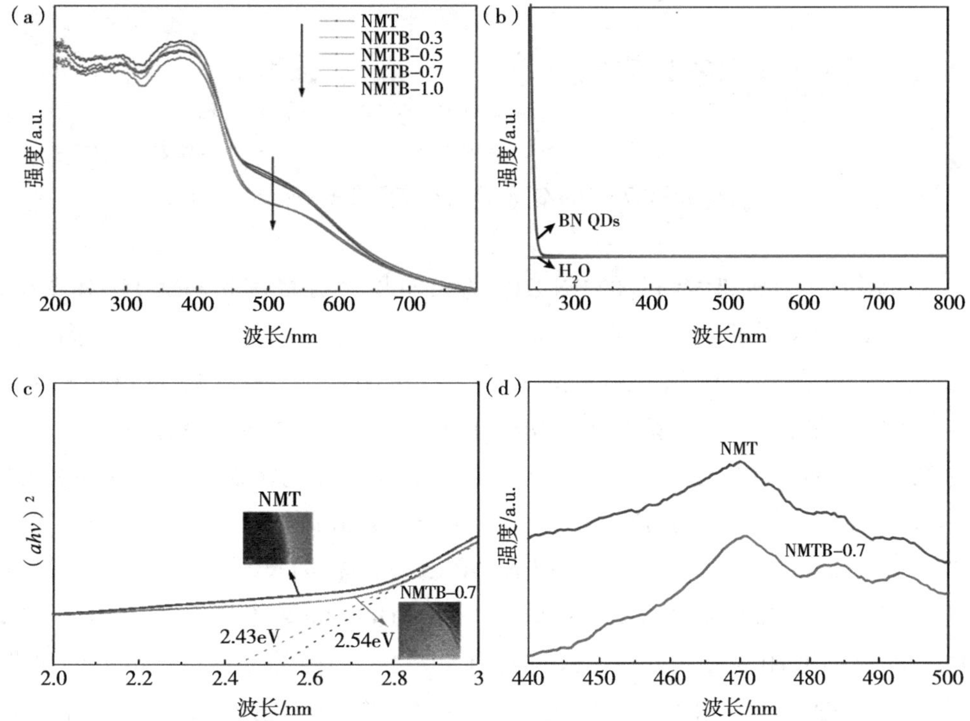


**图 6.6 样品的 UV-vis 图（a-b）；NMT 和 NMTB-0.7 带隙宽度图（c）及 PL 光谱图（d）[15]**

注：图 a 中“↓”表示此处线条从上至下依次代表 NMT、NMTB-0.3、NMT-0.5、NMT-0.7 和 NMT-1.0。

甲酸。与单一的 MOF 材料相比，NMTB-0.7 复合材料的发射峰的强度明显降低，证明了 NMTB-0.7 光催化剂中的 BN QDs 通过抢夺 $h^+$ 抑制了 $e^-$ 和 $h^+$ 之间的复合。

## 二、微波辐照法

Fan 等人[27]采用简单高效的微波辐照技术，可控地制备了氮化硼量子点（BN QDs），它是一种具有独特光电性能的无金属量子点。典型样本的合成路线（图 6.7）是：①将 h-BN 粉末（0.5g）分散在 50 mL N,N-二甲基甲酰胺（N,N-dimethylformamide，DMF）中，并用声波尖端超声处理以分散粉末，然后离心，去除残留的大尺寸 h-BN 纳米颗粒（h-BN NPs）；②将 BN NPs 分散体置于 35 mL 反应容器中，并在自动和聚焦的微波系统中以 500 W 的微波辐射功率在 150℃下反应 10 min，然后，将反应混合物离心，并使用 0.22 μm 微孔膜过滤器过滤。收集含有 BN QDs 分散体的亮黄色滤液进行各种表征。

图 6.7　BN QDs 合成程序示意图[27]

采用上述合成路线制备的 BN QDs 的 SEM 图、TEM 图和 SEAD 图如图 6.8 所示。从 SEM 图可以观察到所制备的 BN NPs 是单层的。同时，TEM 图（图 6.8b）进一步显示横向约300 nm 的单层 BN NPs。这表示在超声过程中，h-BN 粉末在 DMF 中分解为 BN NPs。此外，BN NPs 的 SEAD 图显示了对应于结晶 BN 的（002）、（100）、（004）和（110）晶面的衍射斑（图 6.8c）。图 6.8d 显示了分布良好的 BN QDs 在 150℃下 10 min 的 SEM 图。此外，TEM 图（图 6.8e）显示了均匀分散的 BN QDs，平均横向尺寸为 3.21 nm，比其他报道的 BN QDs 和 G QDs 更均匀[28]。HRTEM 图（图 6.8e）显示 BN QDs 的晶格间距为 0.21 nm，这与具有（211）晶面的 BN 的六边形图案非常吻合（图 6.8f）。此外，BN QDs 的 SEAD 图中的衍射环与晶体 BN 的（211）、（331）和（312）晶面的分度十分吻合，表明合成了良好的晶体 BN QDs。

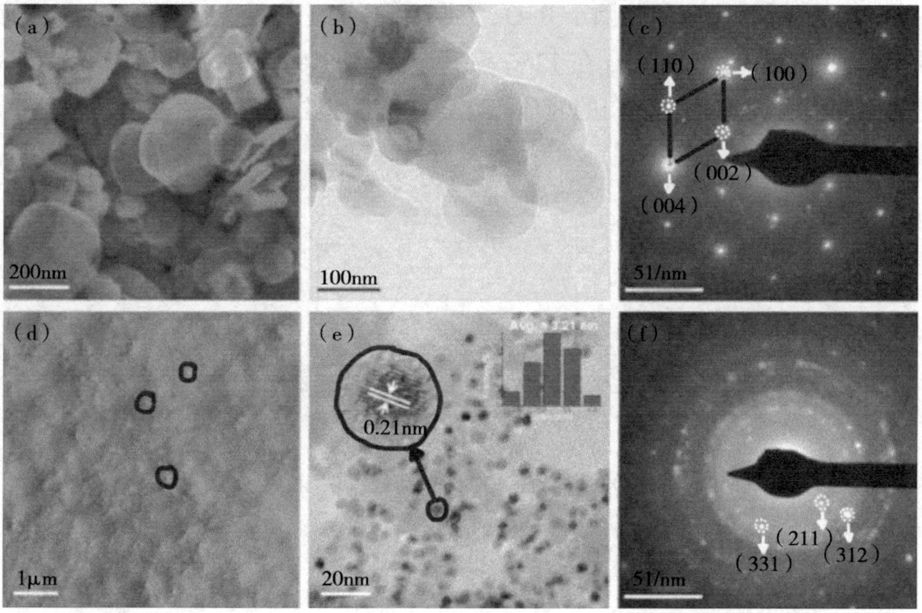


**图 6.8　BN NPs 的（a）SEM 图、（b）TEM 图和（c）SEAD 图；BN QDs 的（d）SEM 图、（e）TEM 图（插图显示了 BN QDs 的 HRTEM 图的尺寸分布）和（f）SEAD 图**[26]

收集 XRD 图以进一步研究所制备的 BN NPs 和 BN QDs 的结晶相。如图 6.9a 所示，BN NPs 的衍射峰与六方相的 BN 匹配良好。在 26.75° 处观察到的高强度峰值表示沿 c 轴（002）晶面堆叠的层的反射。此外，位于 41.58°、54.93°、76.08° 的衍射峰，经标定为具有特征性的（100）、（004）、（110）晶面衍射峰，这与图 6.8c 中的 SEAD 图相对应。相反，在 BN QDs 中不存在沿（002）晶面方向的衍射峰，这表明在微波辐射过程中，随着量子点的形成，纳米颗粒消失了。此外，在 29.31°［（211）晶面］、47.61°［（331）晶面］和 48.23°［（312）晶面］处的弱峰也分别反映了 BN QDs 的晶体组成。为了探索所制备的 BN NPs 和 BN QDs 的化学键和元素组成，随后进行了 FTIR、拉曼光谱分析。如图 6.9b 所示，所制备的 BN NPs 和 BN QDs 都在 3400 $cm^{-1}$ 附近出现峰值，这归因于 O–H 拉伸和 N–H 弯曲。与 BN NPs 相比，由于 B–N 拉伸，BN QDs 在 1382 $cm^{-1}$ 附近表现出相对较弱的吸收，估计 BN NPs 被压碎成微小的量子点。同时，802 $cm^{-1}$ 处的 B–N 弯曲也证实了这一推论。此外，根据路易斯酸碱相互作用，通过 O 对 B 的亲核攻击，连接到 BN QDs 上的含氧官能团在 $1059^{-1}$、$1652^{-1}$ 和

2930 $cm^{-1}$ 附近的峰可能归因于 B–O、C–N 和 C–H。拉曼光谱（图 6.9c）显示，对于 $E_{2g}$ 声子模式，BN NPs 在 1366 nm 附近表现出尖锐的峰，而 BN QDs 在相同的模式下表现出相对较弱的峰值，这与之前的报告一致，表明微波辐射过程导致层结构减少[29]。

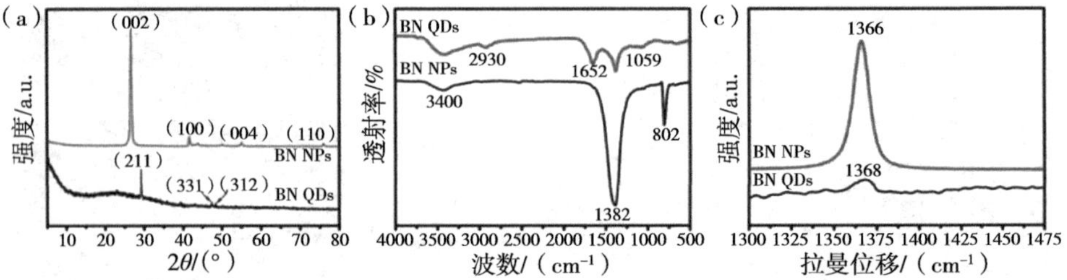


图 6.9　BN NPs 和 BN QDs 的（a）XRD 图、（b）FTIR 图、（c）拉曼光谱图[26]

## 三、浸渍法

Do 等人[30]采用浸渍法制备了 InP QDs、Cds 纳米棒及 Cds–InP 复合材料（图 6.10）。油胺作为一种配位溶剂，在整个化学反应过程中发挥着不可或缺的作用[31-32]。$ZnCl_2$ 的存在促进了壳的生长，并降低了 InP QDs 尺寸的可变性。这种方法已被证明可以防止 Zn 掺杂的 InP 芯纳米晶体的形成[33]。溶解 – 沉淀技术用于去除杂质，例如过量的油胺和未反应的前驱体。此外，$ZnCl_2$ 和 $InCl_3$ 由于在乙醇中的高溶解度而被消除。

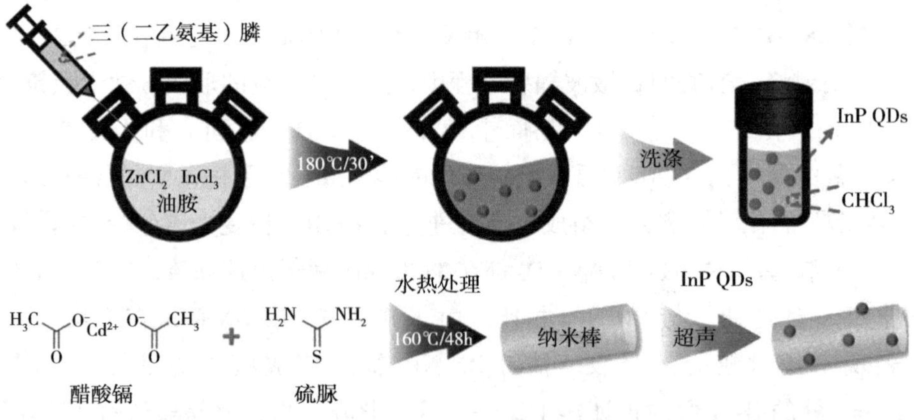


图 6.10　CdS 纳米棒、InP QDs 和 CdS–InP 复合材料制备的示意图[30]

通过 TEM（图 6.11）研究了 CdS-InP 复合材料的形态。图 6.11a 示出了沉积在 CdS 纳米棒上的痕量 InP QDs。复合材料的 HRTEM 图（图 6.11b）清楚地显示了 0.33 nm 和 0.34 nm 的两个晶格间距，分别归属于 CdS 和 InP。

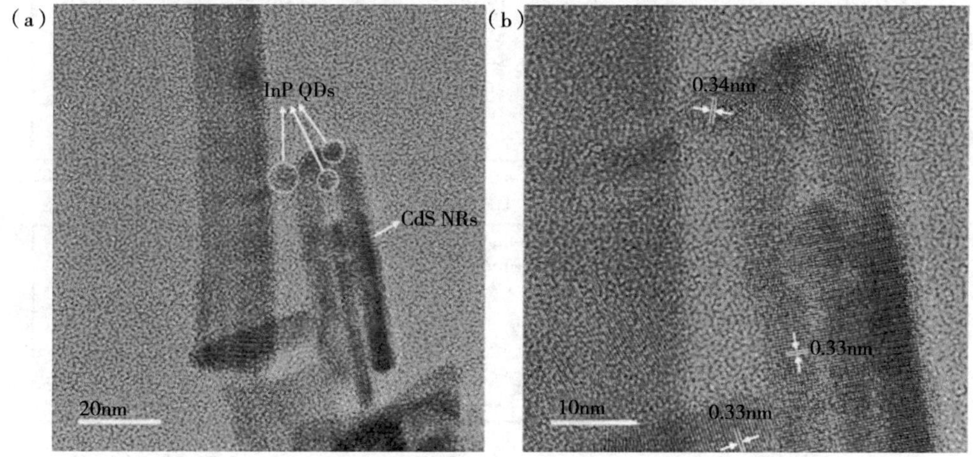


**图 6.11　CdS-InP 纳米复合材料的（a）TEM 图和（b）HRTEM 图[30]**

通过 XRD 技术分析了 CdS 纳米棒、InP QDs 和 CdS-InP 复合物的晶体结构。材料的 XRD 图如图 6.12a 所示。CdS 的 XRD 图包含一系列位于 24.81°、26.51°、28.18°、43.68°、47.84° 和 51.82° 处的衍射峰，其分别归属于纯六方相的 CdS（100）、（002）、（101）、（110）、（103）和（112）晶面。纯 InP QDs 的衍射图在 26.3°、43.6° 和 51.6° 处显示出宽的衍射峰，这与 Tessier 等人[31]的研究比较吻合。在 CdS-InP 复合物的 XRD 图中仅观察到 CdS 峰。没有出现 InP 衍射峰，这是由于相对较低的 InP 量以及 InP 和 CdS 峰的重叠。通过 XPS 光谱研究了 CdS-InP 的元素表面化学。CdS-InP 复合材料的 XPS 图（图 6.12b）包含 Cd、S、In 和 P 元素的峰。检测到与氧化表面层和油胺相关的 O 1s 和 C 1s 峰。Cd 3d 的高分辨率 XPS 图（图 6.12c）中位于 404.8 eV（$3d_{5/2}$）和 411.5 eV（$3d_{3/2}$）处的峰是氧化态 $Cd^{2+}$ 的特征。S 2p 光谱显示出两个双峰信号（图 6.12d）。第一个双峰 S $2p_{3/2}$（162.7 eV）和 S $2p_{1/2}$（163.9 eV）对应于暴露在 InP 附近的电负性更强的环境中的 $S^{2-}$，而具有约 1.2 eV 的 S 2p 自旋轨道分裂的第二组分（S $2p_{3/2}$ 结合能为 161.3 eV）对应于 CdS 晶格中的 $S^{2-}$[34-35]。In $3d_{5/2}$ 和 In $3d_{3/2}$ 峰分别出现在 444.7 eV 和 452.3 eV 处（图 6.12 e）。

P $2p_{1/2}$ 和 P $2p_{3/2}$ 峰分别位于 130.7 eV 和 129.8 eV 处，表明存在磷化物（$P^{3-}$）（图 6.12 f）[36–37]。

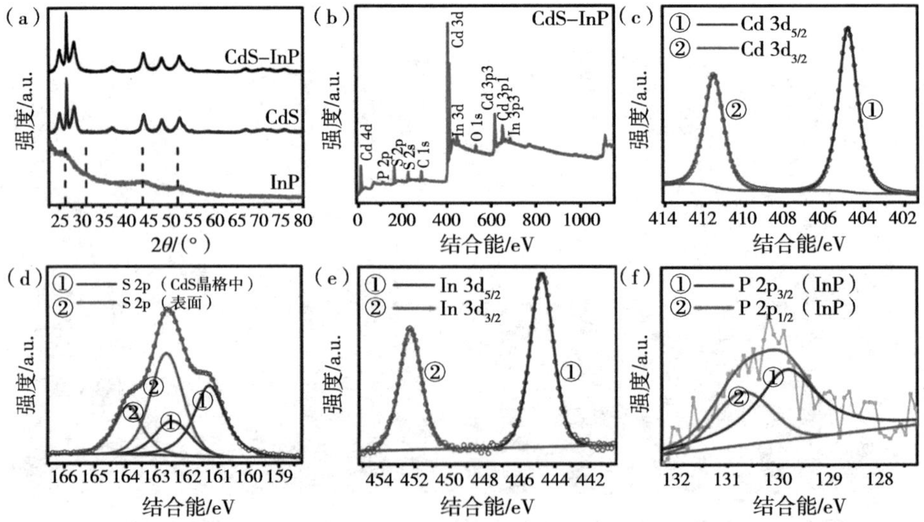


**图 6.12 （a）InP QDs、CdS 纳米棒和 CdS-InP 的 XRD 图；（b）CdS-InP 复合材料的 XPS 图；（c）Cd 3d、（d）S 2p、（e）In 3d 和（f）P 2p 区的高分辨率 XPS 图**[30]

## 四、热注入法

Yu 等人[12]在室温下用无机锌离子（$Zn^{2+}$）对 InP QDs 进行修饰，以促进光催化从 $H_2S$ 中释放 $H_2$。典型的合成过程如下。①首先，通过热注入方法制备 InP QDs[38]。将 146.6 mg $InCl_3 \cdot 4H_2O$、204 mg $ZnCl_2$、160 mg $ZnI_2$ 和 5 mL 油胺加入配有回流冷凝器的 50 mL 三颈烧瓶中。将反应体系在 130℃下抽空至少 1 h 以除去试剂中的水和杂质。在 180℃、氩气气氛下将 0.5 mL 三（二乙氨基）膦快速注入反应体系中，反应体系颜色立即从浅黄色变为红色。在 180℃下进一步反应 30 min 后，自然冷却至室温。将乙醇加入烧瓶中以使产物沉淀，将其进一步分散在己烷中并通过乙醇沉淀。将沉淀物分散在 20 mL 己烷中，并向其中加入 20 mL $Na_2S$ 溶液（0.05 mol/L，溶于 N-甲基甲酰胺）。将混合物在周围环境下搅拌 15 min，然后弃去己烷相。用己烷洗涤溶液，用丙酮沉淀。所得沉淀物为与硫离子连接的 InP QDs，其可以很好地分散在甲酰胺中。②将 $Zn(NO_3)_2 \cdot 6H_2O$（15.7 mg · $mL^{-1}$，溶解于甲酰胺中）直接加入

1 mL InP QDs（5 mg·$mL^{-1}$，溶解于甲酰胺中）中。将混合物超声处理 2 min 以产生 Zn–InP QDs。之后，用丙酮洗涤混合物以除去溶液中多余的 $Zn^{2+}$。沉淀物标记为 Zn–InP QDs。为了研究 $Zn^{2+}$ 的影响，制备了一系列不同 $Zn^{2+}$ 添加量的量子点，其中 $Zn^{2+}$ 与 InP QDs 的质量比分别为 0.35 : 1、1.05 : 1、1.75 : 1、2.45 : 1 和 3.15 : 1。

InP QDs 和 Zn–InP QDs 的 TEM 图进一步证实了它们的小尺寸（图 6.13）。$Zn^{2+}$ 的引入没有引起样品尺寸的显著增大，两种样品的平均尺寸均为 2 ~ 4 nm。由于有限的结晶度以及技术分辨率，直接观察晶格是较困难的。

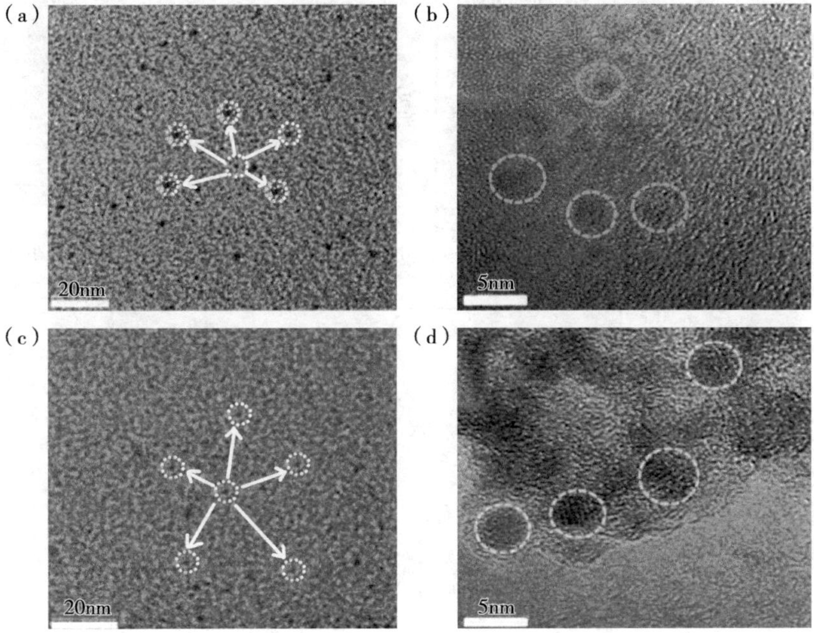


**图 6.13 InP QDs（a–b）和 Zn–InP QDs（c–d）的 TEM 图**[12]

图 6.14a 显示了在 $Zn^{2+}$ 改性之前和之后的 InP QDs 的 XRD 图。两个样品在 27.2°、44.7° 和 52.6° 处均表现出宽衍射峰，分别归属于 InP 的（111）、（220）和（311）晶面。相对宽且弱的峰与所获得的量子点的小尺寸一致。$Zn^{2+}$ 的引入使量子点的发光峰没有发生明显的位移，表明量子点的结构基本保持不变。此外，由于在 30° ~ 35° 附近没有相关衍射峰，因此形成晶体立方 $Zn_3P_2$ 的可能性可以忽略不计[39]。Zn 2p 的精细光谱在 1045.2eV 和 1022.1eV 处显示出两个峰（图 6.14b），对应于 $Zn^{2+}$ 的 $2p_{1/2}$ 和 $2p_{3/2}$，这证实了 $Zn^{2+}$ 被成功引入 InP QDs。由于 InP QDs 表面 $S^{2-}$ 配体的存在，在该体系中也可以检测到 S。为了揭

示在 InP QDs 中引入 $Zn^{2+}$ 后光催化效率增强的机制，对 Zn-InP QDs 和 InP QDs 的 PL 光谱进行了研究（图 6.14c）。InP QDs 在 560 nm 处显示出强度较弱的光致发光峰，这应该源于 InP QDs 的带边发射[40]。弱强度与以前的报道一致，并且是由于 InP QDs 中大量的 S 悬挂键[41]。相比之下，Zn-InP QDs 在 552 nm 处的光致发光有明显的增强。

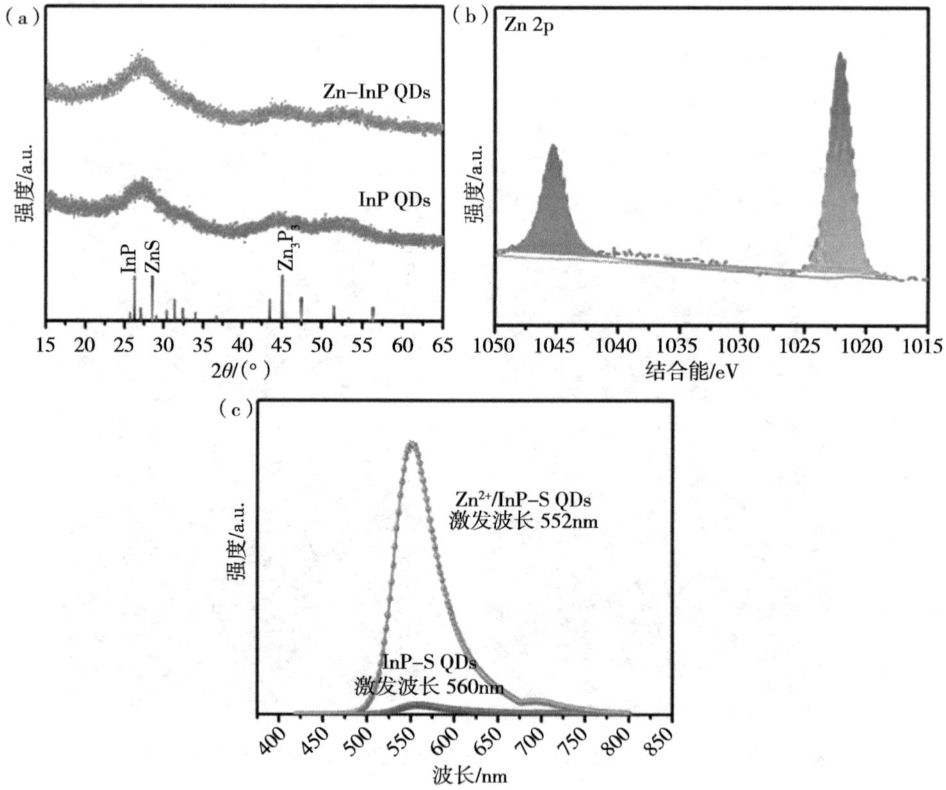


图 6.14 （a）InP QDs 和 Zn-InP QDs 的 XRD 图；（b）Zn-InP QDs 的 Zn 2p 的 XPS 图；（c）激发波长为 400 nm 的 InP QDs 和 Zn-InP QDs 的稳态 PL 光谱图[12]

## 第三节 其他类量子点材料的应用

### 一、其他类量子点材料在环境治理方面的应用

笔者所在课题组制备了 BNQDs/$NH_2$-MIL-125（Ti）（NMTB）系列材料用来

降解废水[15]。通过模拟氙灯在可见光（$\lambda$=420 nm）下对 RhB 的降解来判断光催化剂的性能。图 6.15a 是 RhB 的降解率曲线。在没有催化剂的情况下，RhB 几乎没有被降解。在可见光照射 45 min 后，NMTB-*x* 系列复合光催化材料对 RhB 的去除效率显著高于 $NH_2$-MIL-125（Ti）(NMT)。复合材料中 BN QDs 的含量由 0.3 mL 增加到 0.7 mL，光催化活性明显提高。然而，当 BN QDs 继续增加时，光催化活性略有下降。

采用一级反应动力学模型模拟 RhB 的降解过程，计算了降解速率常数（*k*）。如图 6.15b 所示，NMT、NMTB-0.3、NMTB-0.5、NMTB-0.7 和 NMTB-1.0 的 *k* 值分别为 0.02903 $min^{-1}$、0.04917 $min^{-1}$、0.07489 $min^{-1}$、0.08196 $min^{-1}$、和 0.06046 $min^{-1}$。制备的 NMTB-0.7 的表观速率常数最高，是 NMT 的 2.6 倍。NMTB-*x* 光催化性能的提高可能是由于 BN QDs 的引入，促进了光生电子 - 空穴对的分离，从而更有利于氧化还原反应。与 NMTB-0.7 相比，NMTB-1.0 光催化活性较差，可能是由于过量的 BN QDs 覆盖了 NMT 活性位点，导致光吸收减少。

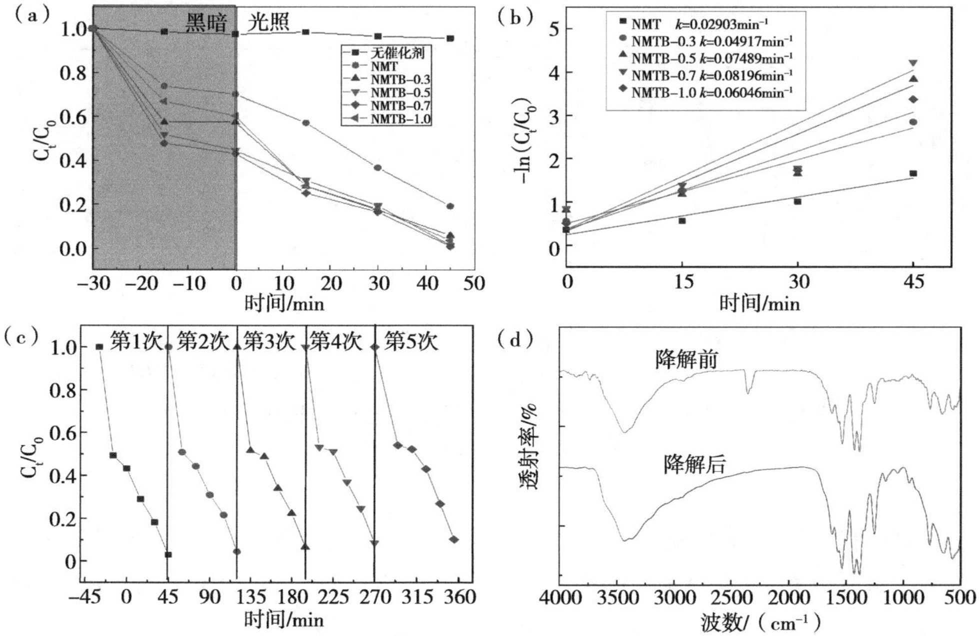


**图 6.15 （a）可见光照射下（$\lambda$=420 nm）制备的光催化剂的 RhB 降解；（b）当使用如此制备的光催化剂时 RhB 降解的动力学拟合曲线；（c）NMTB-0.7 在 5 次循环中的循环稳定性；（d）循环光催化降解前后 NMTB-0.7 的 FTIR 图[15]**

稳定性测试对光催化剂的耐久性和可重复使用性也至关重要。因此，选择 NMTB-0.7 作为目标光催化剂进行循环试验。如图 6.15c 所示，NMTB-0.7 光催化剂没有明显失活。连续循环 5 次后，复合光催化剂的降解率保持在 85% 以上。因此，实验结果表明 NMTB-0.7 复合光催化剂在实际应用中具有良好的稳定性。图 6.15d 为 NMTB-0.7 在光催化反应进行 5 个操作循环前后的 FTIR 图。回收的复合材料的晶体结构与未反应材料的晶体结构几乎相同，进一步证明了 NMTB-0.7 复合材料的优异稳定性。

通过电化学测试进一步评价了 NMT 和 NMTB-0.7 的光生载流子的分离能力。可见光下电流随时间周期性变化如图6.16a所示。可以看出，在可见光下，NMTB-0.7 对光电流的响应比 NMT 大。这表明，引入 BN QDs 可以提高对孔洞的吸引力，有利于生成更多的活性基团，从而提高复合材料的氧化还原能力。利用 EIS 的奈奎斯特图进一步测定了 NMT 和 NMTB-0.7 的电荷转移效率。奈奎斯特半圆半径越小，阻力越小。如图 6.16b 所示，NMTB-0.7 的电阻小于 NMT，因此复合材料具有更高的电荷转移效率。光照产生的光生 $e^-$ 和 $h^+$ 能够及时传递，提高了光催化活性，这与 PL 光谱测试结果一致。

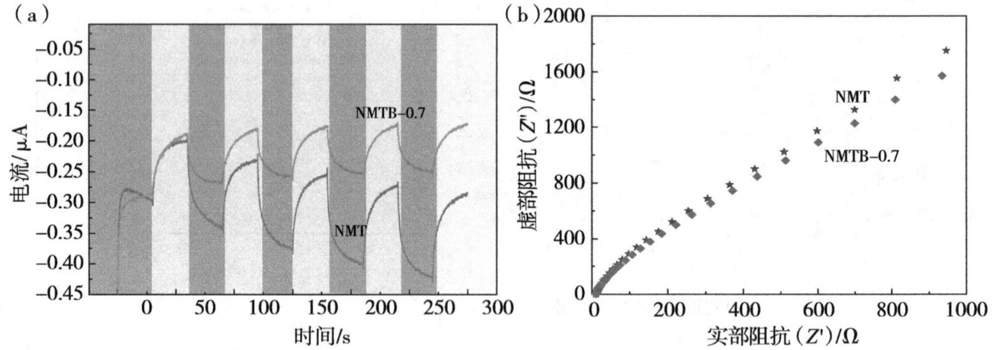


**图 6.16 (a) NMT 和 NMTB-0.7 的瞬态光电流响应图，(b) NMT 和 NMTB-0.7 的 EIS 图[15]**

通过自由基捕获实验，深入研究了 NMTB-0.7 复合材料中对 RhB 光降解机制起主要作用的活性物质。如图 6.17 a 所示，在光降解体系中，加入 BQ 去除超氧自由基（$\cdot O^{2-}$），加入乙二胺四乙酸二钠（EDTA-2Na）去除空穴（$h^+$），加入 IPA 去除羟基自由基（$\cdot OH$）。在不添加捕获剂作为对照的情况下，进行了 RhB 的光催化实验。如图 6.17b 所示，活性物质对光催化性能的影响顺序为

“$\cdot O^{2-} > \cdot OH > h^+$”，说明光生成的电子和空穴能够与吸附的超氧自由基和 $H_2O$ 有效反应。

为了进一步阐明 NMTB-0.7 复合材料光催化性能增强的机理，在活性物质捕获实验的基础上，进一步对光催化产生的活性物质进行了 ESR 测试分析。从超氧自由基（图 6.17c）的测试结果可以看出，NMTB-0.7 的 DMPO $\cdot O_2^-$ 特征峰的信号明显高于 NMT，表明 NMTB-0.7 可以产生更多的活性物质，这与活性物质捕获的实验结果一致。

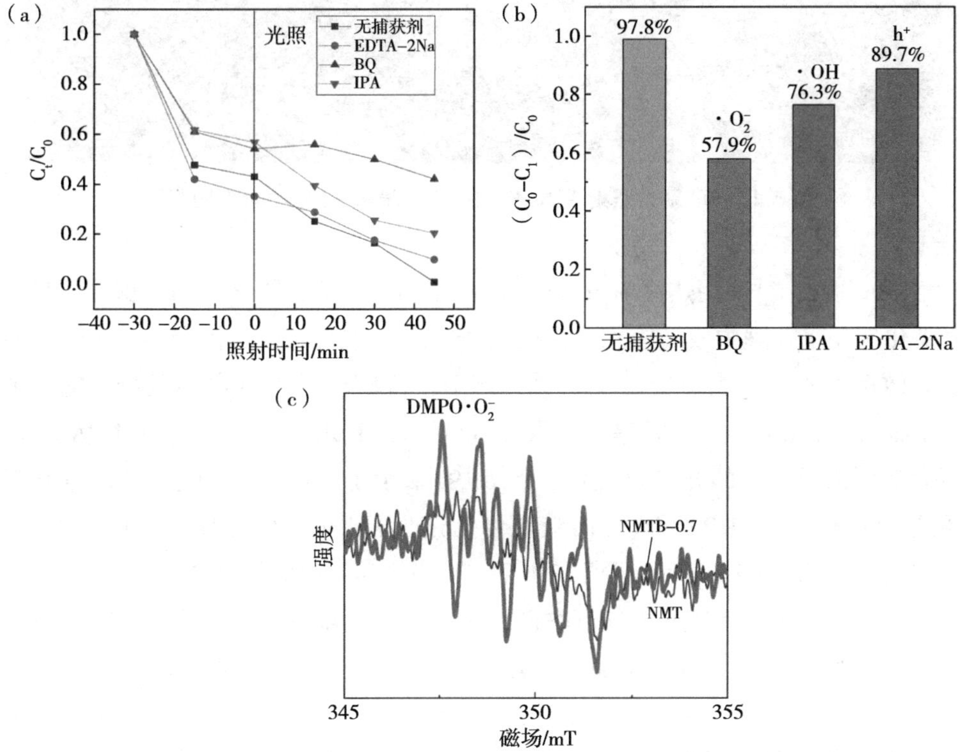


**图 6.17　不同捕获剂对 NMTB-0.7 光催化降解 RhB（a）和 RhB 降解效率（b）的影响；（c）在可见光照射下合成的 NMT 和 NMTB-0.7 的 DMPO $\cdot O_2^-$ ESR 图**[15]

图 6.18 给出了 NMTB-0.7 的光催化机理。在可见光下，BN QDs 和 NMT 都可以被激发，在导带中产生电子，在价带中留下空穴。光生电子从 BN QDs 的导带转移到 NMT 的导带，然后转移到复合材料的表面，在那里它与 $O_2$ 反应生成超氧自由基。空穴从 NMT 的价带转移到 BN QDs 的价带，然后直接氧化为 RhB。

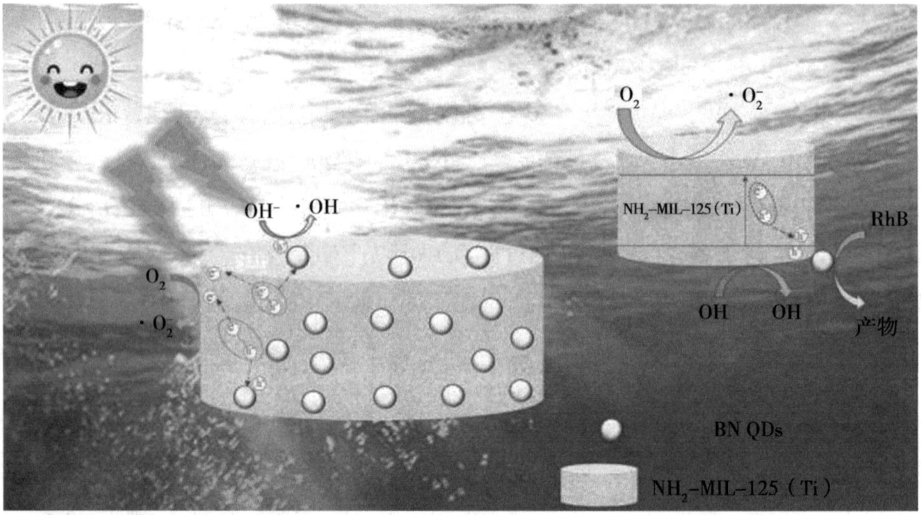


**图 6.18　可见光照射下 NMTB-0.7 光降解 RhB 的机理图** [15]

Tran 等人[42]使用热注射方法合成 InP QDs，并首次将之作为环保型可见光光催化剂在水处理中成功应用。用硫离子（$S^{2-}$）进行表面配体交换，使其具有水分散性。通过检查量子点在可见光照射下降解两种常见水污染物［咖啡酸（caffeic acid，CA）和 4-羟基苯乙酸（4-hydroxyphenylacetic acid，4-HPA）］的能力来评估量子点的光催化活性。图 6.19a 显示了在不存在和存在 InP QDs 悬浮液的情况下，4-HPA 和 CA 溶液在可见光照射下的降解程度。4-HPA 和 CA 的初始浓度为 60 mg · $L^{-1}$。照射 2 h 后，11% 的 4-HPA 和 38% 的 CA 被吸收。在没有 InP QDs 的情况下，分解率低于 10%。在太阳灯下 4 h 后，4-HPA 的分解程度增加至 13%，CA 的分解程度增加至 49%。这一初步发现说明了使用 InP QDs 降解 4-HPA 和 CA 等酚类水污染物的可行性。为了进一步确定量子点的光催化性质，在黑暗中用 53 mg · $L^{-1}$ 的 InP QDs 悬浮液测试了 CA 和 4-HPA 的降解。同时，还比较了相同浓度 53 mg · $L^{-1}$ 下 InP QDs 与 $TiO_2$ 的性能（图 6.19b）。在黑暗中 4 h 后，两种污染物的降解率均低于 10%，排除了表面催化活性的显著贡献。另外，在可见光照射下，大约 50% 的 CA 被去除，这表明这是一个光催化过程。此外，InP QDs 的性能远远超过了 $TiO_2$。$TiO_2$ 没有明显去除这两种污染物是因为 $TiO_2$ 在可见光范围内的光吸收有限。这些结果再次凸显了 InP QDs 在可见光或太阳光下处理水污染物的潜力。为了验证反应的浓度依赖性，InP QDs 的浓度加倍至 106 mg · $L^{-1}$（图 6.19c）。在可见光下 2 h 后，23% 的 4-HPA 和 43% 的 CA 被分解。4 h 后，二者的分解程度分别上升至 31% 和 68%。这首先表明 InP QDs 对两种污染物的降解具有真正的光催化活性，其次表明降解效率取决于催化剂的浓度，这证实了降解过程的非均相性质。然而，需要额外的实验来更好地了解潜在的吸附和反应机制。为了检查反应动力学，使用较高浓度的 InP QDs（106 mg · $L^{-1}$）监测了较长时间照射下 CA 的降解。如图 6.19d 所示，CA 的降解遵循明显的一级动力学模型。照射 8 h 后，90% 以上的 CA 被降解。通过追踪 ln（$C/C_0$）的演变发现，分解 CA 初始浓度一半所需的时间为 2.2 h。一级动力学结果表明催化剂的吸附能力较弱，表面容易被污染物吸附饱和。因此，控制污染物浓度，避免表面过饱和，有利于该反应的进行。

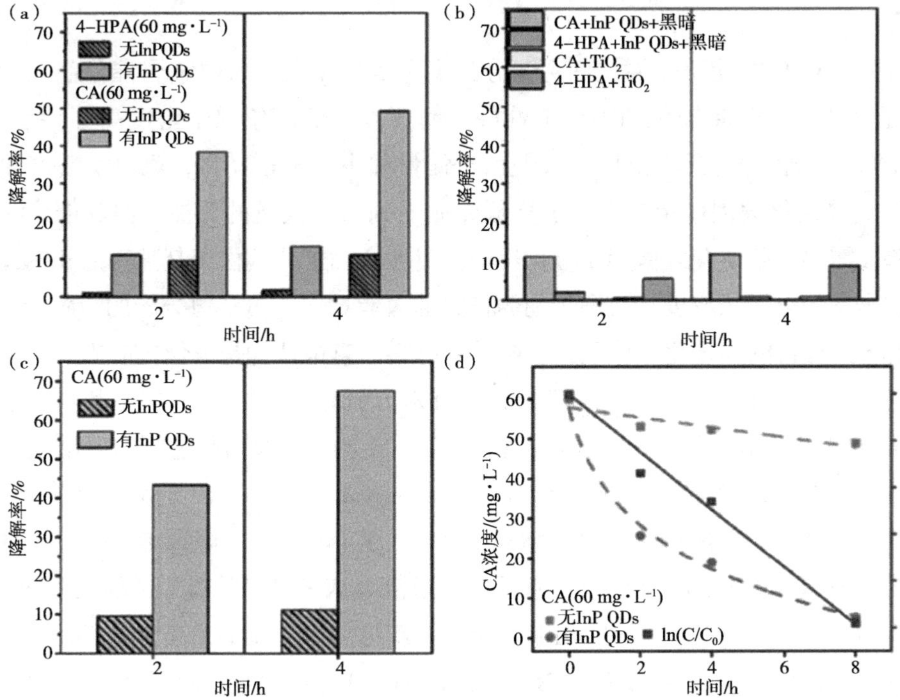


图 6.19 （a）有无 InP QDs（53mg · $mL^{-1}$）的情况下，4-HPA 和 CA 的降解率；（b）黑暗且有 InP QDs（53mg · $mL^{-1}$）的情况下，以及光照且有 $TiO_2$（53mg · $mL^{-1}$）的情况下，4-HPA 和 CA 的降解率；（c）有无 InP QDs（106mg · $mL^{-1}$）的情况下，CA 的降解率；（d）有无 InP QDs（106mg · $mL^{-1}$）的情况下，CA 的浓度变化及反应动力学[42]

## 二、其他类量子点材料在能源转换方面的应用

### （一）其他类量子点在合成氨方面的应用

氨被广泛用于化肥、硝酸、合成纤维、医药等工业生产。氨具有较高能量密度，也被用作清洁能源的载体。可以毫不夸张地说，氨在人类社会中扮演着不可或缺的角色，但到目前为止，传统的氨生产主要采用哈伯－博施法，必须在高温高压条件下进行。这将消耗地球上巨大的资源，造成严重的环境污染。电催化氮还原反应（NRR）是一种低能耗、环保的合成氨方法，引起了研究者的兴趣，并得到了广泛的研究。然而，由于氮的高键能，NRR 非常依赖催化剂的效率，这就要求催化剂在一定环境条件下具有高活性和高稳定性，才能有效合成氨。析氢反应是 NRR 的竞争反应，会导致较低的法拉第效率（faraday efficiency，FE）。因此，有必要探索和选择有效的催化剂来提高氨收率和 NRR 选择性。

目前，NRR 中使用的催化剂主要分为贵金属催化剂、过渡金属催化剂和无金属催化剂。贵金属催化剂因导电性好、耐腐蚀、低配位原子密度高等特点，被广泛应用于各种电化学反应中；但由于储量稀少、价格昂贵，难以实现产业化。无金属催化剂因储量丰富、价格低廉而受到研究人员的关注，但其催化活性较差，需要进行优化才能用于催化反应。过渡金属催化剂由于其独特的 d 轨道结构和丰富的电子云密度，有利于削弱稳定的 N ≡ N 键，激活氮分子的吸附。

由于其独特的物理化学性质，二维纳米材料一直被认为是电催化应用的杰出候选者。与石墨中的六边形碳网类似，二维六方氮化硼（h–BN）中氮和硼形成六边形网格层，相互重叠形成晶体。由于其可调节的带隙和通过侧向电场或边缘结构的导电性，脱落的 h–BN 纳米片有望成为电化学催化 NRR 的潜在催化剂。

Chu 等人[43]首先在 $Nb_2CT_x$–MXene 和 $Ti_3C_2T_x$–MXene 上修饰 BN DQs 并将之作为 NRR 催化剂，发现 B 原子通过模拟过渡金属的“π 反馈”过程激活 $N_2$，并阻碍 H 的结合，抑制竞争性 HER。为了了解 BN QDs 和 $Ti_3C_2T_x$ 的协同贡献，在 –0.4 V 下对 BN QDs/$Ti_3C_2T_x$ 与 BN QDs 和 $Ti_3C_2T_x$ 的性能进行了比较。如图 6.20a 所示，与 BN QDs 和 $Ti_3C_2T_x$ 相比，BN QDs/$Ti_3C_2T_x$ 显著提高了 NRR 活性。接下来，检查产生的 $NH_3$ 是否来自 BN QDs/$Ti_3C_2T_x$ 上的 NRR。在 –0.4V 下对 BN QDs/$Ti_3C_2T_x$ 进行 NRR 测试 2 h 后，加入 $^{14}N_2$、$^{15}N_2$ 和 Ar 的电解液的 $^1H$ NMR 谱图，在 $^1H$ 核磁共振测量中（图 6.20b），当分别使用 $^{14}N_2$ 和 $^{15}N_2$ 作为进

料气体时，可以观察到 NRR 电解的典型双峰和三重峰，而使用 Ar 作为进料气体时获得无特征曲线。最后，检查 BN QDs/$Ti_3C_2T_x$ 的 NRR 耐久性。在 −0.4 V 下（图 6.20c），在连续 7 个 NRR 循环后，可以看到 $NH_3$ 产率和 FE 略有变化，表明其良好的循环稳定性。同时，超过 24 h 的连续计时电位测试（图 6.20d）显示出非常稳定的电流密度，证实了其良好的长期稳定性。

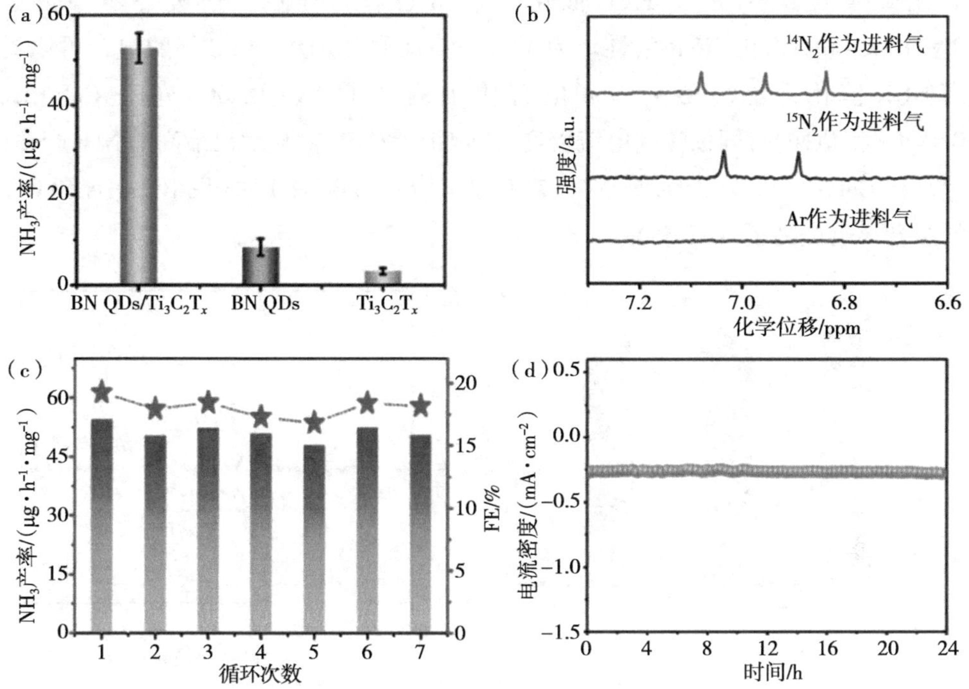


**图 6.20 （a）BN QDs、$Ti_3C_2T_x$ 和 BN QDs/$Ti_3C_2T_x$ 作为催化剂时 $NH_3$ 产率的比较；（b）BN QDs/$Ti_3C_2T_x$ 的 $^1H$ NMR 谱图（−0.4 V）；（c）BN QDs/$Ti_3C_2T_x$ 的循环 NRR 测试；（d）BN QDs/$Ti_3C_2T_x$ 的计时电流分析曲线[43]**

Teng 等人[44]通过将 BN QDs 组装在碳布上的 CoP 阵列（CoP /CC）表面，实现了 BN QDs 与 CoP 的结合，从而提高了电催化 NRR 性能。结合实验和 DFT 计算发现，引入 BN QDs 后，BN QDs 的 b 边原子可以取代 CoP/CC 原有的 Co 活性位点。BN QDs 的 b 边原子表现出较强的给电子能力，促进 $N_2$ 向 NRR 的活化。得益于 BN QDs 与 CoP 纳米片之间的协同作用，BN QDs@CoP/CC 具有较高的电催化 NRR 性能。

为了揭示反应过程中引入 $N_2$ 的重要性，Teng 等人[44]在 $N_2$ 饱和与 Ar 饱和电解质下进行了电化学 NRR 测试。如图 6.21a 所示，$NH_3$ 仅在 $N_2$ 饱和电解液中产生，而在相同条件下，Ar 饱和电解液中几乎不产生 $NH_3$。为了进一步确认 N 的来源，在 0.1 mol/L $Na_2SO_4$ 电解液中进行了 $^{15}N_2$ 同位素标记实验。如图 6.21b 所示，$^{15}N_2$ 氮还原反应后作为进料气的产物特征峰位置与 $^{15}NH^{4+}$ 标准峰完全对应；当使用 Ar 作为进料气时，检测过程中没有明显的 $NH_3$ 峰。因此，$NH_3$ 的演化确实是 BN QDs@CoP/CC 催化的 NRR 过程产生的，这进一步验证了 BN QDs@CoP/CC 的 NRR 活性。为了进一步证明 BN QDs 和 CoP 的组合可以提高 NRR 催化性能，在 $N_2$ 饱和电解质中测试了 BN QDs@CoP/CC、CoP/CC、BN QDs 和 CC 的时间依赖性电流密度。BN QDs@CoP/CC 显示出最高的 $NH_3$ 产率，分别比 CoP/CC 和 BN QDs 高近 3.17 和 13.1 倍（图 6.21c），表明 BN QDs 和 CoP 的组合显著提高了 NRR 性能。

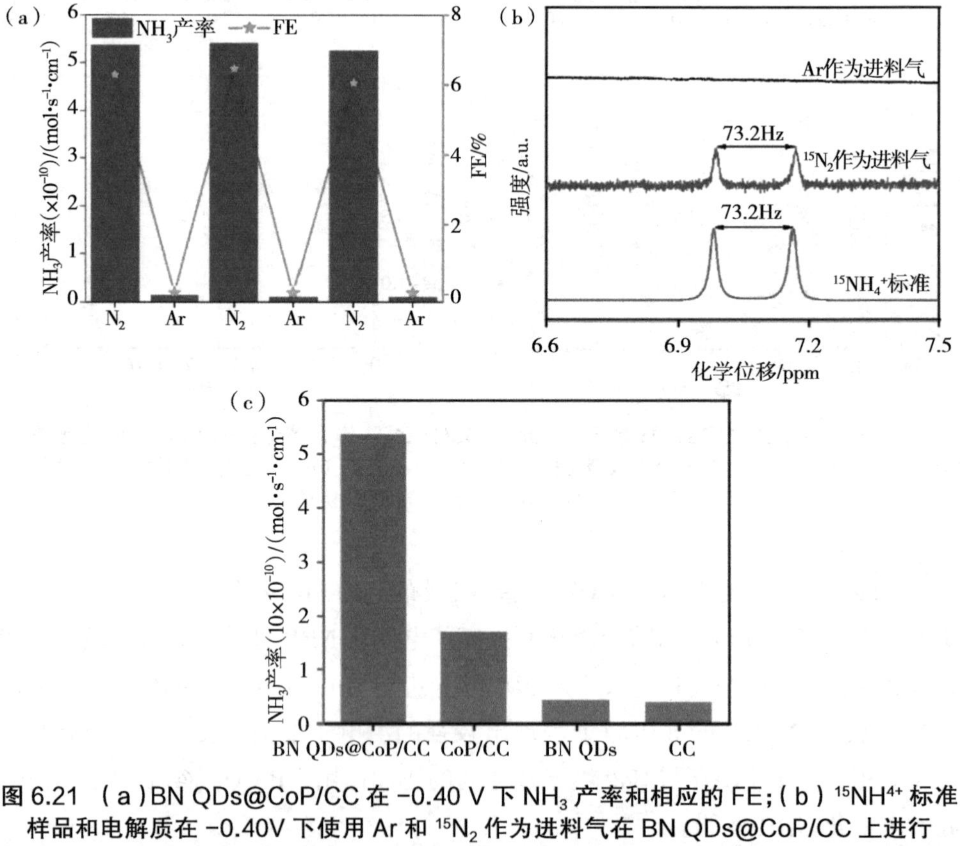


图 6.21 （a）BN QDs@CoP/CC 在 −0.40 V 下 $NH_3$ 产率和相应的 FE；（b）$^{15}NH^{4+}$ 标准样品和电解质在 −0.40V 下使用 Ar 和 $^{15}N_2$ 作为进料气在 BN QDs@CoP/CC 上进行 8 h NRR 电解后的 $^1H$ NMR 谱；（c）BN QDs@CoP/CC、CoP/CC、BN QDs 和 CC 在 −0.40V 下电解 1 h 后的 $NH_3$ 产率[44]

### （二）其他类量子点在析氢方面的应用

利用光催化分解水，将太阳能转化为可储存的氢燃料是满足全球不断增长的能源需求的最可持续的解决方案之一[45]。光催化是一种应用广泛的分解水析氢的处理工艺。在量子点光催化析氢的过程中，量子点吸收太阳光后，电子从价带跃迁到导带，形成光生电子和空穴。这些光生电子和空穴被用来将水分子分解成氢气和氧气。具体而言，光生电子具有还原性，可以将水分子还原成氢气，而光生空穴具有氧化性，可以将水分子氧化成氧气。

在光催化领域，各种类型的半导体已被用于析氢。在过去几年出现的各种光敏剂类型中[46-47]，胶体量子点因将分子的多功能性与半导体的高效光捕获特性，以及轻松的光生载流子传输特性相结合而脱颖而出[48]。使用半导体纳米材料和量子点（例如 CdS）的光催化过程不仅提供了最直接的、低技术含量的清洁氢气获取途径，而且还为制氢光物理学提供了全新的见解。$CdS/CdO_x$ 量子点还为木质纤维素类生物质通过太阳能重整制氢开辟了新途径[49]。迄今为止，Ⅱ–Ⅳ族量子点仍然是光催化系统中最有效的量子点类型[50-51]。然而，镉的毒性严重限制了它们的大规模应用选择。有研究者针对当前对高效无毒量子点的需求，提出了针对多元纳米级半导体的复杂工程方法[52]。其中Ⅲ–Ⅴ族量子点中，InP、BN、InAs、GaP 等是太阳能直接转化为燃料的有吸引力的替代目标。然而，Ⅲ–Ⅴ族量子点在光催化方面也存在一些挑战和限制，例如量子点易团聚、稳定性差、成本高等。因此，需要进一步研究和改进量子点的制备方法和性能优化。

Yu 等人[53]引入了全无机硫化物封端的 InP QDs 和 InP/ZnS QDs 在水溶液中进行光催化析氢。他们以经济且安全的（二烷基氨基）膦作为磷源，获得了一系列 InP QDs 和 InP/ZnS QDs。当确定胶体溶液的浓度后，在抗坏血酸（$H_2A$）作为电子供体和 $Ni^{2+}$ 作为质子还原催化剂存在下测试 InP–S QDs 和 InP/ZnS–S QDs 的析氢情况，对照实验表明，光、量子点、电子供体 $H_2A$ 和 $Ni^{2+}$ 催化剂对于高效析氢都是不可或缺的（图 6.22a），此外，在类似条件下将原始 InP–S QDs（525 nm）的光催化性能与来自不同方案（具有相似的吸收峰、尺寸和配体交换程序）的两个传统 CdSe–S QDs 进行了比较。结果表明，InP QDs 的析氢效率高于 CdSe QDs（图 6.22b）。这表明 InP QDs 在光催化析氢方面具有很高的潜力。此外，在 AM 1.5 太阳模拟光的照射下，对具有不同激子吸收峰的 InP QDs 和 InP/ZnS QDs 的析氢进行了评估（图 6.22c），它们都表现出了良好的性能。

这是由于它们的最佳带隙确保了太阳模拟入射光的有效吸收以及光生电荷转移和后续反应的足够驱动力。在相同条件下，InP/ZnS QDs、InP-S QDs 和 CdSe-S QDs 在 525 nm 处具有相同吸光度。光催化析氢测试表明，InP/ZnS-S QDs 系统表现出超过 100 h 的长期活性（图 6.22d）。这些都表明 InP QDs 具有较高的析氢效率和良好的稳定性能。

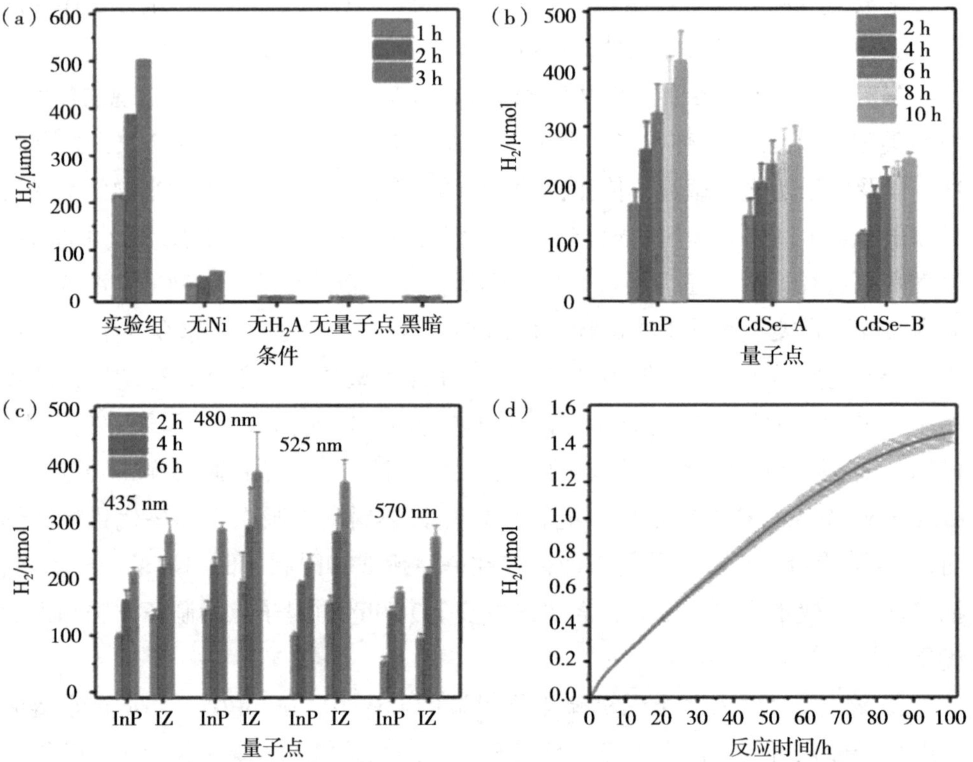


**图 6.22 （a）不同条件反应的析氢量；（b）InP-S QDs 和两种类型的 CdSe-S QDs 的析氢结果比较；（c）具有不同激子吸收峰的 InP-S QDs 和 InP/ZnS-S QDs（记为 IZ）的析氢量；（d）InP/ZnS-S QDs 的析氢量随时间的变化（阴影区域表示误差范围）[53]**

Balta 等人[54]将氮化硼量子点（BN QDs）组装在球形 $LaMnO_3$（记为 LMO）钙钛矿催化剂上，探索了 LMO@BN QDs 在可见光照射下表现出的光催化氢性能。在光催化反应过程中，电荷转移能力增强。此外，与 BN QDs 结合后，光生载流子的复合速率受到阻碍，迁移速度更快。析氢试验在封闭的气体循环系统中进行，冷却水使反应液保持在室温。甲醇作为牺牲剂。从图 6.23 a 中可以清楚地观察到，在钙钛矿结构上组装 BN QDs 后，氢气的产率大大提高。原始 LMO 催化剂的 $H_2$ 放出量为 89 mmol·$g^{-1}$，这是一个相对较低的速率。LMO 尽管在可见光区域表现出很强的光吸收，但由于其快速的复合速率，无法确保高的产氢活性。LMO@BN QDs（10 wt %）催化剂表现出最佳的产氢性能，在 30 min 内 $H_2$ 放出量为 151 mmol·$g^{-1}$，比原始 LMO 钙钛矿高 1.7 倍。光催化制氢测试重复 4 次循环以测试其稳定性。每个循环持续 30 min 后，将废催化剂离心，用蒸馏水洗涤，并干燥，以进行进一步的循环。经过 4 次回收测试后，LMO@BNQDs 的光催化产氢性能从 151 mmol·$g^{-1}$ 下降到 122 mmol·$g^{-1}$（图 6.23b），表明杂化结构具有良好的可回收性。生产效率的下降可能是由于每次运行后催化剂不可避免的损失。

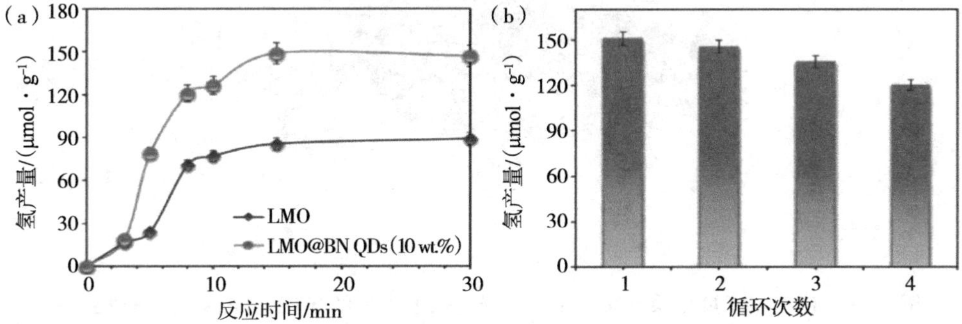


**图 6.23 （a）催化剂光催化产氢活性比较；（b）LMO@BN QDs 循环稳定性测试**[54]

析氢性能的提高主要归因于 LMO@BN QDs 催化剂的层内电荷转移效率。基于 PL 光谱、EIS 分析的结果，光催化制氢机理如图 6.24 所示。光照后，光生电子从 $LaMnO_3$ 的价带转移到导带，导带上积累的电子与 $H^+$ 反应生成 $H_2$。同时，剩余的空穴被 BN QDs 捕获以抑制后向过程。因此，这种催化剂结构建立了高效的电荷转移，提高了光催化抗生素降解和析氢活性。

（三）其他类量子点在二氧化碳还原方面的应用

自工业革命以来，人类活动增加了大气中二氧化碳（$CO_2$）的浓度，引发了全球变暖等环境问题[55]。人们已开发出各种 $CO_2$ 捕集和分离技术；然而，几乎所有技术都存在如何管理分离后收集的 $CO_2$ 的难题。因此，将 $CO_2$ 转化为其他化学品或燃料非常重要。转化 $CO_2$ 的方法有多种，如氢化、化学固定、光催化和电催化。其中，光催化方法由于利用了无限且可持续的能源——太阳能，在室温环境条件下更适合[38]。光催化剂作为 $CO_2$ 还原过程的关键部分已

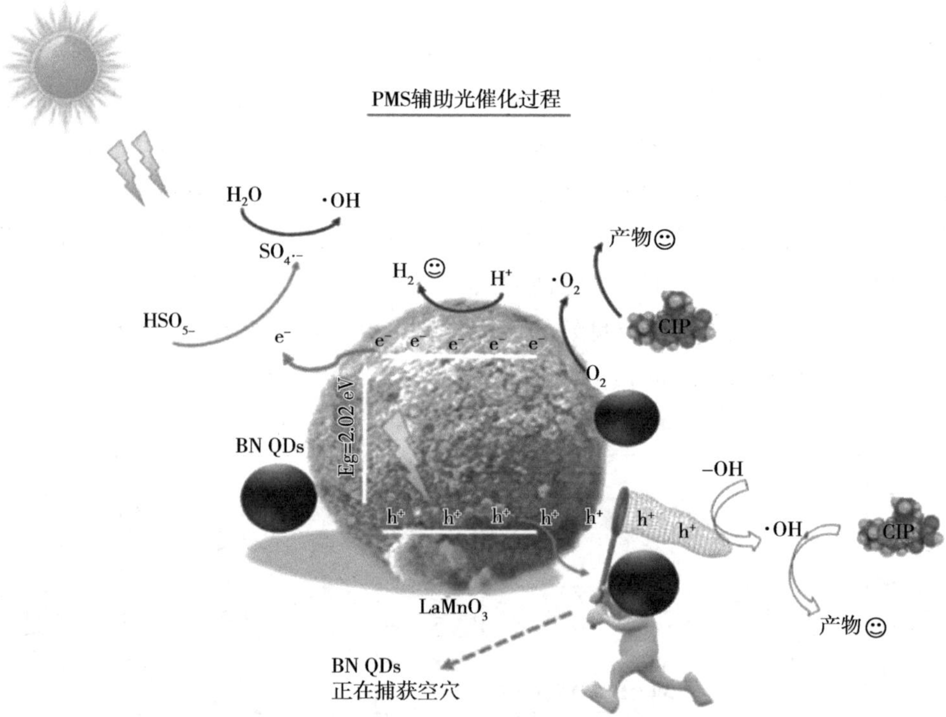


**图 6.24　LMO@BN QDs（10 wt %）催化剂上可能的光催化降解和产氢机制**[54]

得到深入研究。然而，传统的含金属 $CO_2$ 光催化剂，如 $TiO_2$、CuO、$WO_3$、ZnO 和 CdS 遇到了一些问题，如可见光吸收差、光生载流子复合高和比表面积低等[56]。这表明需要开发新型光催化剂，例如二维（2D）纳米材料。由于较大的比表面积和较短的光生载流子迁移距离，它们具有更多的光催化活性位点，还有较高的弹性应变，有利于 $CO_2$ 转化为其他有价值的化学品。近年来Ⅲ-Ⅴ族量子点由于其独特的结构、电子和热性能以及巨大的 $CO_2$ 还原潜力而备受关注。

Chon 等人[57]设计了一种 InP QDs 与（4,4-$Y_2$bpy）$Re^I$（CO）$_3$Cl［记为 ReP；Y=$CH_2PO(OH)_2$］物理吸附于 $TiO_2$ 表面的催化剂，形成一种新型的 InP QDs 光敏化混合光催化剂（InP-QDs/$TiO_2$/ReP）。InP-QDs/$TiO_2$/ReP 三元杂化物实现了高效且持久的光化学 $CO_2$ 到 CO 的转化。通过长期光反应前后光物理和化学结构的比较分析，证实了其稳定性。通过三元杂化物各组分的定义能量学以及 InP-QDs 在 $TiO_2$ 界面上的高效光敏化过程，测试了其光催化 $CO_2$ 转化为

CO 的活性。根据不同量子点负载量［InP-QDs（0.5、1.0 和 1.6 mg）/$TiO_2$/ReP（0.1 μmol）］的光解实验，确定三元杂化物中的 InP QDs 最佳量为 1.6 mg。图 6.25a 显示了不同添加剂［无添加剂、3 vol % $H_2O$、3 vol% TFE（tetrafluoroethylene，四氟乙烯）或 16.7 vol% TEOA］的三元杂化物的活性比较。在布朗斯台德酸添加剂存在的情况下观察到，与自由质子添加情况（TONCO 为 985）相比，$CO_2$ 到 CO 的转化水平更高（TONCO 为 2361~2710，持续 26 h）。这表明质子耦合电子转移过程促进了 $CO_2$ 到 CO 的化学转化过程，降低了所需的过电势[58-59]。在 3 vol% 水和 3 vol% TFE 存在下，三元杂化物在 500 nm 处产生 CO 的表观量子效率经测定分别为 3.75% 和 3.43%（图 6.25b）。

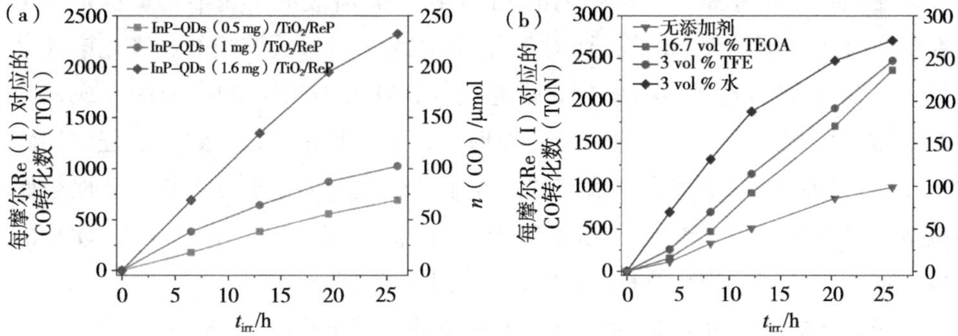


**图 6.25　（a）在含有 0.1M 硼氢化铟（BIH）的 $CO_2$ 饱和 DMF/TEOA（体积比 5∶1）溶液中，将不同量（0.5 ~ 1.6 mg）的 InP-QDs 光敏剂添加到 InP-QDs/$TiO_2$/ReP（10mg $TiO_2$ 颗粒负载 0.1 μmol ReP）三元体系中，$CO_2$ 还原为 CO 的活性与 InP-QDs 光敏剂浓度的依赖关系；(b) 在不含添加剂与含有添加剂（16.7 vol% TEOA、3 vol% TFE 或 3 vol% 水）的情况下，10 mg InP-QDs(1.6 mg)/$TiO_2$/ReP (0.1 μmol) 光催化剂的 CO 形成与辐照时间关系图[57]**

## 第四节　本章小结

本章主要介绍了其他量子点中Ⅲ–Ⅴ族的氮化硼量子点（BN QDs）和磷化铟量子点（InP QDs）的制备方法、表征以及应用领域。虽然其在应用方面有些许进步，但是仍存在许多困境。自 1994 年研究者第一次用溶液法制备出Ⅲ–Ⅴ族量子点至今已有 20 余年。但是，其合成化学的发展远远落后于Ⅱ–Ⅵ族量子点。并且，人们发现以Ⅱ–Ⅵ量子点为基础发展的理论与模型大都不适用于以 InP QDs 为代表的Ⅲ–V族量子点。例如，合成尺寸接近但分散的 CdSe QDs 很大程度上依赖自聚集（Self–Focusing）理论，该模型依赖成核与生长的完全分开，即快速成核过程结束后，以后的反应进程只是这些晶核相对缓慢的生长。尽管在 CdSe QDs 上成核与生长过程可以很好地分开，但对于Ⅲ–V族量子点，特别是 InP QDs，这仍是一项长期而又艰巨的挑战。这一困境折射出来的现象就是 InP QDs 的生长存在“尺寸瓶颈”，即其吸收光谱的峰位难以超过 600 nm。由于在 InP QDs 合成过程中，成核与生长难以分开，这意味着在已有 InP QDs 生长的同时，会伴随新的晶核的生成。从而随着量子点尺寸的增加，其尺寸分布会逐渐加宽，反映在吸收光谱上就是激子吸收峰变得逐渐不明显。

即便是在“尺寸瓶颈”范围内的 InP QDs，其溶液的荧光半峰宽也是其单颗粒的荧光半峰宽的 2 ~ 3 倍，而对于 CdSe QDs 来说，其溶液的荧光光谱几乎可以与单颗粒的荧光光谱相重合。除此之外，在 InAs QDs 的合成中，成核与生长过程同样难以分开，但通过自聚集理论，这一问题可以得到一定程度的解决，小尺寸颗粒可以快速完全溶解并作为单体供大尺寸量子点生长，从而很好地提高了体系的尺寸分散性。自聚集理论虽然可以很好地适用于 InAs QDs 的合成，但实验证明很难在 InP QDs 的合成上得以实现。

除了上述提到的Ⅲ–V族量子点发展困境外，基于Ⅲ–V族核–壳结构量子点的制备也同样存在诸多挑战。对于 CdSe/CdS 核壳量子点来说，随着壳层厚度的增加，荧光半峰宽会有非常明显的收窄过程，同时还伴有荧光量子效率的急剧增加，从包壳前 CdSe 核量子点不到 30% 的效率迅速增加至超过 90%，在某些层数下，荧光量子产率甚至达到 100%。此外，随着壳层厚度的增加，量子点的稳定性也会大大提高。而对于以 InP QDs 为代表的Ⅲ–V族量子点来说，长久以来存在的问题便是壳层厚度很难超过 2 nm，即不超过 3 ~ 4 层。这就使激子在复合过程中仍然会受到环境的很大影响。由于合成方法的欠缺，所得到的基于 InP 的核–壳量子点形貌极不规则、尺寸极不均一，这就在很大程度上造成了非常宽的荧光半峰宽。即便在包壳过程中对量子点表面的修饰使其荧光量子产率大大提高，但荧光半峰宽并未有所改善，仍然维持在 50 ~ 70 nm 的水平，甚至更糟。此外，较薄的壳层厚度使量子点的稳定性大打折扣，从而在很大程度上限制了Ⅲ–V族量子点的进一步应用。

# 参考文献

[1] NYANKSON E, AMEDALOR R, Chandrabose G, et al. Microwave-and formaldehyde-assisted synthesis of Ag-$Ag_3PO_4$ with enhanced photocatalytic activity for the degradation of rhodamine B dye and crude oil fractions [J]. ACS omega, 2020, 5 (23): 13641-13655.

[2] WANG J, JIANG J, LI F, et al. Emerging carbon-based quantum dots for sustainable photocatalysis [J]. Green Chemistry, 2023, 25 (1): 32-58.

[3] CHEN Y, BAI X. A Review on quantum dots modified g-$C_3N_4$-based photocatalysts with improved photocatalytic activity [J]. Catalysts, 2020, 10 (1) :142.

[4] ZHANG Q, YANG F, ZHOU S, et al. Broadband photocatalysts enabled by 0D/2D heterojunctions of near-infrared quantum dots/graphitic carbon nitride nanosheets [J]. Applied Catalysis B:Environmental, 2020, 270: 118879

[5] POORNAPRAKASH B, CHALAPATHI U, VTTIKUTI S V P, et al. Co-doped ZnS quantum dots: structural, optical, photoluminescence, magnetic, and photocatalytic properties [J]. Chalcogenide Letters, 2020, 33: 539-544.

[6] SHU M, LI R, ZHANG Z. $CsPbI_3$ quantum dots/polypyrrole microrod 0D/1D heterostructure: Synthesis, formation mechanism and enhanced charge transport property [J]. Materials Chemistry and Physics, 2021, 274: 125193.

[7] SUN P, XING Z, LI Z, et al. Recent advances in quantum dots photocatalysts [J]. Chemical Engineering Journal, 2023, 458: 141399.

[8] HUMAYUN M, WANG C, LUO W. Recent progress in the synthesis and applications of composite photocatalysts: a critical review [J]. Small Methods, 2022, 6 (2): 2101395.

[9] IDREES S A, JAMIL L A, OMER K M. Silver-loaded carbon and phosphorous Co-doped boron nitride quantum dots (Ag@CP-BNQDs) for efficient organic waste removal: theoretical and experimental investigations [J]. Acs Omega, 2022, 7 (42): 37620-37628.

[10] GUO W, YANG Y, JIN Q, et al. Boron nitride quantum dots loading red phosphorus for efficient visible-light-driven photocatalytic degradation of organic pollutants [J]. Journal of Materials Science: Materials in Electronics, 2021, 32 (8): 9946-9955.

[11] LI Q, SHEN P, TIAN Y, et al. Metal-free BN quantum dots/graphitic $C_3N_4$ heterostructure for nitrogen reduction reaction [J]. Journal of Colloid and Interface Science, 2022, 606: 204-212.

[12] YU S, XIE Z, RAN M, et al. Zinc ions modified InP quantum dots for enhanced photocatalytic hydrogen evolution from hydrogen sulfide [J]. Journal of Colloid and Interface Science, 2020, 573: 71-77.

[13] CHEN Y, YU S, ZHONG Y, et al. Study of indium phosphide quantum dots/carbon quantum dots system for enhanced photocatalytic hydrogen production from hydrogen sulfide [J]. Processes, 2023, 11 (11): 3160.

[14] WU X, GUO S, ZHANG J. Au/graphene quantum dots/ferroferric oxide composites as catalysts for the solvent-free oxidation of alcohols [J]. Materials Letters, 2016, 183: 227-231.

[15] ZHANG P, WANG Z, ZHAO L, et al. Construction of a novel 0D-3D boron nitride quantum dots/$NH_2$-

MIL–125（Ti）composite for photodegradation of Rhodamine B［J］. Materials Science in Semiconductor Processing, 2023, 167: 107793.

［16］HU S, LIU M, LI K, et al. Solvothermal synthesis of $NH_2$–MIL–125（Ti）from circular plate to octahedron［J］. Crystengcomm, 2014, 16（41）: 9645–9650.

［17］HU S, LIU M, GUO X, et al. Effect of titanium ester on synthesizing $NH_2$–MIL–125（Ti）: Morphology changes from circular plate to octahedron and rhombic dodecahedron［J］. Journal of Solid State Chemistry, 2018, 262: 237–243.

［18］LIU D, SONG J, CHUNG J S, et al. ZnO/boron nitride quantum dots nanocomposites for the enhanced photocatalytic degradation of methylene blue and methyl orange［J］. Molecules, 2022, 27（20）: 6833.

［19］WANG J, CHEN C, ZHAO Z, et al. Construction of N–doped g–$C_3N_4$/$NH_2$–MIL–125（Ti）S–scheme heterojunction for enhanced photocatalytic degradation of organic pollutants: DFT calculation and mechanism study［J］. Journal of Alloys and Compounds, 2022, 922: 166288.

［20］HE X, ZHU D, et al. In situ solvothermal method of $C_3N_5$@$NH_2$–MIL–125 composites with enhanced visible–light photocatalytic performance［J］. Journal of Materials Science: Materials in Electronics, 2022, 33（1）: 388–398.

［21］WU Y–T, YU Y–H, VAN–HUY N, et al. In–situ FTIR spectroscopic study of the mechanism of photocatalytic reduction of NO with methane over Pt/$TiO_2$ photocatalysts［J］. Research on Chemical Intermediates, 2015, 41（4）: 2153–2164.

［22］WANG H, YUAN X, WU Y, et al. Synthesis and applications of novel graphitic carbon nitride/metal–organic frameworks mesoporous photocatalyst for dyes removal［J］. Applied Catalysis B–Environmental, 2015, 174: 445–454.

［23］YANG Z, XU X, LIANG X, et al. Construction of heterostructured MIL–125/Ag/g–$C_3N_4$ nanocomposite as an efficient bifunctional visible light photocatalyst for the organic oxidation and reduction reactions［J］. Applied Catalysis B–Environmental, 2017, 205: 42–54.

［24］JIAN X, LIU X, YANG H–M, et al. Construction of carbon quantum dots/proton–functionalized graphitic carbon nitride nanocomposite via electrostatic self–assembly strategy and its application［J］. Applied Surface Science, 2016, 370: 514–521.

［25］FU Y, SUN L, YANG H, et al. Visible–light–induced aerobic photocatalytic oxidation of aromatic alcohols to aldehydes over Ni–doped $NH_2$–MIL–125（Ti）［J］. Applied Catalysis B–Environmental, 2016, 187: 212–217.

［26］KAUR M, MEHTA S K, DEVI P, et al. $NH_2$–MIL–125（Ti）nanoparticles decorated over ZnO microrods: An efficient bifunctional material for degradation of levofloxacin and detection of Cu（II）［J］. Journal of Alloys and Compounds, 2022, 928: 166909.

［27］FAN L, ZHOU Y, HE M, et al. Facile microwave approach to controllable boron nitride quantum dots［J］. Journal of Materials Science, 2017, 52（23）: 13522–13532.

［28］THANGASAMY P, SANTHANAM M, SATHISH M. Supercritical fluid facilitated disintegration of hexagonal boron nitride nanosheets to quantum dots and its application in cells imaging［J］. ACS Applied Materials & Interfaces, 2016, 8（29）: 18647–18651.

［29］LEI Z, XU S, WAN J, et al. Facile preparation and multifunctional applications of boron nitride quantum dots［J］. Nanoscale, 2015, 7（45）: 18902–18907.

[ 30 ] DO K H, KUMAR D P, RANGAPPA A P, et al. Indium phosphide quantum dots integrated with cadmium sulfide nanorods for photocatalytic carbon dioxide reduction [ J ]. ChemCatChem, 2020, 12 ( 18 ) : 4550–4557.

[ 31 ] TESSIER M D, DUPONT D, DE NOLF K, et al. Economic and size-tunable synthesis of InP/ZnE ( E=S,Se ) colloidal quantum dots [ J ]. Chemistry of Materials, 2015, 27 ( 13 ) : 4893–4898.

[ 32 ] BUFFARD A, DREYFUSS S, NADAL B, et al. Mechanistic insight and optimization of InP nanocrystals synthesized with aminophosphines [ J ]. Chemistry of Materials, 2016, 28 ( 16 ) : 5925–5934.

[ 33 ] MUNDY M E, UNG D, LAI N L, et al. Aminophosphines as Versatile Precursors for the Synthesis of Metal Phosphide Nanocrystals [ J ]. Chemistry of Materials, 2018, 30 ( 15 ) : 5373–5379.

[ 34 ] BERESTOK T, GUARDIA P, PORTALS J B, et al. Surface chemistry and nano–/microstructure engineering on photocatalytic $In_2S_3$ nanocrystals [ J ]. Langmuir, 2018, 34 ( 22 ) : 6470–6479.

[ 35 ] LI H, YUAN Z, BITTENCOURT C, et al. Anion exchange synthesis of hollow β–$In_2S_3$ nanoparticles: Adsorption and visible light photocatalytic performances [ J ]. Journal of Environmental Chemical Engineering, 2019, 7 ( 1 ) : 102910.

[ 36 ] VIRIEUX H, LE TROEDEC M, CROS–GAGNEUX A, et al. InP/ZnS nanocrystals: coupling NMR and XPS for fine surface and interface description [ J ]. Journal of the American Chemical Society, 2012, 134 ( 48 ) : 19701–19708.

[ 37 ] GRANADA–RAMIREZ D A, ARIAS–CERóN J S, GóMEZ–HERRERA M L, et al. Effect of the indium myristate precursor concentration on the structural, optical, chemical surface, and electronic properties of InP quantum dots passivated with ZnS [ J ]. Journal of Materials Science: Materials in Electronics, 2019, 30 ( 5 ) : 4885–4894.

[ 38 ] YU S, FAN X B, WANG X, et al. Efficient photocatalytic hydrogen evolution with ligand engineered all–inorganic InP and InP/ZnS colloidal quantum dots [ J ]. Nature communications, 2018, 9 ( 1 ) : 4009.

[ 39 ] PIETRA F, DE TRIZIO L, HOEKSTRA A W, et al. Tuning the lattice parameter of $In_xZn_yP$ for highly luminescent lattice–matched core/shell quantum dots [ J ]. ACS Nano, 2016, 10 ( 4 ) : 4754–4762.

[ 40 ] CROS–GAGNEUX A, DELPECH F, NAYRAL C, et al. Surface chemistry of InP quantum dots: a comprehensive study [ J ]. Journal of the American Chemical Society , 2010, 132 ( 51 ) : 18147–18157.

[ 41 ] Fan X B, Yu S, Wang X, et al. Susceptible surface sulfide regulates catalytic activity of CdSe quantum dots for hydrogen photogeneration [ J ]. Advanced Materials, 2019, 31 ( 7 ) : e1804872.

[ 42 ] TRAN A, VALLEIX R, MATIC M, et al. Environmentally friendly InP quantum dots as a visible–light catalyst for water treatment [ J ]. Environmental Science: Nano, 2023, 10 ( 7 ) : 1749–1753.

[ 43 ] CHU K, LI X, TIAN Y, et al. Boron nitride quantum dots/$Ti_3C_2Tx$–MXene heterostructure For efficient electrocatalytic nitrogen fixation [ J ]. Energy & Environmental Materials , 2022, 5 ( 4 ) : 1303–1309.

[ 44 ] TENG J, QIN X, GUO W, et al. Boron nitride quantum dots coupled with CoP nanosheet arrays grown on carbon cloth for efficient nitrogen reduction reaction [ J ]. Chemical Engineering Journal, 2022, 440: 135853.

[ 45 ] MAO S S, SHEN S. Catalysing artificial photosynthesis [ J ]. Nature Photonics, 2013, 7 ( 12 ) : 944–946.

[ 46 ] MONIZ S J A, SHEVLIN S A, MARTIN D J, et al. Visible–light driven heterojunction photocatalysts for water splitting – A critical review [ J ]. Energy & Environmental Science, 2015, 8 ( 3 ) : 731–759.

[ 47 ] KHNAYZER R S, MCCUSKER C E, OLAIYA B S, et al. Robust cuprous phenanthroline sensitizer for solar hydrogen photocatalysis [ J ]. Journal of the American Chemical Society, 2013, 135 ( 38 ) : 14068–14070.

[48] WU K, LIAN T. Quantum confined colloidal nanorod heterostructures for solar-to-fuel conversion [J]. Chemical Society Reviews, 2016, 45 (14): 3781-3810.

[49] WAKERLEY D W, KUEHNEL M F, ORCHARD K L, et al. Solar-driven reforming of lignocellulose to $H_2$ with a $CdS/CdO_x$ photocatalyst [J]. Nature Energy, 2017, 2 (4): 17021.

[50] HOLMES M A, TOWNSEND T K, OSTERLOH F E. Quantum confinement controlled photocatalytic water splitting by suspended CdSe nanocrystals [J]. Chemical Communications, 2012, 48 (3): 371-373.

[51] KALISMAN P, NAKIBLI Y, AMIRAV L. Perfect photon-to-hydrogen conversion efficiency [J]. Nano Letters, 2016, 16 (3): 1776-1781.

[52] REGULACIO M D, HAN M-Y. Multinary I-Ⅲ-$VI_2$ and $I_2$-II-IV-$VI_4$ semiconductor nanostructures for photocatalytic applications [J]. Accounts of Chemical Research, 2016, 49 (3): 511-519.

[53] YU S, FAN X-B, WANG X, et al. Efficient photocatalytic hydrogen evolution with ligand engineered all-inorganic InP and InP/ZnS colloidal quantum dots [J]. Nature Communications, 2018, 9 (1): 4009.

[54] BALTA Z, BILGIN SIMSEK E. Boosted photocatalytic hydrogen production and photo-Fenton degradation of ciprofloxacin antibiotic over spherical $LaMnO_3$ perovskites assembled boron nitride quantum dots [J]. International Journal of Hydrogen Energy, 2023, 48 (69): 26781-26794.

[55] NORDENSTAM L, DJURIC ILIC D, ÖDLUND L. Corporate greenhouse gas inventories, guarantees of origin and combined heat and power production: analysis of impacts on total carbon dioxide emissions [J]. Journal of Cleaner Production, 2018, 186: 203-214.

[56] CAO S-W. Two-dimensional gersiloxenes with tunable band gap as new photocatalysts [J]. Rare Metals, 2020, 39 (6): 610-612.

[57] CHON B, CHOI S, SEO Y, et al. InP-quantum dot surface-modified $TiO_2$ catalysts for sustainable photochemical carbon dioxide reduction [J]. ACS Sustainable Chemistry & Engineering, 2022, 10 (18): 6033-6044.

[58] MORRIS A J, MEYER G J, FUJITA E. Molecular approaches to the photocatalytic reduction of carbon dioxide for solar fuels [J]. Accounts of Chemical Research, 2009, 42 (12): 1983-1994.

[59] BENSON E E, KUBIAK C P, SATHRUM A J, et al. Electrocatalytic and homogeneous approaches to conversion of $CO_2$ to liquid fuels [J]. Chemical Society Reviews, 2009, 38 (1): 89-99.

# 第七章　结论与展望

## 第一节　结论

光催化材料的应用与太阳能转换效率的提升，是当前科学研究领域中至关重要的方向。同时，实现双碳目标已成为全球共同追求的发展理念。在这个背景下，半导体量子点作为新型吸光材料，在人工光系统中展现出巨大的应用前景。其优势在于可调的氧化还原电位、高效的光捕获能力以及高消光系数。目前，应用于光催化材料的量子点大致包括单质类量子点、金属氧化物量子点、金属硫化物量子点、钙钛矿量子点和其他类型量子点。传统半导体材料通常需要在高能紫外光下激发，而量子点由于其内部离散的能级而对不同波长的光源敏感，并且光吸收范围大大增加。量子点的带隙调谐可扩展其对可见光和近红外区太阳光谱中光子的吸收能力。当量子点被大于 $2E_g$ 的能量激发时，它会产生多对激子，这是建立超高效光催化系统的先决条件。量子点的表面含有大部分原子，这导致表面原子的配位不足以及不饱和键和悬挂键的增加。它对量子点的发光特性产生反应并引起非线性光学效应。量子点的配位微环境可以通过有机钝化和无机壳的外延生长来调节，以显著提高反应稳定性或选择性。精确控制量子点的尺寸，减少表面陷阱，有助于增强光响应范围。

量子点作为一种很有前途的光催化剂，也存在固有的缺陷，如高表面活性引起的团聚，这对反应体系的催化性能有很大影响。就太阳照射下的长期稳定性而言，具有高可见光活性的量子点材料的合成过程仍然是一项具有挑战性的任务。未来的研究应该依赖于在广泛的温度 / 压力范围内开发更绿色、环保和低成本的量子点合成，以开发具有窄尺寸分布和高光催化性能的结构。将量子点与各种半导体化学结合以改善界面光生载流子转移也是未来的研究重点。

本书系统介绍了量子点优良的光学特性，综述了常见类型量子点与光催化材料复合的研究内容、特点以及存在的问题，总结了其在环境修复和能源转换方面的应用。太阳能与催化剂协同作用以产生具有强氧化能力的光生空穴、超氧自由基和羟基自由基等活性物质，是一种环境友好型的有机污染物去除技术，该技术被应用于诸多领域，例如污水处理、分解水制氢、$CO_2$还原等方面，具有广阔前景。对光催化剂进行改性等方向的研究具有重要的现实意义。

（1）引入单质类量子点可以作为光生电子的捕获陷阱，一定程度上抑制电子与空穴复合，实现光催化性能的提升。同时，一些贵金属量子点的引入会通过肖特基势垒抑制光生载流子的复合，或通过表面等离子体共振（SPR）效应提高光阱的捕获能力，展现了良好的光催化性能。但贵金属价格昂贵，这在一定程度上限制了该方法的发展。

（2）部分光催化剂带隙宽、光生载流子迁移率低、光吸收性能差，在可见太阳光谱中的光催化活性受到限制，因此，开发能覆盖可见光光谱的窄带隙催化剂至关重要。金属氧化物纳米材料具有优异的机械柔韧性、高比表面积和化学稳定性，被普遍用于光催化。其中，将金属氧化物量子点与基体材料复合能够有效缓解上述问题，促进了光生电子-空穴对的分离，使光生载流子得到更有效的利用，从而提升了光催化性能。金属氧化物量子点掺杂使复合材料在电子转移和转换过程中起着重要作用。

（3）金属硫化物由于其独特的大比表面积、高导电性和丰富的暴露位点，是理想的复合光催化材料。然而其宽禁带及疏水性限制了其在可见光区辐照下的光催化性能。但量子点具有可调谐的带隙特性和高消光系数，且具有较高的比表面积、光敏电子-空穴对的有效分离和较低的电子转移电阻。各类金属硫化物量子点中，大多数硫化物量子点由于其高导电性，是促进光生电子-空穴对分离的理想助催化剂，有望取代铂基光催化剂。

（4）钙钛矿量子点光学性能优异，制备简单，功能多样，具有高吸收系数、适当带位、低激子结合、长载体寿命、高效的电荷转移能力和优异的化学处理能力等优点。然而，一些钙钛矿量子点材料很容易发生降解或氧化，导致其光学性能下降或失效。钙钛矿量子点也面临着稳定性、毒性和规模化生产等方面的挑战，需要进一步的研究和改进。

（5）氮化硼、金属磷化物、金属砷化物及多元化合物等量子点也被用于光催化材料的改性。主要是在降解废水和光催化析氢方面应用较多。在未来可以考虑应用在净化空气、固氮、碳还原等方面。另外，材料的利用率较低，不能重复使用，这是未来研究的重点。

## 第二节 展望

在追求碳达峰和碳中和目标的征程中，明确减碳的实施路径显得尤为关键。光催化技术作为推动实现“双碳”目标的有效手段之一，其重要性不言而喻。本书深入剖析了国内外光催化材料的研究现状，全面介绍了量子点所具备的卓越光学特性，同时，对常见类型的量子点与光催化材料复合的研究内容、特点以及存在的问题进行了系统综述。此外，本书还总结了量子点在环境修复和能源生产领域的应用成果，并展望了其在光催化领域的发展趋势。这些深入的分析与研究，为开发更高效、更稳定、低成本且环保性能卓越的半导体材料提供了一定的参考。在光催化体系中，量子点光催化材料的应用广泛，包括 $CO_2$ 还原、固氮、析氢以及污染物降解等多个方面，展现了其巨大的应用潜力和价值。

（1）使用颗粒光催化剂将太阳能驱动的 $CO_2$ 还原为有价值的太阳能燃料 / 化学品（例如甲烷、乙醇和一氧化碳），被认为是解决能源短缺和全球变暖问题的有前途和有效的方法之一。量子点因具有高表面原子占比、短载流子扩散路径、尺寸可调的能带结构、高效多重激子生成能力以及优异的光学特性（如窄发射光谱和高量子产率）等优势，在光电子领域展现出重要潜力。但量子点的光催化反应机理需要进一步研究，如电荷转移动力学和催化反应动力学。目前，一些研究仅解释了快速电荷转移模式，需要对光催化过程的反应机理进行更深入的研究，特别是涉及 $CO_2$ 还原的复杂反应动力学。

（2）光催化具有在温和条件下实现氮还原的潜力，原料为常见的 $N_2$ 和 $H_2O$，这一技术被认为是替代传统制氨方法的一种很有前景的途径。合理设计既能提高氮还原活性又能合理抑制析氢的光催化剂至关重要。表面物理化学性质是影响材料进一步重组和改性的关键因素，也影响界面处的电荷转移。需要进一步研究优化比表面积和形貌。大的比表面积有利于暴露更多的活性位点和吸附 $N_2$ 位点，这对光催化固氮过程至关重要。

（3）量子点由于其良好的物理和化学特性，如高吸收系数，量子限制效应，热、化学、机械和光学稳定性，高导电性，以及可回收性，是用于光催化工艺的非常杰出和有前途的材料。在光催化分解水的领域中，前两种性质起着至关重要的作用。与其他半导体相比，量子点在太阳光谱的可见光区域具有高的消光系数值。利用微粒半导体进行光催化水分解为可再生氢的生产提供了巨大的潜力，而生物学、化学和物理学之间的这种交叉融合是一项具有吸引力的跨学科挑战。光催化中的水分解对实现未来的可持续发展具有重大意义。廉价、环保的量子点材料将在太阳能照射下的制氢中发挥重要作用，将为未来的氢基经济做出巨大贡献。

（4）工业生产排放到环境中的有机废物可能具有基因毒性、诱变性和细胞毒性。光催化、吸附和膜过滤方法由于其高选择性、低成本、环境友好性和优异的处理效率而适用于环境治理。量子点本身就是具有窄带隙的光催化材料，可增强紫外-可见光吸收。其中的一个重要参数是 $H_2O$/·OH 对的氧化还原电位近似等于半导体的带隙。因此，产生的活性氧可以完全分解染料分子。半导体量子点光催化是在太阳能的照射下，使催化剂分离出电子－空穴对，并氧化还原化学物质或活性物质的过程。它在空气净化、废水处理、杀菌除臭等方面具有广阔的应用前景。